Walter Rüegg
Zeitalter der Ängste

«Nichts im Leben ist zu fürchten,
es ist nur zu verstehen.
Jetzt ist die Zeit, mehr zu verstehen,
damit wir weniger fürchten.»

Marie Curie (1867–1934)

Walter Rüegg

Zeitalter der Ängste

Aber fürchten wir uns vor dem Richtigen?

EDITION **KÖNIGSTUHL**

Impressum

2. Auflage

Schweiz: Edition Königstuhl, Dr. Manfred Hiefner, Oberrainstrasse 22, CH-8735 St. Gallenkappel
Deutschland: Edition Königstuhl, Dr. Manfred Hiefner, Gartenstraße 7, DE-69251 Gaiberg b. Heidelberg
manfred.hiefner@ editionkoenigstuhl.com

Bild Umschlag:	bigldesign/depositphotos.com
Gestaltung und Satz:	Stephan Cuber, diaphan gestaltung, Bern
Lektorat:	Manu Gehriger
Druck und Einband:	CPI books GmbH, Ulm
Verwendete Schriften:	Adobe Garamond Pro, Corporate S, Akrobat

ISBN 978-3-907339-66-4

Printed in Germany

www.editionkoenigstuhl.com

Inhalt

Vorwort 9

1 Einleitung: Hitler, Kleopatra und die Atome 11
1.1 Hitlers Atome 11
1.2 Kleopatras Badewasser 12
1.3 Es gibt (fast) unendlich viele Atome 14
1.4 Warum wurde Johann Heinrich Rüegg lebendig eingemauert? 16
1.5 Kleindosen und Risiko 18
1.6 Grenzwerte und Risikokommunikation 20
1.7 Zusammenfassung 22
1.8 Anhang: Anzahl Hitler-Atome in unserem Körper 23
1.9 Anhang: Kleopatras Badewasser im Wein 24
1.10 Anhang: Quiz 24

2 Die Geburt der modernen Physik 25
2.1 Die Zauberröhre und etwas Geschichte 25
2.2 Becquerel, die Curies und das Perpetuum Mobile 27
2.3 Der radioaktive Zerfall 32
2.4 Der Alphazerfall 35
2.5 Betazerfall 37
2.6 Gamma-Strahlen 39
2.7 Neutronen 41
2.8 Kosmische Strahlen 41
2.9 Zusammenfassung 43
2.10 Anhang: Der unmögliche Alpha-Zerfall 44
2.11 Anhang: Beta-Zerfall 46

3 Die Welt ist radioaktiv 47
3.1 Unsere Bodenheizung 47
3.2 Die strahlende Erde 50
3.3 Kosmische Strahlung und die Radioaktivität 56

3.4 Künstlich erzeugte radioaktive Isotope 57
3.5 Zusammenfassung 60
3.6 Anhang: Natürliche radioaktive Isotope in der Erde 61
3.7 Anhang: Künstlich hergestellte Radionuklide 62
3.8 Anhang: K-40 und Tschernobyl 63

4 Blitzkurs Molekularbiologie 65
4.1 Bakterien, die genialste Erfindung seit dem Urknall 65
4.2 Das Wundermolekül DNA 70
4.3 Die Epigenetik – der heimliche Chef 73
4.4 Freie Radikale – böse oder gut? 74
4.5 Mutationen, Fehlbildungen 76
4.6 Krebs 80
4.7 Zusammenfassung 86

5 Was machen ionisierende Strahlen mit uns? 87
5.1 Unsere Zellen stehen unter Dauerbeschuss 88
5.2 Akute Wirkung auf Organismen 89
5.3 Langzeitfolgen einer Schockdosis 91
5.4 Langzeitwirkung verteilter Dosen 94
5.5 Radium-Girls und INWORKS 99
5.6 Radon, Bedrohung aus der Tiefe 102
5.7 Zusammenfassung 106
5.8 Anhang: Wie messen wir die Strahlenbelastung? 107
5.9 Anhang: 100 mSv und unsere Sauerstoffatmung 109

6 Hormesis, Spuk oder Wirklichkeit? 111
6.1 Als Strahlung noch gesund war 111
6.2 Die Superdatenbank von Ed Calabrese 113
6.3 Mäuse und Fruchtfliegen 117
6.4 Mobilfunk verursacht Krebs – vielleicht 118
6.5 Was nun? 120
6.6 Zusammenfassung 120

7 Psychologie und Ängste 123
7.1 Zum Glück ängstigen wir uns 123
7.2 Unser Angstzeitalter 126

7.3 The German Angst ... 128
7.4 Psychologie unseres Denkens und Handelns ... 130
7.5 Strahlendes Unwissen ... 133
7.6 Zusammenfassung ... 137

8 Grenzwerte ... 139
8.1 Grenzwertige Grenzwerte ... 139
8.2 Die Historie der «radioaktiven» Grenzwerte ... 141
8.3 Die Halskettenreaktion oder Alibaba und die 40 Beamten ... 144
8.4 Mirage und andere strahlende Flugzeuge ... 148
8.5 Muh und Zigaretten ... 152
8.6 Zusammenfassung ... 154

9 Hiroshima und Nagasaki ... 155
9.1 Die Büchse der Pandora ... 155
9.2 Das Manhattan-Projekt ... 158
9.3 Little Boy ... 161
9.4 Die Nuklearstrahlung und der schwarze Regen ... 164
9.5 Opferzahlen, kurz- und mittelfristige Folgen ... 166
9.6 Langzeitstudien – Organisation und Probleme ... 167
9.7 Zusammenfassung ... 171
9.8 Anhang: Der Verdampfungsmythos von Hiroshima ... 172

10 Nuklearer Weltkrieg – Ende der Menschheit? ... 173
10.1 Atombomben, gestern und heute ... 174
10.2 Die nützlichste Lüge aller Zeiten ... 177
10.3 Die heutige Bedrohung ... 178
10.4 Zusammenfassung ... 181

11 Abfälle ... 183
11.1 Abfälle und Risiko ... 183
11.2 Arsen und andere Giftstoffe ... 185
11.3 Unsere chemischen Abfälle ... 187
11.4 Energie und Abfälle ... 191
11.5 Gifte in der Erde und Uralt-Reaktoren ... 193
11.6 Was sollen wir machen? ... 195
11.7 Psychologie ... 196

11.8 Zusammenfassung und Schlusswort 198
11.9 Anhang: Hochradioaktive Abfälle 198
11.10 Anhang: Photovoltaische Giftdosen 199

12 Tschernobyl – 50 Tote oder 6 Millionen? 201
12.1 Hergang und Folgen der Katastrophe 202
12.2 Meine Reise ins Innerste von Tschernobyl 206
12.3 Die Umsiedlungen und das Problem der kleinen Dosen 211
12.4 Zusammenfassung 212

13 Die Reaktorkatastrophe von Fukushima 213
13.1 Die Katastrophe 214
13.2 Emissionen 214
13.3 Evakuierungen und Strahlenbelastungen 216
13.4 Das Evakuierungsdilemma 220
13.5 Das Feinstaub- und das Polonium-Dilemma 221
13.6 Zusammenfassung 222

14 Chemie – Fluch oder Segen? 225
14.1 Schlachtfeld Natur 225
14.2 Bruce Ames und die Krebsdatenbank 227
14.3 Bhopal 232
14.4 Zusammenfassung 233

15 Was bringt uns wirklich um? 235
15.1 Wer ist schuld an unserem Tod? 235
15.2 Das Leben ist lebensgefährlich 236
15.3 Was kann man persönlich beeinflussen? 238
15.4 Zusammenfassung und Schlusswort 242

Dank 245

Vorwort

Lord Kelvin, einer der prominentesten Wissenschaftler des 19. Jahrhunderts, brachte es auf den Punkt:

> *«When you cannot express it in numbers, your knowledge is of a meagre and unsatisfactory kind».*

Wenn man etwas nicht in Zahlen ausdrücken kann, ist das Wissen darüber mager und unbefriedigend. Aus diesem Grund kommen in diesem Buch viele Zahlen vor. Um es leichter lesbar zu machen, habe ich die schlimmsten Zahlenorgien in den Anhang verbannt, zudem ist der Text aufgelockert mit Karikaturen, Anekdoten, überraschenden Vergleichen, etwas Historie und einer Prise Humor. Zu «wissenschaftliche» Abschnitte mit vielen Zahlen kann man ruhig überspringen, allenfalls liest man die Zusammenfassung am Ende eines Kapitels.

Ein zentrales Thema dieses Buches sind unsere überbordenden Ängste vor kleinsten, hypothetischen Risiken. Um diese besser einordnen zu können, befassen wir uns – anschaulich und unterhaltsam – zunächst mit den Atomen, dann mit etwas Kernphysik, Molekularbiologie, Onkologie (Krebskunde) und Psychologie. Diese Exkurse sollen uns zum kritischen Denken anregen, gemäss Kant: *«Habe Mut, dich deines eigenen Verstandes zu bedienen»*.

Die Radioaktivität ist ein Bereich, der von einem Wirrwarr aus Fakten, Mythen und krassen Fehlinformationen geprägt ist – eine Mischung, die oft zu absurden Risikovorstellungen führt. Wir gehen deshalb vertieft auf alle Aspekte der Radioaktivität ein und – damit verbunden – auch auf Kernkraftunfälle und Atombomben. Ein Thema, welches ich besonders liebe, sind die radioaktiven Abfälle, denn die wichtigsten Aspekte lassen sich gut in Zahlen fassen, ganz im Sinne von Lord Kelvin. Allerdings gilt: Ohne griffige Vergleiche kann man mit solchen Zahlen nicht viel anfangen – es wird also von Vergleichen wimmeln.

Weltuntergangsängste sind sehr beliebt, doch im Rahmen dieses Buches gehe ich nicht darauf ein. Die einzige Ausnahme: die Angst vor der Ausrottung der Menschheit durch einen nuklearen Weltkrieg. Die Klimaerwärmung streife ich nur kurz, im Zusammenhang mit Papst Innozenz XI und meinem in Rom lebendig eingemauerten Ur-Ur-…-Ahnen.

Zu guter Letzt möchte ich klarstellen, dass ich Wissenschaftler bin und nicht Glaubenskrieger. Somit behalte ich mir das Recht vor, auch einmal zu irren, etwas zu übersehen oder einen Rechnungsfehler zu machen. Ich bedanke mich im Voraus für entsprechende sachliche Hinweise.

1 Einleitung

Hitler, Kleopatra und die Atome

1.1 Hitlers Atome

Berlin, 30. April 1945. Das dritte Reich ist am Ende. Hitler, zusammen mit einigen seiner Getreuen, befindet sich im Bunker unter dem Reichstagsgebäude. Die Situation ist hoffnungslos, Hitler erschiesst sich, seine Frau Eva nimmt Gift. SS-Leute schleppen die Leichen vor den Bunkereingang und übergiessen sie mit Benzin. Die grausige Verbrennung dauerte mehrere Stunden. Die Mehrzahl der Kohlenstoffatome aus Hitlers Körper gelangte als CO_2-Gas[1] in die Atmosphäre und wurde Teil des globalen Kohlenstoff-Kreislaufs. Pflanzen und viele Einzeller benutzen das CO_2 als Nahrung und bauen damit Biomasse durch Photosynthese auf. Ein Teil dieser Biomasse dient Pflanzenfressern – wir Menschen gehören auch dazu – als Nah-

1 Beim Verbrennen von Kohlenstoff (C) verbindet sich je ein Kohlenstoffatom mit zwei Sauerstoffatomen (O), es entsteht das Molekül Kohlenstoffdioxid, abgekürzt CO_2.

rung. Früher oder später geben wir diesen Kohlenstoff wieder der Atmosphäre zurück, sei es durch unseren Stoffwechsel (Atmung) oder nach unserem Tod durch verschiedene Abbauprozesse. Bis vor etwa 13 000 Jahren manchmal auch über den Umweg durch den Magen eines Säbelzahntigers.

Auch die Hitler-Atome machten bei dieser gründlichen Durchmischung mit. Könnte es sein, dass sich ein paar davon in unseren Körper verirrt haben? Im Anhang 1.8 wird dies abgeschätzt: In unserem Körper dürften sich über 1 000 Milliarden Hitler-Atome befinden. Nachrechnen erlaubt. Und täglich kommen neue dazu, mit jedem Bissen Nahrung um die hundert Millionen.

Der Kohlenstoff eines jeden Lebewesen auf dieser Erde gelangt letztendlich in den globalen Kohlenstoff-Kreislauf (die Speicherung im Carbonatgestein, vor allem von kleinen Meerestieren, mal ausgenommen). Dies bedeutet, dass wir nicht nur Hitler-Atome in unserem Körper haben, sondern, nach einer gewissen Zeitspanne, auch Atome praktisch aller bisheriger Lebewesen: Von Konfuzius bis Julius Cäsar, von jedem Tyrannosaurus Rex bis zu jedem Glühwürmchen.

Sind Ihnen die vielen Hitleratome in ihrem Körper unangenehm? Man kann sich damit trösten, dass die Atome der gleichen Art prinzipiell ununterscheidbar sind. Dies ist ein zentrales Dogma unserer Wissenschaft, und es gibt keine Anzeichen dafür, dass es falsch ist. Wir können ein Hitler-Atom nicht von einem entsprechenden Cäsar-Atom unterscheiden, sie sind absolut identisch. Und so ist es auch bei radioaktiven Atomen. Es gibt keinen Unterschied zwischen künstlich erzeugtem Tritium und dem von der Natur produzierten. Beide sind in unserem Körper vorhanden. Mehr darüber in Kapitel 3.

1.2 Kleopatras Badewasser

Kleopatra VII, geboren 69 v. Chr. in Alexandria, stammte in direkter Linie von General Ptolemaios ab, der nach dem Tod von Alexander dem Grossen die Macht in Ägypten übernahm. Mit 18 Jahren wurde sie Königin von Ägypten. Als bei einem Aufstand ihr Bruder Ptolemaios XIII die Macht übernahm, musste sie fliehen und fand Zuflucht in Syrien.

Am 4. Oktober 48 v. Chr. landete Julius Cäsar, begleitet von 32 Hundertschaften Legionäre und 800 Kavalleristen, in Alexandria. Er zog sogleich in den Königspalast ein und zwang Ptolemaios XIII zur Zusammenarbeit. Kleopatra, gerade 21 Jahre alt geworden, sah ihre Chance gekommen. Schnell schmuggelte sie

sich, in einen Teppich gerollt und nur von einem Diener – einem Sizilianer mit dem klangvollen Namen «Apollodoros» – begleitet, in den Palast. Mit Sicherheit kam sie staubig und schmutzig an und nahm, bevor sie Cäsar aufsuchte, eines ihrer berühmten Eselsmilchbäder. Und dann kam es wie es kommen musste. Die junge Kleopatra brauchte nur eine Nacht – und wohl kaum staatsrechtliche Argumente – um Cäsar zu überzeugen, dass nur sie einen Anspruch auf Ägyptens Thron habe. Knapp neun Monate später, am 23. Juni 47 v. Chr., wurde Caesarion, der Sohn von Kleopatra und Cäsar, geboren.

Doch nun zum Bad: Die wichtigsten Bestandteile sind Eselsmilch – darf heute auch von der Kuh sein, aber dann bitte Vollmilch – und Honig. Der pH-Wert der Milch schützt den natürlichen Säuremantel der Haut, während Milchfett und die Vitamine A und E in Milch und Honig die Haut nähren. Heute würde man ein paar Liter Milch ins Badewasser schütten und dazu einige Löffel Honig.

Was geschah mit Kleopatras Badewasser? Alexandria war zu jener Zeit eine der modernsten Grossstädte, gegründet von Alexander dem Grossen. Dank dem vorbildlichen Kanalisationssystem dürfte das Badewasser schnell ins Mittelmeer gelangt sein. Strömungen, Verdunstungen, Winde, Stürme und Regen sorgten in den nächsten zwei Jahrtausenden für eine gründliche globale Durchmischung. Die Weltmeere umfassen unvorstellbare 1,3 Milliarden Kubikkilometer Wasser, verdünnen das Badewasser auf ein Nichts. Kaum vorzustellen, dass sich heute in einem Glas Wein Moleküle aus Kleopatras Bad herumtummeln. Und doch, wie in Anhang 1.9 berechnet wird, schlürfen wir mit jedem Schluck Wein auch gut 20 000 Wassermoleküle, hautnahe Zeugen von Kleopatra im Bad, bevor sie Cäsar verführte. Prost!

1.3 Es gibt (fast) unendlich viele Atome

Mit jedem Schluck Wein schlürfen wir auch 20 000 Wassermoleküle aus dem Bad von Kleopatra. Ebenso unglaublich wie die vielen Milliarden Hitler-Atome in unserem Körper. Die Anzahl Atome in einem Stück Materie muss praktisch unendlich gross sein.

Quiz: wer zählt die Atome

Vor uns liegt ein Klümpchen Kohle, 12 Gramm. Wir beginnen die Atome zu zählen, rasend schnell, pro Sekunde eine Million. Quizfrage: Wann haben wir alle gezählt? In ein paar Stunden oder eher in einigen Tagen (eine häufige Antwort, wenn ich Leute mit dieser Frage plage)? Die Zahl von Avogadro, siehe Anhang 1.10, gibt die Antwort: 19 Milliarden Jahre! Das Universum ist erst 13,8 Milliarden Jahre alt.

Dass Materie aus praktisch unendlich kleinen Atomen besteht, die einen starken Drang verspüren, sich zu Molekülen zu verbinden, gehört zu den grössten Erkenntnissen der Menschheit. Nobelpreisträger Richard Feynman stellt im ersten Kapitel seiner brillanten «Lectures on Physics»[2] die Frage, welchen Satz er nach einer Katastrophe, bei welcher alle wissenschaftlichen Erkenntnisse verloren gingen, der nächsten Generation übermitteln würde. Seine Antwort:

«*Alle Dinge sind aus Atomen aufgebaut, aus kleinen Teilchen, die in permanenter Bewegung sind, einander anziehen, wenn sie ein klein wenig voneinander entfernt sind, sich aber gegenseitig abstossen, wenn sie aneinandergepresst werden*».

Die Moral der obigen Zahlenspiele? Die Atome und Moleküle sämtlicher stabiler Chemikalien, aber auch sämtlicher langlebiger radioaktiver Substanzen verteilen sich früher oder später global. Als Folge ihrer unvorstellbar grossen Anzahl wird man garstige, in die Umwelt entlassene Substanzen wie Plutonium, Dioxin, DDT und andere Pestizide überall finden, am Nordpol, in der Kalahari-Wüste, in unserem Körper, in unserer täglichen Nahrung – und auch in garantiert pestizidfreier Bio-Babynahrung.

Spezialfall radioaktive Substanzen

Keine Substanz kann so leicht festgestellt werden wie die radioaktiven. Gute Messgeräte sind für unter hundert Dollar erhältlich. Damit ist es möglich, schon ein einzelnes radioaktiv zerfallendes Atom zu registrieren. Und davon hat es beliebig viele. Denn die Natur ist seit Beginn der Zeiten radioaktiv. So enthält jeder Kubikmeter Erde im Durchschnitt 5 Gramm Uran, dazu kommen noch rund 60 andere radioaktive Isotope. Zudem erzeugt die kosmische Strahlung fortwährend neue radioaktive Substanzen, mengenmässig etwa eine Tschernobyl-Katastrophe pro Jahr, fein verteilt über die ganze Erde (mehr darüber in Kapitel 3).

Man findet radioaktive Atome buchstäblich überall: in jeder Körperzelle, in jedem Staubkorn und auch im Punkt am Ende dieses Satzes. Ihre Anzahl ist gewaltig. So enthält ein Apfel etwa 500 000 000 000 000 000 radioaktive Atome natürlichen Ursprungs. Die Forderung «keine Radioaktivität auf unseren Tellern» oder Trinkwasser ohne Uran mag gut gemeint sein, aber unmöglich zu realisieren. Selbst in einem kleinen Tropfen Wasser tummeln sich typisch eine Billion Uran-

2 https://www.feynmanlectures.caltech.edu
https://futurism.com/the-feynman-lectures-are-now-online-and-free

und andere radioaktive Atome, in manchen Heilquellen noch viel mehr. Schädlich? Wir wissen nur, dass bei solch winzigen Dosen die Effekte unmessbar klein werden. Ein perfekter Nährboden für einen religiös anmutenden Streit darüber. Immerhin riskiert man bei solchen Meinungsverschiedenheiten nicht sein Leben. Dies war früher anders.

1.4 Warum wurde Johann Heinrich Rüegg lebendig eingemauert?

Papst Innozenz XI, selig, war von 1676 bis 1689 Stellvertreter Gottes auf Erden und «Verteidiger des christlichen Abendlandes». Denn er war auch der Initiator und Hauptsponsor (mit 1,5 Millionen Gulden) der Heiligen Liga, einer Art «Mini-NATO» verschiedener europäischer Länder, gerichtet gegen die Osmanen. Diese hatten grosse Teile von Südosteuropa erobert, 1683 belagerten sie Wien. Die Eingreiftruppen der Heiligen Liga, angeführt vom polnischen König Sobievski, retteten die Stadt. Nach mehreren weiteren Schlachten erfolgte 1699 der Friedensschluss. Die Osmanen mussten grosse Teile der Ukraine an die Polen abtreten, Österreich bekam Kroatien, Siebenbürgen und Ungarn. Im Gegenzug wurde die Heilige Liga aufgelöst. Bemerkenswert: Russland war auch Mitglied der Mini-NATO.

Der Klimawandel

Innozenz («der Unschuldige») hat sich auch um den Klimawandel gekümmert. Die kleine Eiszeit hatte damals die Welt im Würgegriff. Die Winter waren oft lange und sehr streng, die Sommer kurz und kalt. Die Landwirtschaft litt, Hunderttausende verhungerten oder erfroren. Selbst in Südeuropa war es eisig kalt; die Kanäle von Venedig, der Po und sogar der Guadalquivir in Südspanien froren zu. Das Gletscherwachstum im 17. Jahrhundert war das stärkste seit der letzten Eiszeit. In den Alpen wurden Gehöfte und Dörfer zerstört. 1678 baten die Walliser deshalb Innozenz XI um Hilfe. Und so kam es, dass er die Bergbewohner verpflichtete, ein Gelübde abzulegen: Durch tugendhaftes Leben und mittels einer jährlichen Prozession soll den Gletschern das Wachstum ausgetrieben werden. Mit Erfolg, grössere Katastrophen blieben aus, vor allem die Apokalyptische: Die kleine Eiszeit entwickelte sich nicht zu einer grossen (wäre im Rhythmus der letzten paar Eiszeiten fällig). Ab etwa 1850 begannen die Gletscher sich zurückzuziehen, die Bergbewohner konnten aufatmen. Doch dann übertrieben sie es mit dem tugendhaften Leben. Auf jeden Fall hörten die Gletscher nicht auf, sich zurückzuziehen. 2012 wurde das Ritual deshalb mit dem Segen von Papst Benedikt XVI umgekehrt: Seither betet man in Goms/Wallis für den Gletschererhalt. Der Herr im Himmel dürfte sich wundern: Wachsen die Gletscher, ist es falsch; schrumpfen sie, ist es auch falsch.

Dank seiner Mini-Nato und seinem asketischen und sittlichen Lebenswandel gilt Innozenz XI als einer der würdigsten Päpste seiner Zeit. 1956 wurde er seliggesprochen. Persönlich bin ich nicht so recht glücklich darüber. Der Grund: Ein Todesurteil während seiner Amtszeit. Ganz unschuldig daran war er wohl nicht, trotz seines Namens.

Das Inquisitionsgericht

Rom im Jahre des Herrn 1677. Das Inquisitionsgericht hat sein Urteil gefällt: Todesstrafe; sofort auszuführen durch lebendig Einmauern. Das Opfer: Johann Heinrich Rüegg aus Zürich, 33 Jahre alt. Er war katholischer Priester, seit etwa einem Jahr in der vatikanischen Bibliothek in Rom tätig – und einer meiner Ur-Ur-Ur-...-Ahnen. In irgendeiner Mauer in Rom vermodern seine Knochen. Anscheinend hat er nicht nur Bücher abgestaubt, sondern ist der Inquisition unangenehm aufgefallen. Er war ein «Konvertit», d. h. er wechselte vom protestantischen zum katholischen Glauben, und dies gleich mehrfach. Offenbar war die Wahrheitssuche nicht ganz einfach, auch wenn sich beide Glaubensrichtungen auf die gleiche Heilige Schrift berufen.

Als Protestant hatte er 1669 in Zürich eine Doktorarbeit verfasst[3], eine schwülstige, schwer lesbare philosophisch-theologische Abhandlung über die Seele. Ob er deswegen zum Tode verurteilt wurde, weiss ich nicht. Die Gerichtsakten dürften sich in der vatikanischen Bibliothek befinden. Es ist mir aber, trotz der Vermittlung von Kirchenfürsten, nicht gelungen, diese einzusehen. Behörden, ob weltliche oder kirchliche, lassen sich ungern in die Karten schauen.

Heute streiten wir uns kaum noch über die richtige Auslegung der Bibel. Dafür umso mehr über Kernkraft, Radioaktivität, Gentechnik, Klimaerwärmung, Pestizide, Plastikabfälle, künstliche Intelligenz und andere moderne Errungenschaften. Auch in diesen Fällen beziehen sich alle auf die gleichen Quellen, der wissenschaftlichen Literatur, den heutigen «heiligen Schriften». Offenbar ist auch hier die Auslegung schwierig und willkürlich, zusätzlich erschwert durch eine Art Geheimsprache, dem «Fachchinesisch». Auch die Kirche hatte früher eine Geheimsprache, das Latein. Bibelübersetzungen in volkstümliche Sprachen waren lange Zeit auf dem Index der verbotenen Bücher. Das gemeine, des Lateins unkundige Volk durfte nicht die Originalquelle lesen (falls es überhaupt lesen konnte) und sich eine eigene Meinung bilden. Und es hatte in Furcht und Angst zu leben, Furcht vor Gottes Strafe, vor dem Teufel, vor Hexen, bösen Geistern und Dämonen.

Auch heute müssen wir in Furcht und Angst leben. Jedenfalls werden Medien, Politiker und Interessensverbände nicht müde, uns vor allen möglichen und unmöglichen Gefahren zu warnen – bis hin zum Weltuntergang. Das Problem: Es gibt mittlerweile Millionen von wissenschaftlichen Schriften. Exzellente, gute, mittelmässige, schlechte, miserable und katastrophale. Durch geschickte Auswahl und Interpretation lässt sich alles «beweisen».

Nicht einfach, sich zurechtzufinden.

1.5 Kleindosen und Risiko

Besonders auf dem Gebiet der Radioaktivität scheint die Interpretation der immensen Informationsmenge sehr schwierig zu sein. Man stellt ein gigantisches Durcheinander von Fakten, Halbwahrheiten, Mythen und Lügen fest. Natürlich gibt es bei schwer lösbaren Problemen, wie z. B. bei der Wirkung von Kleindosen, viele unklare, mehrdeutige und widersprüchliche Resultate. Bei anderen Fragestellungen,

3 Dissertatio pneumatica de anima separata https://www.e-rara.ch/zuz/doi/10.3931/e-rara-12252

wie bei der Höhe der tödlichen Dosis von radioaktiven Strahlen, herrscht unter den Experten Einigkeit. Trotzdem existiert selbst bei dieser klaren Faktenlage eine absurd verzerrte Risikowahrnehmung, auch bei gebildeten Leuten. Ich habe anhand einfacher Testszenarios festgestellt, dass das Todesrisiko von hohen Dosen millionen- und milliardenfach überschätzt wird (Kapitel 7). Einverstanden, eine tödliche Gefahr zu überschätzen, ist besser als sie zu unterschätzen. Doch wenn man masslos übertreibt, riskiert man andere Gefahren zu vernachlässigen oder gar zu «vergessen», mit üblen Folgen. Wir werden einige krasse Beispiele kennenlernen.

Die Folgen von kleinen und kleinsten Dosen (Strahlen und Chemikalien), sind ein zentrales Thema dieses Buches. In diesem Zusammenhang betrachte ich als typische Kleindosis einige Prozent einer tödlichen Dosis, als Kleinstdosis einige Millionstel einer tödlichen. Wir alle sind Tag und Nacht solchen Dosen ausgesetzt, schaden sie uns? Eine Gesetzmässigkeit hat Paracelsus vor etwa 500 Jahren klar formuliert:

Die Dosis entscheidet, ob etwas ein Gift ist oder nicht.

In der Tat: Alle Substanzen oder Strahlen, egal ob natürlichen oder künstlichen Ursprungs, sind in hohen Dosen schädlich, ja tödlich. Dies gilt auch für lebensnotwendige Stoffe (Nahrungsmittel, Vitamine, Mineralien, Sauerstoff usw.), selbst für Wasser: Trinkt man mehr als 5 Liter in kurzer Zeit, besteht Lebensgefahr.

Das Kleindosisrätsel

Wenn alles in genügend hohen Dosen schädlich oder tödlich ist, gilt dann umgekehrt, dass bei sehr kleinen Dosen alles unschädlich ist? Bei vielen Substanzen und Strahlen ist dies mit Sicherheit so, insbesondere bei denjenigen, die lebensnotwendig sind. Wie sieht es aus bei Substanzen, welche unser Körper nicht benötigt, Alkohol beispielsweise? Drei Liter Wein an einem Abend können einen Menschen umbringen. Was aber bewirkt ein Tropfen jeden Abend? Ist er auch schädlich? Eine dumme Frage? Nein, überhaupt nicht: Es gibt «amtliche» Regulierungswerte, die im Verhältnis zur tödlichen Dosis noch viel tiefer liegen. Als Rechtfertigung wird das Vorsorgeprinzip benutzt (mehr darüber weiter unten), zusammen mit folgender beliebter Annahme: Unter 100 Menschen, die je ein Hundertstel einer tödlichen Dosis schlucken, wird genau einer sterben[4]. Überspitzt

4 Wissenschaftlich heisst diese Hypothese «LNT», Linear, No Threshold. Das Risiko wird linear nach unten extrapoliert, d. h. halbe Dosis = halbes Risiko. Zusammen mit «No Threshold», keine untere Schwelle, bedeutet dies, dass auch die allerwinzigste Dosis ein (allerwinzigstes) Risiko darstellt.

formuliert: Nimmt man einen kräftigen Schluck Wein (etwa 0,03 Liter, also ein Hundertstel einer tödlichen Dosis) ist man zu einem Hundertstel tot, bzw. lebt nur noch zu 99 %. Da dies ein etwas seltsamer Zustand ist, nimmt man einfach 100 Menschen, gibt jedem einen Schluck Wein (ein Hundertstel einer tödlichen Dosis) und definiert einen als ganz tot und 99 als ganz lebendig. Eine Spielvariante davon ist die Annahme, dass jemand, der jeden Tag ein Hundertstel einer tödlichen Dosis zu sich nimmt, pro Tag um 1 % stirbt, d. h. nach 100 Tagen ist er dann ganz tot. Gut, beim Alkohol und vielen anderen Giftstoffen funktioniert dies nicht, ich wäre sonst schon lange tot. Und mit mir die gesamte Menschheit, denn auch strenge Nichtalkoholiker nehmen im Laufe ihres Lebens eine x-fache tödliche Menge Alkohol auf (vor allem durch reife Früchte, diese enthalten immer etwas Alkohol).

Die Frage bleibt aber bestehen: Gibt es Substanzen oder Strahlen, bei denen das Verteilen einer einzigen tödlichen Dosis auf viele Menschen einen davon umbringt? Anders formuliert: Ist es denkbar, dass auch eine winzige Dosis, z. B. ein einziges Strahlenteilchen, jemanden umbringen kann? In den Kapiteln 5 und 6 gehen wir auf diese Frage ein.

1.6 Grenzwerte und Risikokommunikation

Eine der wichtigsten Leitlinien für die Festlegung von Geboten, Verboten und Grenzwerten ist heute das Vorsorgeprinzip. Es lautet, salopp ausgedrückt: Wenn man nicht beweisen kann, dass etwas unschädlich ist, muss man es verbieten. Oder zumindest auf praktisch null herunterregulieren.

Das Grenzwertchaos

Einen einmal «vorsorglich» erlassenen Grenzwert zu lockern ist praktisch unmöglich, auch wenn es sich später zeigt, dass er viel zu tief liegt. Ein Grund, dass gewisse Grenz- und Regulierungswerte meilenweit unter den ersten nachweisbaren Schäden liegen. Besonders irritierend ist die Tatsache, dass es heute Werte gibt, welche wesentlich unter den normalen von der Natur erhaltenen Dosen liegen. Andere Werte sind in einem durchaus vernünftigen Bereich und wieder andere liegen mitten im Schadensbereich. Ein Beispiel für extrem tiefe Werte: Nach Tschernobyl wurden in meist hektischen Aktionen Grenz- und Toleranzwerte für radioaktives Cäsium in Lebensmitteln festgelegt (Cäsium verursacht bei solchen Katastrophen die grösste Strahlenbelastung). Diese Werte variierten – und variieren auch heute noch – zum Teil erheblich, je nach Behörde, Land, Bevölkerungsgruppe und Lebensmittelart. Ein häufig benutzter Grenzwert pro kg «verseuchter» Lebensmittel entspricht einem theoretischen Risiko von etwa 4 zusätzlichen Krebstoten unter 10 Millionen Menschen.

Wenn 10 000 Menschen je 1000 kg der verseuchten Lebensmittel essen, erwartet man 4 zusätzliche Todesfälle. Von 10 000 Menschen sterben im Mittel etwa 2500 an Krebs; es können aber auch weniger als 2000 sein oder mehr als 3000. Denn die Krebsraten schwanken stark, zeitlich wie örtlich. Es ist völlig unmöglich herauszufinden, ob der oben erwähnte Grenzwert gerechtfertigt ist oder nicht. Mit Sicherheit steht nur fest, dass ein allfälliges Risiko extrem klein ist, viel kleiner als praktisch alle anderen Risiken des täglichen Lebens. Und damit kommen wir zur Risikokommunikation.

Die Todsünde der Risikokommunikation

Oft liest oder hört man, dass die Substanz X oder die Strahlung Y Krebs erzeugen kann. Völlig nichtssagend. Erkrankt nun fast jeder umgehend? Oder nur einer von einer Million, rein hypothetisch auf Grund der LNT-Extrapolation? Einverstanden, selbst ein Krebstoter mehr unter einer Million Menschen ist einer zu viel. Aber wäre die Sorge um die anderen 250 000 Krebstoten (in den Industrieländern sterben rund 25 % aller Menschen an Krebs) nicht unendlich viel sinnvoller? Und viel erfolgsversprechender. Denn die Fachleute sind sich heute einigermassen einig über die wichtigsten Einflussgrössen, wir besprechen dies in Kapitel 4.

Das Grundübel: Wir vergleichen die Risiken nicht. Und so kommt es, dass ein Raucher einen Apfel wäscht, um sich vor allfälligen Pestizidresten zu schützen, obwohl letztere Millionenfach harmloser sind als eine Zigarette. Nur mit Vergleichen können wir ein Risiko vernünftig einordnen und die richtigen Prioritäten setzen. Sich einfach auf einen Grenzwert beziehen, ist nur begrenzt nützlich. Wie bereits erwähnt gibt es Grenzwerte, welche mitten im Schadensbereich liegen und andere, welche ein Lichtjahr davon entfernt sind.

Eine Risikokommunikation ohne Vergleiche ist eine Todsünde

Problematisch sind so nebulöse Aussagen wie «ist wahrscheinlich krebserregend». Wenn ein Risiko nicht einigermassen gesichert ist, sagt man lieber nichts. Sonst wäscht der Raucher weiterhin seine Äpfel.

Heute weiss man recht gut, welche «Bedrohungen» für einen Menschen keine messbaren Folgen haben: kleinste Dosen von Strahlungen aller Art, von Pestiziden, Nahrungsmittelzusätzen und ähnlichem Zeug. Selbstverständlich gilt dies nicht für hohe Dosen: Die Einsatzkräfte in den ersten Tagen von Tschernobyl, die Landarbeiter die ungeschützt Pestizidnebel einatmeten, die Fabrikarbeiter ohne Schutz vor Chemikalien, Stäuben und Fasern, die Kumpels in den staub- und radonverseuchten Minen, usw., sie alle haben (oder hatten) ein deutlich erhöhtes Risiko. Es gibt allerdings eine böse Umweltbelastung, welche uns alle stark betrifft – mehr darüber später.

Zurück zu meinem Ahnen, Heinrich Rüegg. Wieso wurde er lebendig eingemauert? Ganz genau weiss dies nur der Vatikan. Immerhin können wir sagen, dass der Kern des Problems die unterschiedlichen Interpretationen der Heiligen Schrift war. Im Folgenden versuche ich, die Interpretation der heutigen heiligen Schriften, der wissenschaftlichen Berichte, so ausgewogen wie möglich durchzuführen und allgemein verständlich darzulegen, vor allem mit anschaulichen Vergleichen. Wir starten im nächsten Kapitel mit einem unterhaltsamen Schnellkurs über Kernphysik und Radioaktivität.

1.7 Zusammenfassung

Alle Stoffe sind aus Atomen aufgebaut. Atome haben einen grossen Drang sich zu Molekülen zu verbinden. Sie sind (fast) unendlich klein, deshalb gibt es auch in einem Staubkorn unvorstellbar viele davon. Atome und Moleküle aller stabilen Chemikalien und aller radioaktiven Stoffe (natürlichen oder künstlichen Ursprungs), die nicht extrem gut von der Umwelt abgekapselt sind, verteilen sich mit der Zeit weltweit. Mit genügend empfindlichen Nachweismethoden kann man sie überall nachweisen. Insektizidfreie Babynahrung ist ebenso eine Illusion wie ein Tropfen Wasser ohne Milliarden radioaktiver Atome. Radioaktive Substanzen, auch in extrem kleinen Mengen, können messtechnisch besonders leicht registriert werden. Unbestritten ist, dass in hohen Dosen alles tödlich ist und dass winzige Dosen, wenn überhaupt, nur ein winziges Risiko darstellen.

Es gibt Millionen von wissenschaftlichen Publikationen über alle möglichen und unmöglichen gesundheitlichen Risiken. Auswahl und Interpretation dieser Schriften sind schwierig, besonders wenn es um kleine und kleinste Dosen geht. Denn dann sind die allfälligen Effekte zu klein, um nachweisbar zu sein. Man muss sich mit Vermutungen und Modellen behelfen, ein Nährboden für ein breites Spektrum von Meinungen.

Die Grenzwerte sind nur eine bedingte Hilfe, denn hier herrscht ein wildes Durcheinander. Einige sind im Bereich nachweisbarer Schäden, andere millionenfach davon entfernt. Die Meinungsbildung wird zusätzlich erschwert durch eine Risikokommunikation ohne Vergleiche. Denn nur mit Vergleichen können wir Risiken richtig einordnen und Prioritäten setzen.

1.8 Anhang: Anzahl Hitler-Atome in unserem Körper

Die totale Menge Kohlenstoff in der gesamten Biomasse (alles Lebende) der Erde beträgt rund 2000 Gt, in den oberen Ozeanschichten befinden sich etwa 700 Gt und in der Atmosphäre 850 Gt Kohlenstoff, macht zusammen 3500 Gt (= $3{,}5 \times 10^{15}$ kg). Die 10 kg Kohlenstoff aus Hitlers Körper werden sich also früher oder später mit etwa $3{,}5 \times 10^{15}$ kg Kohlenstoff durchmischt haben. Das heisst, dass jedes kg Kohlenstoff der Erdoberfläche etwa $10/3{,}5 \times 10^{15} = 2{,}8 \times 10^{-15}$ kg Kohlenstoff aus Hitlers Körper enthält. Gehen wir von 10 kg Kohlenstoff in unserem Körper aus, so tragen wir $2{,}8 \times 10^{-14}$ kg (= 0,000 000 000 000 028 kg) Hitler-Kohlenstoff mit uns herum. Weniger als nichts – oder doch nicht?

Graf Lorenzo Romano Amedeo Carlo Avogadro, Conte di Quaregna e di Cerreto (Italien), 1776 – 1856, startete seine Laufbahn als Jurist, später entdeckte er seine Begabung für die Physik. Er erkannte, dass Gase aus Molekülen aufgebaut sind. Ihm zu Ehren wird die Anzahl Atome oder Moleküle in einem mol (eine chemische Masseneinheit), $6{,}0221367 \times 10^{23}$, Avogadrosche Zahl genannt. Die Masse eines mols ist die Summe der Anzahl der Protonen und Neutronen aller Atome in einem Molekül, ausgedrückt in Gramm (auch «Atommasse» genannt). Beispiel: Kohlenstoff besteht praktisch ausschliesslich aus Atomen mit Kernen aus 6 Protonen und 6 Neutronen (C-12), ein mol Kohlenstoff ist also 12 g. Ein kg Kohlenstoff sind rund 83 mol und enthält damit $83 \times (6 \times 10^{23}) = 5 \times 10^{25}$ Atome. Somit erhalten wir als Anzahl Hitler-Atome in unserem Körper $2{,}8 \times 10^{-14}$ kg $\times$ (5×10^{25}) Atome/kg $= 1{,}4 \times 10^{12}$ Atome oder 1400 Milliarden! Ungefähr.

1.9 Anhang: Kleopatras Badewasser im Wein

Auf der Erde gibt es etwa 1 400 000 000 000 000 000 Tonnen (= 1,4 × 10^{21} L) Wasser, vor allem in den Weltmeeren. Wir nehmen an, dass Kleopatra in 100 L badete. Bei perfekter Durchmischung befinden sich in jedem Liter Wasser dieser Welt etwa 7 × 10^{-20} L vom Kleopatra-Badewasser. Wiederum weniger als nichts. In Anzahl Atome ausgedrückt, ergeben sich aber eindrückliche Zahlen: Ein mol Wasser (H_2O) entspricht 18 Gramm. Ein mol enthält 6 × 10^{23} Atome oder Moleküle (Avogadro), also hat es in einem Liter Wasser 3,3 × 10^{25} Wasser-Moleküle. Multipliziert man diese Anzahl mit der «Badewasserkonzentration» von 7 × 10^{-20} so erhält man gut 2 Millionen Badewasser-Moleküle pro L, und das von einem einzigen Bad. In einem kleinen Schluck Wein (10 Gramm) tummeln sich also etwa 20 000 Wasser-Moleküle aus dem Kleopatra-Bad.

Vielleicht auch etwas mehr, da die Durchmischung mit dem Tiefenwasser in den Ozeanen nicht perfekt sein dürfte und da die Eismassen nicht an der Durchmischung teilnehmen. Vielleicht auch etwas weniger, da die jährliche Verdunstung (knapp eine halbe Million Kubikkilometer) «nur» etwa 1/3000 der gesamten Wassermenge beträgt. Badewasseratome befinden sich natürlich auch in allen Lebensmitteln, die Wasser enthalten. Wer kein Kleopatra-Badewasser schlürfen will, muss auf Mineralwasser aus alten Schichten ausweichen.

1.10 Anhang: Quiz

Wie lange dauert die Zählung der Atome in 12 Gramm Kohlenstoff? 12 Gramm Kohlenstoff, ein mol, enthalten 6 × 10^{23} Atome. Zählt man in jeder Sekunde eine Million (10^6), benötigen wir 6 × 10^{17} Sekunden, um alle zu zählen. Ein Jahr hat 3,15 × 10^7 Sekunden. Also dauert es rund 19 Milliarden Jahre, bis wir alle Atome gezählt haben.

2 Die Geburt der modernen Physik

Die Forschungsarbeiten von Genies – manchmal unterstützt durch einen glücklichen Zufall – führten zu unserem heutigen Verständnis, was die Welt im Innersten zusammenhält. Der Mikrokosmos erweist sich voller Rätsel und Wunder und ist mit unserer Alltagserfahrung nicht zu verstehen.

2.1 Die Zauberröhre und etwas Geschichte

Gegen Ende des 19. Jahrhunderts glaubte man alle wichtigen physikalischen Grundgesetze zu kennen. Ein Teil der Forschung verlagerte sich auf exotische Phänomene, wie die Leitung des elektrischen Stroms in evakuierten Glasröhren. Wenn eine hohe Spannung zwischen zwei Elektroden angelegt wurde, floss ein elektrischer Strom. Heute wissen wir, dass Elektronen vom negativen Pol, der Kathode, zur Anode fliessen.

Auch Wilhelm Conrad Röntgen, Physikprofessor an der Universität von Würzburg, beschäftigte sich mit solchen Röhren. Im November 1895 bemerkte er, dass Fotoplatten in der Nähe der Röhre geschwärzt wurden und dass fluoreszierendes Material zu leuchten begann, auch wenn er die Röhre mit schwarzem Papier umwickelte. Offenbar verliessen unsichtbare Strahlen die Röhre. Noch unheimlicher; sie konnten Materie durchdringen. Dies führte zu seiner ersten «Röntgenaufnahme», der Hand seiner Frau (Fig. 2-1). Diese bahnbrechende Entdeckung revolutionierte in wenigen Monaten die medizinische Diagnostik und brachte Röntgen 1901 den Nobelpreis für Physik ein.

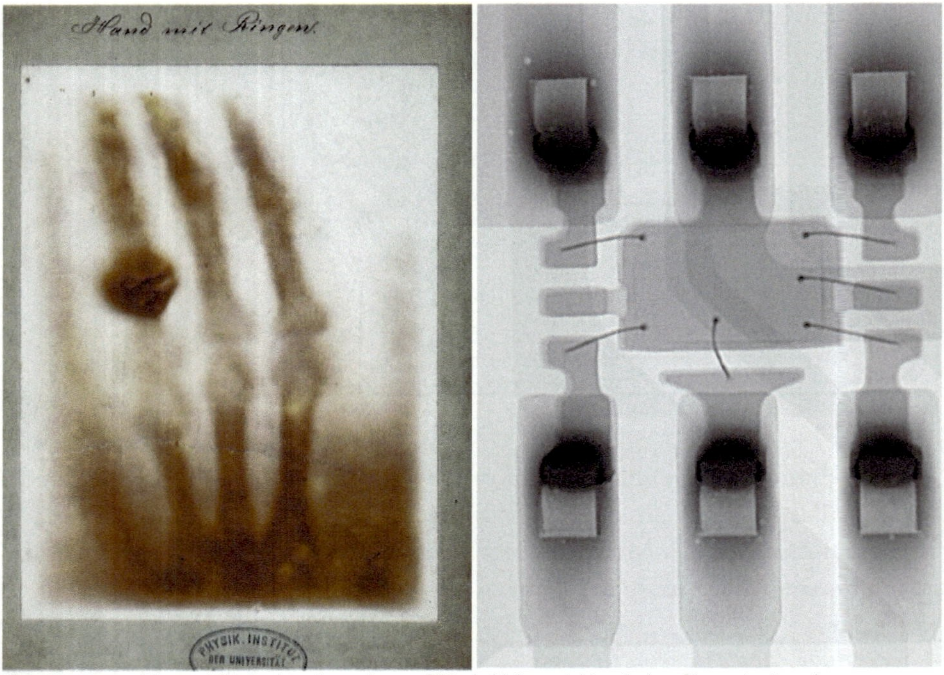

Figur 2-1: Erstes Röntgenbild. Rechts ein modernes Bild, ein kleines elektronisches Element mit sechs Bonddrähten, 1/3 so dick wie ein Haar (Aufnahme vom Autor)

Die Physik der Röntgenstrahlen

In einer Röntgenröhre entstehen Röntgenstrahlen durch den Aufprall von Elektronen auf die Anode. Ein Teil wird durch das extrem starke Abbremsen der Elektronen erzeugt, ein anderer Teil durch die Ionisierung der Atome im Anodenmaterial.

Ein ionisiertes Atom hat eines oder mehrere seiner Elektronen verloren (oder hat zu viele), es ist elektrisch geladen (ein «Ion»).

Röntgenstrahlen gehören zu den elektromagnetischen Wellen, wie auch das Licht, Radio- und Mikrowellen, die Infrarot- und die UV-Strahlung. Sie sind jedoch viel energiereicher als die anderen Strahlen. Dabei kommt eine der seltsamsten Eigenschaften der Natur zum Vorschein: Die Röntgenstrahlen, obwohl «Wellen», werden nicht gleichmässig ausgesandt, wie z. B. Wasserwellen, sondern in Paketen, der Physiker redet von «Quanten».

2.2 Becquerel, die Curies und das Perpetuum Mobile

Wenige Wochen nach der Entdeckung der Röntgenstrahlen gelang Antoine Henri Becquerel, Professor für Physik in Paris, der Nachweis, dass gewisse Substanzen ganz «von alleine» ebenfalls unsichtbare Strahlen erzeugen. Der Lohn: Ein Nobelpreis (1903), zusammen mit dem Ehepaar Pierre und Marie Curie.

Pierre Curie wurde am 15. Mai 1859 in Paris geboren und begann im zarten Alter von 16 Jahren sein Physikstudium an der Sorbonne. Nur zwei Jahre später schloss er es ab. Damals war die physikalische Welt noch einfach, ohne Kernphysik, Festkörperphysik, Quantenmechanik und Relativitätstheorie. 1888 entschloss er sich, eine Doktorarbeit über den Magnetismus von festen Körpern bei hohen Temperaturen zu schreiben. Am 6. März 1895 erhielt er die Doktorwürde. Eine junge Polin hat die Verleihung aufmerksam verfolgt. Die Polin hiess Maria Sklodowska, später besser bekannt unter dem Namen «Madame Curie».

Maria, am 7. November 1867 in Warschau geboren, war ausserordentlich intelligent. 1883, beim Abitur, gewann sie die Goldmedaille als Beste ihres Jahrganges. Ende 1891 begann sie an der Sorbonne mit dem Studium der Physik und schloss im Frühsommer 1893 als Beste ab. Ein Jahr später beendete sie ein Mathematikstudium, als Zweitbeste. 1894 ergatterte sie einen kleinen Industrieauftrag, eine Studie über die magnetischen Eigenschaften gehärteter Stähle. Es war diese Studie, die zu einem nicht nur wissenschaftlichen Kontakt mit Pierre Curie führte. Wenige Monate später heirateten sie.

Die Sensationen

Kurz darauf die erste Sensation: Röntgen entdeckte unsichtbare, alles durchdringende Strahlen. Und dann die Zweite: Becquerel bewies, dass auch Uran solche Strahlen aussendet. Das Unheimliche an den Uran-Strahlen: sie werden andauernd ausgesandt, ohne dass man Energie hineinstecken muss. Ein Perpetuum Mobile? Für Marie Curie stand schnell fest, dass diese Strahlen das Thema ihrer Dissertation sein mussten.

Als erstes konstruierte das Ehepaar Curie eine raffinierte Apparatur mit zwei Platten, zwischen denen die radioaktive Substanz platziert wurde. Die Strahlen ionisierten die Luft, die erzeugten elektrischen Ladungen, liessen einen kleinen Strom fliessen. Um diesen Strom zu messen, kompensierten sie ihn durch einen Gegenstrom, erzeugt mittels eines piezoelektrischen Quarzes (ein von Pierre entdecken Effekt). Der Quarz wurde durch angehängte Gewichte deformiert, damit wurden mehr oder weniger viele elektrische Ladungen erzeugt. Mit diesem Prinzip «wogen» sie die Radioaktivität. Absolut genial. Dank dieser Superapparatur waren die Curies auf dem Gebiet der radioaktiven Substanzen lange Zeit unschlagbar. In der nachfolgenden Zeit überprüften sie zahlreiche Substanzen. So konnten sie die Radioaktivität (das Wort hat Marie eingeführt) von Thorium nachweisen. Kurz darauf entdeckten sie zwei neue radioaktive Elemente, Polonium und Radium. Der Name «Polonium» hat Pierre zu Ehren seiner polnischen Frau vorgeschlagen.

Diese Entdeckungen waren so aufregend, dass Pierre beschloss, seine eigenen Forschungen aufzugeben und sich zusammen mit Marie ganz dem neuen Gebiet zu widmen. Das stark strahlende Radium faszinierte sie besonders. Da es im Uranerz nur in extremer Verdünnung vorkam, mussten sie tonnenweise Erz beschaffen und es in praktisch industriellem Massstab chemisch aufbereiten. Die Curies hatten eine besondere Freude daran, im Dunkeln die radioaktiven Präparate leuchten zu sehen. Dass sie dabei Horrordosen ausgesetzt waren, ahnten sie nicht. Radium ist, im Gegensatz zum eher harmlosen Uran, ein gefährlicher Strahler. Marie hat auch grosse Mengen polonium- und radiumhaltige Stäube aufgenommen, zusammen mit einer Megadosis Radon. Sie dürfte im Laufe der Zeit weit mehr als eine tödliche Schockdosis akkumuliert haben.

Die Nobelpreisflut

Marie hatte Mitte 1903 ihre Doktorarbeit beendet. Dann ging es Schlag auf Schlag. Im November empfing sie die höchste Auszeichnung, die die Englische Royal Society zu vergeben hatte, die Davy-Medaille. Kaum zurück aus England, traf am

14. November ein Telegramm aus Stockholm ein: Die Königlich Schwedische Akademie der Wissenschaften hat den Nobelpreis für Physik an sie, Pierre und Becquerel vergeben. Die Curies wurden mit einem Schlag weltberühmt. Leider kam Pierre drei Jahre später bei einem tragischen Verkehrsunfall ums Leben, er wurde von einer Pferdekutsche überfahren. Marie traf dies äusserst schwer, sie trug jahrelang Trauer. Doch sie forschte verbissen weiter und erzog ihre zwei Töchter, Eve und Irene.

Am 8. November 1911 erhielt Marie wieder ein Telegramm aus Stockholm, diesmal war es der Nobelpreis für Chemie, für die Entdeckung und Erforschung der Elemente Radium und Polonium. Marie Curie starb im Alter von 67 an einer aplastischen Anämie (Blutarmut) und nicht an Leukämie. Für jene Zeit wurde sie überdurchschnittlich alt. Trotzdem darf vermutet werden, dass die ständigen, sehr hohen Strahlendosen diese Krankheit ausgelöst oder zumindest gefördert haben.

Die eine Tochter von Marie Curie, Irene, hat die Begabung ihrer Mutter für Physik geerbt. Zusammen mit ihrem Mann, dem Physiker Frederic Joliot, bekam sie im November 1935 auch ein Telegramm aus Stockholm: Es war der Nobelpreis für Chemie, für die Synthese neuer radioaktiver Elemente.

(Fast) ein Perpetuum Mobile

Ein grosses Rätsel konnten die Curies nicht lösen: Anscheinend können radioaktive Substanzen ohne äussere Energiezufuhr fortlaufend Energie in Form von Strahlung abgeben. Wird die Strahlung von Materie absorbiert, entsteht Wärme (neben chemischen Änderungen). So ist ein Gramm Radium in der Lage, 1 Gramm Wasser in etwa einer Stunde von 0°C zum Sieden zu bringen. Und das offenbar «ewig», ein Perpetuum Mobile? Man vermutete, dass das Radium irgendwelche mysteriösen Energiewellen aus dem Raum anzapft. Erst mit Einstein, Rutherford und anderen wurde das Rätsel gelöst: Der Kern nimmt die grosse Energiemenge aus seiner Masse. Masse ist, salopp ausgedrückt, hoch konzentrierte Energie. Beim Aussenden der Strahlung wird ein kleiner Teil der Kernmasse in Energie verwandelt, gemäss Einsteins berühmter Formel $E = mc^2$. Dabei ist c die Lichtgeschwindigkeit, etwa 300 000 000 m/s. c^2 ist demzufolge eine riesige Zahl: 90 000 000 000 000 000 m^2/s^2. In einem einzigen kg Materie steckt die Energiemenge von etwa 3 Millionen Tonnen Kohle, der Jahresverbrauch eines Kohlekraftwerks. Faszinierend.

Die Geburt der Kernphysik

Ernest Rutherford, ein Neuseeländer, konnte bald nach der Entdeckung der radioaktiven Strahlen nachweisen, dass diese aus drei recht unterschiedlichen Arten bestehen (siehe Figur 2-2), die er Alpha-, Beta- und Gamma-Strahlen taufte. Alpha- und Betastrahlen bestehen aus Materieteilchen, sie haben Mühe, Materie zu durchdringen. Bereits ein Blatt Papier kann die Alpha-Strahlen aufhalten.

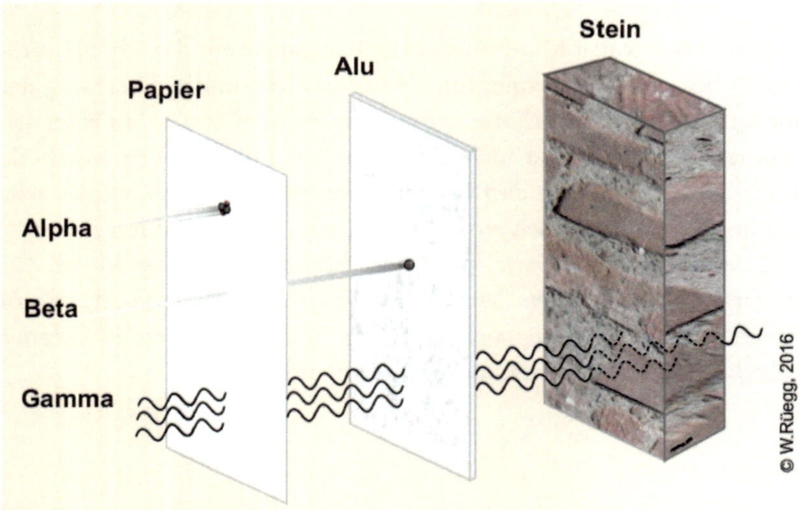

Figur 2-2: Alpha-, Beta- und Gammastrahlen mit unterschiedlichem Durchdringungsvermögen

Er entdeckte auch, dass radioaktive Substanzen wie Uran oder Thorium beim radioaktiven Zerfall nicht «zerfallen», sondern sich in andere Elemente umwandeln. 1908 wurden seine bahnbrechenden Arbeiten mit einem Nobelpreis gewürdigt.

Eines der grössten Verdienste von Rutherford war sein Beitrag zur Entwicklung des modernen Atommodells. Im Jahr 1898 vermutete J.J. Thomson, der Entdecker des Elektrons, dass ein Atom ein positiv geladenes Klümpchen ist, in dem die negativen Elektronen eingebettet sind, etwa wie die Rosinen in einem Kuchen. Sein Model wurde deshalb etwas respektlos «plum pudding model» genannt, immerhin eines Nobelpreises (1906) würdig. 1937 wurde auch sein Sohn, G.P. Thomson, mit einem Nobelpreis geehrt. Und zwar für die Entdeckung, dass die Elektronen, die sein Vater als Teilchen identifizierte, keine Teilchen sind. Kein Familienstreit, sondern eine seltsame Eigenschaft des Mikrokosmos: Ein Teilchen ist auch eine Welle und umgekehrt, je nachdem, was man damit macht.

Wir bestehen aus – nichts

Zurück zu Rutherford. 1911 experimentierte er mit Alpha-Strahlen. Diese, das war ihm mittlerweile klargeworden, bestanden aus schweren, positiv geladenen Partikeln (etwa 8000-mal schwerer als ein Elektron). Mit solchen Geschossen bombardierte er eine extrem dünne Goldfolie. Beim Rosinenkuchen-Modell erwartete er, dass die Alpha-Teilchen entweder stecken blieben oder relativ gerade durchflogen. In der Tat flogen die meisten Teilchen gerade hindurch. Doch einige ganz wenige wurden zum Teil massiv aus ihrer Bahn geworfen oder sogar zurückreflektiert. Im Atom musste es etwas winzig Kleines, sehr Schweres und «Hartes» geben.

Eine genaue mathematische Auswertung zeigte schliesslich, dass im Zentrum eines Atoms ein extrem kleiner, positiv geladener Kern sitzt, mit einem Durchmesser von weniger als 0,000 000 000 001 mm. Praktisch die gesamte Masse eines Atoms (mehr als 99,9 %) ist hier konzentriert. Darum herum, in weit entfernten Bahnen (etwa 100 000-mal den Kerndurchmesser), kreisen die Elektronen, wie Planeten um die Sonne. Da die Elektronen eine Art «Hülle» um den Kern bilden, redet man auch von «Hüllenelektronen». Die Atome, und damit auch wir, bestehen im Wesentlichen aus leerem Raum.

Woraus besteht der Atomkern?

Die Struktur des Atomkerns klärte sich erst in den 1930er-Jahren auf. Er besteht aus positiv geladenen Protonen und ungeladenen Neutronen. In einem neutralen Atom heben sich die Ladungen der Elektronen und der Protonen gegenseitig auf. Die Anzahl Protonen wird Ordnungszahl Z genannt. Jedes Element besitzt eine bestimmte Ordnungszahl. Ein Kohlenstoffkern beispielsweise enthält 6 Protonen (=Ordnungszahl) und 6 Neutronen. Protonen und Neutronen nennt man «Nukleonen», ihre Anzahl in einem Kern ist die «Massenzahl». Bei Kohlenstoff beträgt sie 12 (6 Protonen, 6 Neutronen). Bald erkannte man, dass die Zahl der Neutronen bei einem Element variieren kann, bei Kohlenstoff z. B. gibt es auch Kerne mit 7 oder 8 Neutronen. Man redet dann von den «Isotopen» eines Elementes. Rein chemisch unterscheiden sich die verschiedenen Isotope eines Elementes nicht. Gewisse Elemente haben viele stabile Isotope, Zinn z. B. hat 10, andere, wie Aluminium, haben nur ein stabiles Isotop. Es ist üblich, ein Isotop wie folgt darzustellen:

$$^{\text{Massenzahl}}_{\text{Ordnungszahl}}\textbf{Element}$$

Beim Kohlenstoffisotop mit 8 Neutronen (Massenzahl = 14) würde man also schreiben: $^{14}_{6}C$, oder einfach Kohlenstoff-14 oder C-14 oder ^{14}C. Es gibt stabile Isotope, z. B. «normaler» Kohlenstoff C-12, und radioaktive Isotope, auch Radioisotope oder Radionuklide genannt, z. B. C-14.

1913 präsentierte Niels Bohr ein verbessertes Atommodell, in dem die Elektronen nur auf bestimmten Bahnen mit festgelegten Energien den Kern umkreisen dürfen. Sehr seltsam. Wieso darf ein Elektron nicht eine beliebige Bahn wählen, etwa wie ein Satellit, der die Erde in beliebiger Höhe umkreisen darf? Der Mikrokosmos ist voll von solch bizarren Phänomenen. Einige Jahre später zeigt die Quantenmechanik, dass die Elektronen sich nicht auf exakten Bahnen bewegen, sondern eher wie eine Wolke «verschmiert» sind, trotzdem besitzen sie eine äusserst genau definierte Energie.

2.3 Der radioaktive Zerfall

Anfang des letzten Jahrhunderts wurde schnell klar, dass die radioaktive Strahlung aus dem Atomkern stammt. Wenn ein Kern zu viel Energie hat oder das Verhältnis von Protonen zu Neutronen aus dem Gleichgewicht ist, bringt er dies durch Aussendung von Strahlen in Ordnung. Das Verhältnis von Protonen zu Neutronen muss bei leichten Kernen etwa eins sein, bei mittelschweren etwa 1 zu 1,3, und bei schweren etwa 1 zu 1,5. Das Ungleichgewicht kann von künstlichen Kernreaktionen herrühren oder auch natürlichen Ursprungs sein. Bei einem Neutronenüberschuss versucht der Kern das Problem zu lösen, indem er ein Neutron in ein Proton umwandelt (Beta-Zerfall). Besonders bei schweren Kernen, z. B. Uran, gelingt dies nur über verschiedene Zwischenstufen (Zerfallsketten), Tabelle 2-1 zeigt die U-238-Zerfallskette. Bei allen Zerfällen werden auch Gammastrahlen freigesetzt. Bei der Energie der Strahlen wurde nur die häufigste angegeben. Die Energie der Strahlen wird meist in MeV (= 1 Million eV) angegeben – eine Energieeinheit des Mikrokosmos. Chemische Bindungen haben einen Energieinhalt von einigen eV. Ein Alphateilchen kann theoretisch mehrere Hunderttausend chemische Bindungen beschädigen.

Symbol	Isotop	Strahlung	Energie	Halbwertszeit	Tochterisotop
Start: U-238	Uran-238	Alpha	4,27 MeV	4470'000 000 Jahre	Th-234
Th-234	Thorium-234	Beta	190 keV	24,1 Tage	Pa-234
Pa-234	Protactinium-234	Beta	2,29 MeV	1,17 Minuten	U-234
U-234	Uran-234	Alpha	4,77 MeV	247 000 Jahre	Th-230
Th-230	Thorium-230	Alpha	4,68 MeV	80 000 Jahre	Ra-226
Ra-226	Radium-226	Alpha	4,78 MeV	1602 Jahre	Rn-222
Rn-222	Radon-222	Alpha	5,49 MeV	3,82 Tage	Po-218
Po-218	Polonium-218	Alpha	6,00 MeV	3,05 Minuten	Pb-214
Pb-214	Blei-214	Beta	7,83 MeV	27 Minuten	Bi-214
Bi-214	Bismuth-214	Beta	1,5 MeV	19,7 Minuten	Po-214
Po-214	Polonium-214	Alpha	7,69 MeV	0,00016 Sekunden	Pb-210
Pb-210	Blei-210	Beta	15 keV	22,3 Jahre	Bi-210
Bi-210	Bismuth-210	Beta	1,16 MeV	5,01 Tage	Po-210
Po-210	Polonium-210	Alpha	5,30 MeV	138,4 Tage	Pb-206
Ende: Pb-206	Blei-206	-	-	Stabil	Endstation

Tabelle 2-1: Die Zerfallsreihe von Uran-238.

Noch eine Bemerkung zum Begriff Kernzerfall: Bei der (sehr seltenen) spontanen Spaltung schwerer Kerne rechtfertigt sich der Begriff Kernzerfall. Bei allen anderen «Kernzerfällen» wäre es korrekter, von «Kernumwandlung» zu reden. Der neue Kern, der Tochterkern, kann die gleiche Anzahl Nukleonen (d.h. Protonen und Neutronen) besitzen (Beta- oder Gamma-Zerfall) oder auch weniger (Alpha-Zerfall). Der Begriff «Kernzerfall» hat sich fest eingebürgert, also bleiben wir dabei. Eine noch grössere sprachliche Entgleisung sind die «radioaktiven Strahlen». «Radio» kommt von lateinisch «radiare» und das bedeutet schon «strahlen». Radioaktive Strahlen sind also Strahlen die strahlen. Die korrekte Bezeichnung wäre «Kernstrahlen» oder allgemeiner «ionisierende Strahlen». Doch der Begriff «radioaktive Strahlen» hat sich nun mal durchgesetzt.

Das Verfallsdatum

Beobachtet man eine bestimmte Menge radioaktiver Kerne, so ist nach einer gewissen Zeit – der Halbwertszeit – die Hälfte zerfallen, in den Ruhestand getreten. Nach zehn Halbwertszeiten beträgt die Aktivität noch etwa 1/1 000 der ursprünglichen. Es gibt Radionuklide, die Milliarden von Jahren überstehen, z. B. das natürliche, auch in unserem Körper reichlich vorhandene Kalium-40 mit einer Halbwertszeit von 1,3 Milliarden Jahre. Nach «unten» ist die Skala offen, d. h. es gibt Kerne, die in Sekundenbruchteilen das Strahlen aufgeben. Die Halbwertszeit lässt sich übrigens weder mit Chemie noch mit äusseren Einflüssen wie Temperatur, Druck usw. beeinflussen.

Das exponentielle Zerfallsgesetz stimmt ausserordentlich genau, aber nur, wenn man eine sehr grosse Anzahl Zerfälle betrachtet. Pickt man sich einen einzelnen Kern heraus, sieht die Sache anders aus. Der eigentliche Zerfallsprozess, die Kernumwandlung und das Aussenden eines Strahlenteilchens, geschieht in einem (fast) unendlich kleinen Sekundenbruchteil. Aber wann genau dies passiert, bleibt ein Rätsel. Ein Uran-238-Kern (Halbwertszeit 4,5 Milliarden Jahre) kann in der nächsten Sekunde zerfallen. Oder er überlegt es sich 10 Milliarden Jahre lang und zerfällt erst dann. Auch die vielgerühmte Quantenmechanik kann die Frage nach dem Zerfallszeitpunkt nicht beantworten (wohl aber eine Antwort zur Halbwertszeit geben). Einstein war diese Unbestimmtheit ein Dorn im Auge, er konnte nicht glauben, dass «Gott mit der Welt Würfel spielt». Worauf ihm Niels Bohr entgegnete: Hör auf, Gott vorzuschreiben, was er tun soll.

Wie misst man die Radioaktivität?

Die Aktivität einer radioaktiven Substanz wurde früher in Curie (abgekürzt Ci) angegeben. Man definierte 1 Ci als die Aktivität eines Gramms Radium, mit 37 Milliarden Zerfällen pro Sekunde. Die heute gebräuchliche Einheit ist das Becquerel, abgekürzt Bq. 1 Bq bedeutet 1 Zerfall pro Sekunde, dabei wird mindestens ein Strahlenteilchen ausgesandt.

Einheit der Aktivität einer radioaktiven Quelle:
1 Bq (Becquerel) = 1 Zerfall/sec

Ausgehend von 1000 Bq, sind nach einer Halbwertszeit noch 500 Bq vorhanden, nach einer weiteren Halbwertszeit noch 250 Bq usw. Allerdings nur im statistischen Mittel. Statt 500 Bq könnten es auch 511 oder 475 sein. Die typische Schwankung, die «Standard-Abweichung», ist gleich der Quadratwurzel der gemessenen Zahl bei 500 Zerfällen, also 22.

Das Becquerel (Bq) ist eine recht «handliche» Grösse. Erde, unser Körper, Lebensmittel und die meisten Materialien, die uns umgeben, haben eine natürliche

Radioaktivität von einigen Bq bis zu einigen Hundert Bq pro kg. Mit anderen Worten: In jedem kg Materie finden typisch hundert Zerfälle pro Sekunde statt. Um solche Aktivitätskonzentrationen zu messen, genügt eine relativ einfache Messapparatur, die in jeder Armee vorhanden ist. Im Rahmen eines Militärdienstes – ich war damals Chefphysiker in der Schweizer Armee – durften wir nach Tschernobyl unzählige Salatköpfe, Pilze, Fische usw., ausmessen. Unsere Regierung verfügte, dass Nahrungsmittel mit mehr als 600 Bq/kg nicht mehr geniessbar sind. Warum gerade 600 Bq? Das haben wir uns auch gefragt. Denn solche Aktivitätskonzentrationen findet man in der Natur häufig. Wir kommen später darauf zurück.

Quelle	ursprüngliche Aktivität, PBq	Aktivität 2024 PBq	Ursprung
Erdkruste, 10 km	150 000 000 000	15 000 000 000	natürliche Elemente
Ozean	140 000 000	14 000 000	natürliche Elemente
Radioakt.-Abfälle*	20 000 000	2 000 000	Cs, Sr, Pu...
Test-Fallout	2 600 000	400	I, Cs, Sr, Pu...
Tschernobyl	11 000	40	I, Cs, Sr,...
Fukushima	700	5	I, Cs, Sr,...
1 km^3 Erdreich	30	3	natürliche Elemente

* Weltweit erzeugte. 2024-Wert normiert nach 50 Jahren Zwischenlagerung

Tabelle 2-2. Beispiele grosser Aktivitätsmengen in PBq (1 PBq = 10^{15} Bq)

Tabelle 2-2 zeigt Beispiele von sehr grossen Aktivitätsmengen. Bei Kernwaffen gibt man als ursprüngliche Aktivität meistens den Wert nach einer Stunde an. Bei Nuklearkatastrophen wird die in den ersten Stunden und Tagen entlassene Aktivität als die ursprüngliche betrachtet. Die ursprüngliche Aktivität der Natur betrug bei der Entstehung des Lebens etwa das 10-fache.

2.4 Der Alphazerfall

Wenn zu schwere Kerne sich erleichtern müssen, spucken sie am liebsten einen kleinen Klumpen Kernmaterial aus, ein Alpha-Teilchen, bestehend aus zwei Neutronen und zwei Protonen (ein Heliumkern). Der Tochterkern ist um die Massenzahl 4 und die Ordnungszahl 2 kleiner. Er kann, je nach Mutterkern, stabil sein oder weiter zerfallen. Berühmt-berüchtigte Alpha-Strahler sind Uran, Plutonium und Radon. Auf unserer Erde am häufigsten kommt Thorium-232 (Halbwertszeit 14,1 Milliarden Jahre) vor.

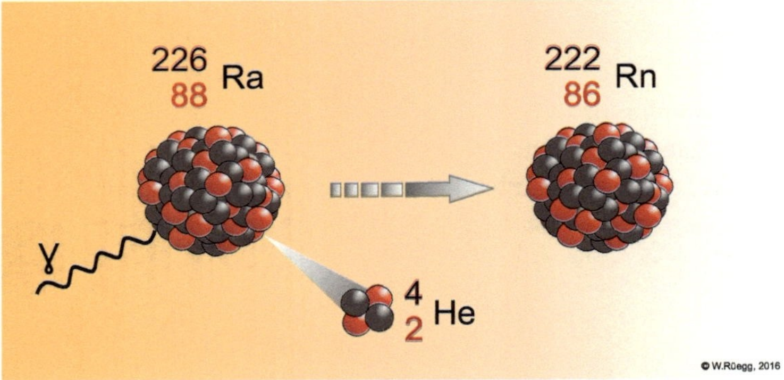

Figur 2-3: Der Alphazerfall am Beispiel von Radium-226. Dieser Kern wandelt sich unter Aussendung eines Alpha-Teilchens in Radon-222 um.

Mutter	Tochter	Halbwertszeit	Energie	Bemerkungen
U-238	Th-234	$4{,}47 \times 10^9$ Jahre	4,27 MeV	Uran, natürliches Radionuklid, Start einer ganzen Zerfallsreihe
Rn-222	Po-218	3,8 Tage	5,48 MeV	Radon-Gas, natürliches Radionuklid, gehört zur U-238 Zerfallsreihe
Pu-239	U-235	24100 Jahre	5,24 MeV	Plutonium, künstliches Radioisotop
Th-232	Ra-228	$1{,}4 \times 10^{10}$ Jahre	4,08 MeV	Thorium, natürliches Radionuklid, Start einer ganzen Zerfallsreihe

Tabelle 2-3: Beispiele von Alphastrahler.

Tabelle 2-3 zeigt einige Alphastrahler. Die Tochterkerne zerfallen weiter, dabei werden auch Beta- und Gammastrahlen freigesetzt. Der Alphazerfall sorgte anfänglich für grosses Kopfzerbrechen, es dürfte ihn eigentlich gar nicht geben. Mehr darüber und über seine Wirkungen auf Materien im Anhang 2.10

2.5 Betazerfall

Beta-Strahlen sind Elektronen, die mit praktisch Lichtgeschwindigkeit davonfliegen. Nach der Entdeckung des Neutrons erkannte man, dass sich beim Betazerfall ein Neutron in ein Proton und ein Elektron umwandelt. Dadurch nimmt die Ordnungszahl (Anzahl Protonen) des Atoms um 1 zu, die Massenzahl (Anzahl Neutronen und Protonen) bleibt dieselbe.

Mutter	Tochter	Halbwertszeit	max. Beta-Energie	Bemerkungen
C-14	N-14	5730 Jahre	0,155 MeV	Kohlenstoff, natürliches Isotop, Altersbestimmung
F-18	O-18	110 min	0,635 MeV	Fluor, Positronenstrahler, Krebsdiagnose
K-40	Ca-40	1300 000 Jahre	1,3 MeV	Kalium, natürliches Isotop, kommt überall vor
Co-60	Ni-60	5,272 Jahre	0,31 MeV	Kobalt, künstliches Isotop, Krebstherapie
Tc-99	Ru-99	210 000 Jahre	0,29 MeV	Technetium, künstliches Isotop, Medizinische Diagnose
H-3 (Tritium)	He-3	12,3 Jahre	0,02 MeV	Wasserstoff, künstliches Isotop und Natürliches
J-131	Xe-131	8,04 Tage	0,6 MeV; 0,8 MeV	Jod, künstliches Isotop, Tschernobyl
Cs-137	Ba-137	30 Jahre	0,51 MeV; 1,18 MeV	Cäsium, künstliches Isotop, Tschernobyl
Ga-73	Ge-73	4,8 Stunden	1,6 MeV	Gallium, künstliches Isotop

Tabelle 2-4: Beispiele von Betastrahlern

Tabelle 2-4 zeigt einige Betastrahler. In den meisten Fällen werden vom Tochterkern auch Gammastrahlen ausgesandt. Diese haben oft eine stärkere biologische Wirkung als Betastrahlen. So ist z. B. Co-60 vor allem als starker Gammastrahler bekannt.

Beim Alpha-Zerfall haben alle ausgesandten Alphateilchen die exakt gleiche Energie. Dies ist auch zu erwarten, da der zerfallende Kern vor und nach dem Zerfall auch je eine bestimmte, feste Energie hat. Beim Betazerfall ist dies auch so. Doch es zeigte sich, dass das Elektron des Betazerfalls alle möglichen Energien bis zu einem Maximalwert annehmen kann. Grosse Verwirrung, es kann nicht sein, dass Energie «verloren» geht. Die Erhaltung der Energie ist eine der «heiligsten Kühe» in der Physik. Erst Ende 1930 war eine Lösung in Sicht. Wolfgang Pauli, zu dieser Zeit Physikprofessor an der Eidgenössisch Technischen Hochschule in Zürich, führte die Widersprüche auf ein bisher unentdecktes Teilchen, Neutrino genannt, zurück.

Das Neutrino ist ein «Geisterteilchen». Es hat zwar Energie und Drehimpuls, d. h. irgendetwas ist da, dreht sich und rast mit praktisch Lichtgeschwindigkeit davon. Doch es hat so gut wie keine Wechselwirkung mit der bekannten Materie. Ein Neutrino fliegt mitten durch die Erde, ohne jede Abschwächung. Erst 1959 gelang es mit einem ungemein raffinierten Experiment, das Neutrino nachzuweisen. Der «korrekte» Betazerfall zeigt Fig. 2-4. Das Elektron wird oft auch β^--Teilchen genannt.

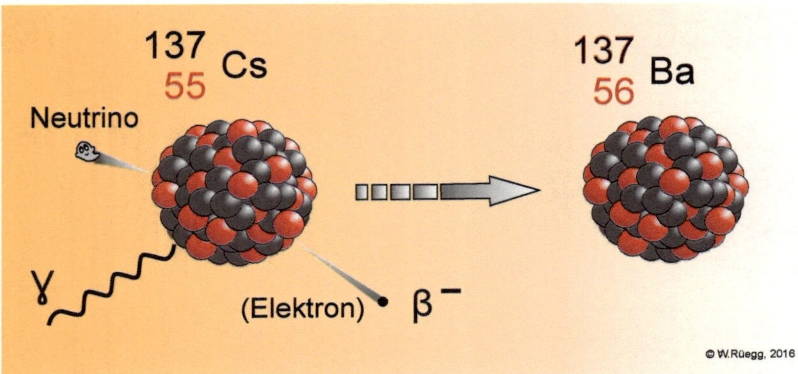

Figur 2-4: Der Betazerfall. Der zerfallende Kern ändert seine Massenzahl nicht, die Ordnungszahl steigt um eins (Elektronenemission, β^-) oder nimmt um eins ab (Positronenemission, β^+).

Antimaterie

Der Betazerfall war noch für eine weitere Überraschung gut. Man entdeckte, dass bei gewissen Zerfällen positiv geladene Elektronen, genannt Positronen (β^+), emittiert werden. Dieses Teilchen ist nicht einfach ein positives Elektron, sondern hat eine Eigenschaft, die an Zauberei grenzt: Trifft es auf ein Elektron, verschwinden beide Teilchen, sie «annihilieren». Es bleibt nichts übrig als reine Energie in Form von zwei Gamma-Quanten. Das Positron ist das Antiteilchen des Elektrons. Anschaulich ein «Loch» im Raum, das genau die Form eines Elektrons hat. Heute weiss man, dass jedes Teilchen auch ein Antiteilchen besitzt. Antiteilchen können auch als Teilchen, welche zeitlich «rückwärts» fliegen (in die Vergangenheit), dargestellt werden. Der Mikrokosmos ist voller Rätsel und Wunder.

Weitere Überraschungen und die Wirkung auf Materie werden im Anhang 2.11 beschrieben.

2.6 Gamma-Strahlen

Nach einem Alpha- oder Betazerfall ist der Kern oft in einem «angeregten» Zustand, er hat zu viel Energie. Der Abbau erfolgt durch Aussenden eines Gammaquants. In der Regel bringt der Kern dies sofort in Ordnung, meist innerhalb weniger als einer Milliardstel Sekunde nach dem Alpha- oder Betazerfall. Die Gammastrahlung ist von der gleichen Natur wie die Röntgenstrahlung, oft ist sie aber noch energiereicher. Da ein Gammaquant weder Ladung noch Masse hat, ändert der Kern nach dessen Aussenden weder seine Ordnungs- noch seine Massenzahl.

Die Natur lässt bei einem Atom oder einem Kern nur ganz bestimmte Zustände zu. Dies hat zur Folge, dass die Gammastrahlen genau definierte Energien haben. Damit kann recht einfach festgestellt werden, von welchem Isotop die Strahlung stammt.

Wirkung von Gammastrahlen auf Materie

Gammastrahlen können unbehelligt durch Atome fliegen, immer stur mit Lichtgeschwindigkeit. Denn man kann sie nicht abbremsen, nur «vernichten», bei einem der sehr seltenen Zusammenstösse mit einem Hüllenelektron. Dabei geben sie ihre ganze Energie auf einen Schlag an dieses ab. Man nennt diesen Prozess «Photoeffekt» (von Einstein erklärt, entschädigt mit einem Nobelpreis). Das Elektron, beglückt mit der ganzen Gammaenergie, verlässt das ionisierte Atom mit sehr hoher Geschwindigkeit. Beim Abbremsen verursacht es viele Ionisationen, genau wie ein Elektron beim Beta-Zerfall.

Viel weniger dramatisch verläuft der Photoeffekt in einem Solar-Modul. Lichtquanten haben Energien von nur 1,5–3 eV (Gammaquanten teilweise über 1 MeV). In geeigneten Halbleitermaterialien entstehen dadurch Spannungen von etwa 1 Volt. Eine elegante Art, einen Teil des Sonnenlichtes in elektrischen Strom zu verwandeln.

Gammastrahlen, die ein Hüllenelektron treffen, werden durch den Photoeffekt vollständig aus dem Verkehr gezogen. Die Anzahl Gammaquanten in einem Strahl wird kleiner, je weiter der Strahl die Materie durchdringt. Diese Abschwächung ist stark vom Material und der Energie der Gammaquanten abhängig. Man führt deshalb den Begriff der «Halbwertsschicht» ein. Nach jeder Halbwertsschicht reduziert sich die Anzahl Gammaquanten um die Hälfte, d. h. nach zwei Halbwertsschichten hat man noch ein Viertel der ursprünglichen Strahlenintensität, nach drei noch ein

Achtel usw … Tabelle 2-5 zeigt die Halbwertsdicken einiger Materialien für zwei häufig vorkommende Gammastrahler, Kobalt-60 und Cäsium-137. Gammastrahlen werden durch schwere Elemente, wie Blei, besonders gut absorbiert.

Radioisotop	Gammaenergie	Luft	Wasser	Beton	Eisen	Blei
Co-60	1,17, 1,33 MeV	100 m	10 cm	6,6 cm	2,1 cm	1,2 cm
Cs-137	0,66 MeV	75 m	8 cm	4,8 cm	1,6 cm	0,6 cm

Tabelle 2-5: Absorption von Gammastrahlen in Materie, Dicke einer Halbwertschicht. Nach 3,3 Halbwertsschichten beträgt die Intensität noch etwa 1/10.

Gammaquanten können ungehindert durch Trillionen Atome oder Moleküle hindurchfliegen, bevor ein Zusammenstoss geschieht. Sie produzieren sehr viel weniger Ionen pro Längeneinheit als z. B. Alphateilchen. Betroffene Zellen leiden nicht so stark, dafür dringen Gammaquanten sehr leicht von aussen in den Körper ein. Aufgrund des guten Durchdringungsvermögens von Gammastrahlen werden sie in Technik und Medizin häufig eingesetzt. Ein (politisch) umstrittenes Einsatzgebiet ist das Abtöten von schädlichen Mikroorganismen in Lebensmitteln. Die Gammastrahlung kann in den bestrahlten Lebensmitteln keine Radioaktivität erzeugen. Die Aversion gegen diese recht elegante Sterilisierungsmethode ist vorwiegend «ideologisch» bedingt, obwohl sie keinerlei Chemikalien benötigt und viel schonender als Erhitzen ist.

Die Paarerzeugung

Gammastrahlen mit einer Energie von über 1,022 MeV zeigen einen verblüffenden Effekt: Sie können sich in Materie verwandeln, in wunderbarer Bestätigung von Einsteins berühmter Formel $E = mc^2$. Dieser Prozess ist eine Umkehrung der Annihilation, der Vernichtung von Materie durch Antimaterie. Dabei muss aus Gründen der Impulserhaltung ein Kern als Geburtshelfer in der Nähe anwesend sein. Das Gammaquant verwandelt sich dann in ein Elektron und in ein Positron (ein Antiteilchen). Weil bei solchen Prozessen immer ein Materie-Antimaterie-Paar entsteht, redet man von «Paarerzeugung». Dass die Paarerzeugung von Elektron und Positron nur bei Gamma-Energien über 1,022 MeV stattfindet, hat einen einfachen Grund. Rechnet man mit der Formel $E = mc^2$ die Energie aus, die in der Masse eines Elektrons steckt, so erhält man 0,511 MeV. Da gleichzeitig immer auch ein Positron entsteht, beträgt die gesamte Energie beider Massen 1,022 MeV. Diese Energie muss das Gammaquant also mindestens aufbringen.

2.7 Neutronen

Neutronen entstehen in rauen Mengen in Kernreaktoren, explodierenden Nuklearbomben und durch die kosmische Strahlung. Für uns Menschen spielen die Neutronen im Vergleich zu Alpha-, Beta- und Gammastrahlen meist nur eine untergeordnete Rolle.

Neutronen sind zwar relativ schwere Teilchen, etwa 2000 Mal schwerer als Elektronen, haben aber keine elektrische Ladung. Wenn sie durch Materie schiessen, ignorieren sie die Hüllenelektronen, sie fliegen einfach durch sie hindurch. Neutronen können aber mit dem Kern zusammenstossen. Da der Kern winzig klein ist, geschieht dies sehr selten; sie haben deshalb eine grosse Reichweite, besonders bei Materie aus schweren Kernen. Materie aus leichten Kernen, z. B. Wasser, bremsen die Neutronen stärker ab (Billardkugeleffekt).

Bei der Neutronenbombe wird dieser Effekt ausgenutzt, um Panzerbesatzungen mit einer tödlichen Strahlendosis auszuschalten. Neutronenbomben sind speziell gezüchtete kleine Wasserstoffbomben, die grosse Mengen an schnellen Neutronen freisetzen. Neutronen haben als Teilchenstrahlen eine genau bestimmte Reichweite, bei einer Neutronenbombe etwa 1,5 km. Innerhalb dieses Radius ist die Strahlung tödlich, ausserhalb passiert praktisch nichts. Neutronenbomben haben heute, zugunsten von viel kostengünstigeren Präzisionswaffen, ausgedient.

Gewisse Kerne üben eine fast magische Anziehungskraft auf Neutronen aus. Sie «fangen» sie ein und werden dabei oft radioaktiv, aber meist mit kurzen Halbwertszeiten. Diese Eigenschaft wird zur Regelung von Kernreaktoren benutzt.

2.8 Kosmische Strahlen

Radioaktive Strahlen ionisieren fortlaufend die Luft, d. h. sie erzeugen elektrisch geladene Atome. Durch diese Ionen wird jeder geladene Körper langsam entladen. Das ist gut so, denn sonst könnten wir uns elektrostatisch auf gefährlich hohe Spannungen aufladen. Theodor Wulf, ein von der Physik besessener Jesuitenpater, konstruierte 1910 das damals beste Nachweisgerät für die Ionisation der Luft, den Wulf'schen Strahlenapparat. Damit mass der Pater die Ionisationsrate am Fusse des Eiffelturms und an der Spitze in 300 m Höhe. Man war sich zu dieser Zeit einig, dass die radioaktive Strahlung aus dem Erdboden kam und erwartete deshalb auf

300 m Höhe einen starken Rückgang. Aber die Messung zeigte eine höhere Ionisationsrate als erwartet.

Viktor Franz Hess, Physiker des Radiuminstituts in Wien, wollte es genau wissen. Zwischen 1911 und 1912 führte er eine ganze Reihe von Ballonflügen durch und konnte nachweisen, dass die Strahlung ab einigen 100 m Höhe überwiegend aus dem Weltraum kam. Er konnte auch nachweisen, dass die Sonne nur unwesentlich zu dieser Strahlung beiträgt, die Strahlung war auch nachts vorhanden. Für seine Verdienste um die Erforschung der «kosmischen Strahlen», wie sie heute genannt werden, wurde er 1936 mit dem Nobelpreis geehrt.

Unsere Erde wird fortlaufend mit Strahlenteilchen aus dem Weltraum bombardiert. Der Grossteil kommt aus den Tiefen des Universums; Teilchen mit extrem hoher Energie stammen wohl aus sehr entfernten Galaxien. Der Geburtsort dürfte in der Regel in Supernovae liegen, gigantischen Sternexplosionen, sowie in exotischen Objekten wie Pulsare (Neutronensterne) und Quasare. Meist handelt es sich um Teilchen, vorwiegend Protonen (87 %) und Heliumkerne, nur wenige Elektronen (2 %). Auch hochenergetische Gammaquanten kommen vor. Die Energien der Teilchen können teilweise gigantische Werte annehmen, bis über 10^{20} eV, sehr viel mehr als wir mit unseren grössten Beschleunigeranlagen erreichen können.

Wirkung auf Materie

Fast alle kosmischen Strahlenteilchen stossen bereits in den höheren Schichten der Atmosphäre mit Luftmolekülen zusammen. Dabei entstehen ganze Schauer von Sekundärteilchen. Die Atmosphäre schützt uns einigermassen vor diesen Strahlen, doch mit der Höhe über Meer nimmt der Schutz ab. Auf 1800 m ist diese Strahlung bereits doppelt so hoch. Auf Meereshöhe besteht sie hauptsächlich aus Myonen (englisch Muons), schnellen Elektronen, Positronen und Neutronen. Myonen sind kurzlebige, mittelschwere Elementarteilchen, etwa 9-mal leichter als ein Proton. Sie werden in den obersten Schichten der Atmosphäre (typisch in 15 km Höhe) beim Zusammenprall hochenergetischer kosmischer Strahlenteilchen mit Luftmolekülen erzeugt. Trotz der Abbremsung durch die Luft beträgt ihre Energie auf Meereshöhe im Mittel immer noch gewaltige 4 GeV (4 000 000 000 eV), 1000-mal mehr als die typischen Energien radioaktiver Strahlen. Dank ihrer extrem hohen Energie durchdringen Myonen auch massivste Eisenbetongebäude und sind selbst tief unter der Erdoberfläche, in Bergwerken, vereinzelt noch nachweisbar. Beim Durchbohren des menschlichen Körpers hinterlassen sie einen Ionenkanal. Im Mittel treffen in jeder Sekunde mehrere Hundert Teilchen pro m^2 auf die Erde, Millionen von Zellen in unserem Körper werden dabei getroffen. In der Regel ist aber die Strahlenbelastung durch die natürlichen Radionuklide des Untergrundes, der Luft (Radon), unseres eigenen Körpers und der Materialien in unserer Umgebung deutlich höher – ausser im Flugzeug, in 10 km Höhe.

Tickt die Uhr im Myon falsch?

Die Lebenszeit von im Labor erzeugten Myonen beträgt 2,2 Mikrosekunden (2,2 µs). Selbst mit Lichtgeschwindigkeit würden sie nur etwa 660 m weit fliegen. Wenn die Myonen in über 10 km Höhe erzeugt werden, schaffen sie es selbst mit Lichtgeschwindigkeit nie im Leben (buchstäblich) bis auf die Erdoberfläche, dazu würden sie mindestens 30 µs benötigen. Trotzdem, in der kosmischen Strahlung dominieren auf Meereshöhe die Myonen, irgendetwas stimmt nicht. Wenn beide Zeiten, 2,2 µs und 30 µs, richtig sind, muss die «Uhr» im kosmischen Myon anders ticken als im Labor-Myon. Dies ist eine der schönsten Bestätigungen der speziellen Relativitätstheorie von Einstein. Diese sagt voraus, dass Uhren umso langsamer laufen, je schneller sich ein Objekt bewegt – aus der Sicht eines ruhenden Beobachters. Vom Myon aus gesehen vergeht die Zeit immer gleich schnell. Wendet man die entsprechenden Formeln der «Zeitdilatation» (so nennt man die Verlangsamung der Zeit) auf das kosmische Myon an, stimmt alles perfekt. Im Gegensatz zur Quantenmechanik benötigt man zur Berechnung der Zeitdilatation keine mathematischen Orgien.

Neutronen aus der kosmischen Strahlung spielen auf Meereshöhe keine grosse Rolle (Anteil weniger als 10 %). Zwischen 5 km bis etwa 15 km dominieren sie aber. Die Besatzungen von Flugzeugen werden einer etwa 2–5 Mal höheren Dosis ausgesetzt als die nicht fliegenden Erdbewohner. Es gibt keine konsistenten Anzeichen für negative Effekte.

2.9 Zusammenfassung

Das klassische Bild eines Atoms: Im Mittelpunkt befindet sich ein winziger Kern, darum herum schwirren, in vergleichsweise riesigem Abstand, die ebenso winzigen Elektronen. Ein Atom ist praktisch «leer».

Röntgenstrahlen entstehen, wenn Elektronen mit hoher Geschwindigkeit auf Materie prallen, z. B. in einer «Röntgenröhre». Radioaktive Strahlen (korrekter:

«Kernstrahlen») werden hingegen von den Kernen sogenannter Radioisotope oder Radionuklide ausgesandt. Diese Kerne haben zu viel Energie oder ein falsches Verhältnis zwischen den Kernbauteilen, den Neutronen und Protonen. Sie wandeln sich unter Aussendung von Strahlen in stabile Elemente um, oft über verschiedene Stufen (Zerfallsketten).

Es gibt im Wesentlichen drei Arten von radioaktiven Strahlen: Alpha-, Beta- und Gammastrahlen. Gammastrahlen und Röntgenstrahlen sind elektromagnetische Wellen, wie auch die ultraviolette Strahlung, das Licht und die Radiowellen. Die Alphateilchen bestehen aus «Kernmaterie», zwei Protonen und zwei Neutronen, sie sind identisch mit einem Helium-Kern. Betastrahlen sind sehr schnelle Elektronen. Alle diese Strahlen können Atome ionisieren, d. h. ein Elektron aus der Atomhülle herausschlagen und damit chemische Bindungen beschädigen. Man nennt sie deshalb auch «ionisierende» Strahlen.

Alphastrahlen haben eine besonders hohe Ionisierungsdichte, dafür ist ihre Reichweite sehr klein, schon ein Blatt Papier schirmt sie ab. Im Körper können sie aber eine grosse biologische Wirkung entfalten. Betastrahlen und Gammastrahlen haben eine sehr viel kleinere Ionisationsdichte, besonders Gammastrahlen werden durch Materie nur wenig absorbiert. Die Energie eines Strahlenteilchens wird in eV (Elektronenvolt) ausgedrückt, typische Energien sind eine Million eV (= 1 MeV). Bei chemischen Reaktionen betragen die Energien (pro Molekül) nur einige eV. Die Stärke einer radioaktiven Quelle gibt man in Becquerel (Bq) an, 1 Bq entspricht einem Zerfall pro Sekunde. Unser Körper enthält etwa 9000 Bq.

Ein wesentlicher Teil der natürlichen ionisierenden Strahlen stammt aus dem Weltraum (kosmische Strahlung). Hunderte solcher Strahlenteilchen durchbohren uns in jeder Sekunde.

2.10 Anhang: Der unmögliche Alpha-Zerfall

Den Alphazerfall dürfte es gar nicht geben. Im Atomkern stellen je zwei Protonen und zwei Neutronen ein Alphateilchen dar, sie sind in alle Ewigkeit darin gefangen. Denn ihre Energie genügt bei Weitem nicht, um aus dem Kern zu gelangen. Sie versuchen es zwar fortwährend, rund 1 000 000 000 000 000 000 000-mal pro Sekunde, und dies bei gewissen Kernen viele Milliarden Jahre lang (erstaunlich, diese Ausdauer). Das Analogon: Ein Fussballfeld, umgeben von einer 100 m hohen Mauer. Die Spieler (maximale Kickhöhe 20 m) haben nicht den Hauch einer

Chance, den Ball (das Alpha-Teilchen) über die Mauer zu kicken. Aber wenn man die quantenmechanischen Gesetze anwendet, findet man eine absurd kleine Wahrscheinlichkeit, dass der Ball doch einmal auf der anderen Seite landet. Wie wenn er einen Tunnel durch die Mauer gefunden hätte. Man redet deshalb auch vom «Tunneleffekt». Die quantenmechanisch berechneten Halbwertszeiten stimmen; einer der ersten grossen Erfolge der Quantenmechanik. Leider ist sie sehr abstrakt und benötigt eine ordentliche Portion höherer Mathematik.

Wirkung von Alphastrahlen auf Materie

Alphateilchen stossen liebend gerne mit Elektronen zusammen, schliesslich ziehen sich die gegenteiligen Ladungen an (das Elektron ist negativ geladen, das Alphateilchen positiv). Das Alphateilchen ist etwa 8000-mal schwerer als ein Elektron; es wird pro Stoss nur wenig abgebremst. Es braucht einige Zehntausend Stösse, bis es zur Ruhe kommt. Bei jedem Stoss kann ein Molekül beschädigt werden. Aufgrund dieser grossen Wirkung bekommen die Alphastrahlen einen schweren Schadens-Penalty.

Energie in MeV	In Luft	In menschl. Gewebe	Anzahl Zellen
1	3 mm	0,004 mm	1
4	25 mm	0,031 mm	3
8	74 mm	0,091 mm	9

Tab. 2-6: Reichweite von Alphateilchen in Luft und menschlichem Gewebe. In der letzten Spalte sind die Anzahl Gewebezellen angegeben, die von Strahlenteilchen durchquert werden.

In der Luft kommen Alphastrahlen nur einige cm weit (Tabelle 2-6). Durch Kleidung oder menschliche Haut können sie nicht dringen. Schon ein Blatt Papier schirmt sie ab. Erst wenn Alphastrahler im Körper selbst zerfallen, können sie Schaden anrichten. Dies ist z. B. bei eingeatmetem Radon-Gas der Fall. Im menschlichen Gewebe durchquert ein Alphateilchen nur einige wenige Zellen. Pro Zelle entstehen aber Tausende von Ionisationen. Schlimm? Wir besprechen das in einem späteren Kapitel.

2.11 Anhang: Beta-Zerfall

Die Überraschungen beim Betazerfall hörten nicht auf. Bis 1957 nahm man es als selbstverständlich an, dass (anschaulich beschrieben) ein Prozess, im Spiegel betrachtet, gleich abläuft (Paritätserhaltung). Beim Betazerfall gilt dies aber erstaunlicherweise nicht. Die Natur hat offenbar eine «Vorzugsrichtung», man kann auch sagen, dass links nicht gleich rechts ist. Oder dass Gott Rechtshänder ist. Das Thema meiner Diplomarbeit war übrigens ein Experiment mit einem Beta-Gamma-Zerfall mit dem man die Paritätsverletzung besonders gut messen konnte.

Wirkung von Betastrahlen auf Materie

Treffen Betateilchen auf Materie, verlieren sie ihre Energie vor allem durch Zusammenstösse mit Hüllenelektronen. Das leichte Betateilchen fliegt durch typisch 1000 Atome hindurch, bis es eines ionisiert. Durch die stark verteilte Energieabgabe leiden betroffene Zellen nicht so stark wie bei Alphastrahlen. Die Kehrseite der Medaille: Die Betastrahlen dringen leichter in den Körper ein. Da die Energie nicht so schnell abgegeben wird, hat die Betastrahlung in Materie eine wesentlich höhere Reichweite als die Alpha-Strahlung. In Luft beträgt sie für eine Betaenergie von 1 MeV etwa 3 m, in menschlichem Gewebe etwa 0,5 cm. Dies entspricht etwa 500 Zellen. Ein dünnes Aluminiumblech kann die Betastrahlung bereits völlig abschirmen.

3 Die Welt ist radioaktiv

Restlos alles auf unserer Welt ist radioaktiv, seit Anbeginn der Zeiten. Und es wird ewig so bleiben. Wir Menschen haben nur wenig dazu beigetragen.

3.1 Unsere Bodenheizung

James Usher wurde am 4. Januar 1580 in Dublin, Irland, geboren. Mit 13 begann er ein Theologiestudium an der Universität in Dublin, mit 21 wurde er Professor, mit 40 Bischof, dann Erzbischof. Im reifen Alter von 70 Jahren beschloss er, das Alter der Erde zu berechnen. Er wertete dazu alle genealogischen Daten des Alten Testaments aus und kam zum Schluss, dass Gott die Schöpfung der Erde am Sonntag, dem 23. Oktober 4004 vor Christus, um 8.00 Uhr morgens, abgeschlossen hat.

So genau wollte sich Lord Kelvin (1824 – 1907), nicht festlegen. Kelvin war mit 35 Jahren bereits einer der angesehensten Physiker seiner Zeit und trug Wesentliches zur Wärmelehre bei. Unter der Annahme einer glühend heissen Erde, die sich langsam abkühlte, schätzte er ihr Alter auf 24 bis 40 Millionen Jahre. Heute wissen wir, dass die Erde 4,56 Milliarden Jahre alt ist. Seine Berechnungen waren an sich korrekt, aber etwas Entscheidendes wurde erst einige Jahre später entdeckt: Die Tatsache, dass unser Planet ordentlich radioaktiv ist – und so über eine natürliche Bodenheizung verfügt.

Wenn ihnen radioaktive Strahlen Angst machen, sollten sie dieses Kapitel überspringen, und vor allem nicht auf Figur 3-1 schauen. Denn diese zeigt, dass rund die Hälfte aller Elemente (in der Figur rot und gelb hinterlegt) von Natur aus radioaktiv sind, auch die Mehrzahl der Elemente, die unseren Körper ausmachen. Gut, bei einigen ist die Strahlung extrem schwach, kaum nachweisbar. Andere hingegen, wie z. B. Kalium oder die Uran- und Thorium-Familien, strahlen kräftig.

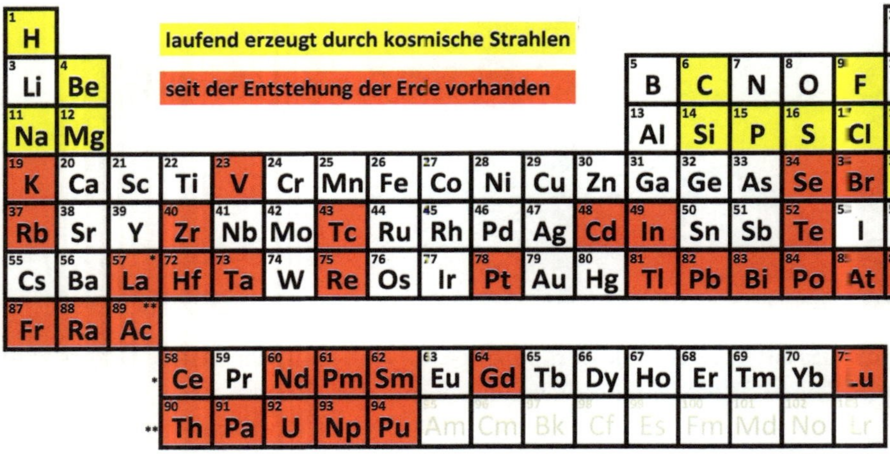

Figur 3-1: Das Periodensystem. Alle gelb oder rot hinterlegten Elemente sind radioaktiv.

Die radioaktiven Elemente: Ein himmlisches Geschenk

China, 4. Juli 1054, zur Zeit der Sung-Dynastie. Yang Wei-te, Direktor der kaiserlichen Sternwarte, war in Panik. Ein neuer Stern erschien plötzlich am Himmel – und er hat ihn nicht vorausgesagt. Er erinnerte sich wohl an das Schicksal der Hof-Astronomen Ho und Hsi: Eine nicht vorausgesagte Sonnenfinsternis kostete sie den Kopf. Sein lebensrettender Einfall: Er verkündete, dass die astrologische Lage des neuen Sterns ein äusserst positives Omen für den Kaiser sei. Der neue Stern war eine Supernova, eine gewaltige Explosion am Ende eines Sternenlebens. Heute sehen wir an dieser Stelle den Crab-Nebel, etwa 6000 Lichtjahre von uns entfernt. Supernovae sind die Geburtsorte unserer mittelschweren Elemente. Anfänglich waren sie extrem radioaktiv, inzwischen haben sie sich beruhigt. Die wichtigsten Ausnahmen: Kalium-40 und Rubidium-87, sie überlebten bis heute dank ihrer extrem langen Halbwertszeiten.

Der Bannfluch

Die Supernova von 1054 war während mehrerer Wochen auch tagsüber sichtbar, doch in Europa hatte man andere Sorgen. Der Papst in Rom und der Patriarch in Konstantinopel belegten sich gegenseitig mit einem Bannfluch – das Schisma, die Trennung des Christentums in eine orthodox-anatolische und eine römisch-katholische Richtung, wurde gerade vollzogen. Ein wichtiger Streitpunkt: Muss man in der Eucharistie gesäuertes oder ungesäuertes Brot verwenden? Der gegenseitige Bannfluch wurde übrigens erst am 7. Dezember 1965 aufgehoben. Behördliche Verfügungen – auch unsinnige – haben nun einmal die Tendenz, lange am Leben zu bleiben. Zurück zur Astronomie.

Materie ist bis auf einen Rest von 0,000 000 000 000 1 % leerer Raum. Doch es gibt eine Ausnahme: Neutronensterne, entstanden aus den Trümmern von grossen Supernovae. Sie bestehen aus dicht gepackten Neutronen. Ein Löffel davon wiegt etwa 1 Milliarde Tonnen. Bei einer Kollision von zwei solchen Monstern erzittert das ganze Universum, registrierbar mit unseren neuesten Gravitationsdetektoren. Die Temperaturen erreichen viele Milliarden Grad, dabei entstehen auch die schwersten Elemente wie Gold, Platin, Uran und Thorium. In «unserem» Aussenarm der Milchstrasse fanden vor 6 oder 7 Milliarden Jahren mehrere solcher Kollisionen statt. Aus dessen Trümmern und den Überresten von verschiedenen Supernovae entstand vor etwa 4,56 Milliarden Jahren unser Sonnensystem – eine radioaktive Hölle.

3.2 Die strahlende Erde

In Tabelle 3-1 sind die wichtigsten natürlichen Radionuklide der Erdkruste aufgeführt. Diese primordialen (ursprünglichen) radioaktiven Isotope sind seit der Entstehung der Erde vorhanden. Die meisten von ihnen senden neben Alpha- oder Betastrahlen auch Gammastrahlen aus.

Radioisotop	Halbwertszeit	Alpha- oder Beta-Energie	Vorkommen in 1 kg Erde	Bemerkungen
Uran-238	4 468 000 000 Jahre	4,27 MeV	2,7 mg	99,3 % in Natururan, Start einer Zerfallskette. Nicht waffenfähig
Uran-235	704 000 000 Jahre	4,68 MeV	0,02 mg	0,7 % in Natururan, Start einer Zerfallskette. Waffenfähig
Uran-234	234 000 Jahre	4,86 MeV	0,00015 mg	0,0055 % in Natururan, Tochter von U-238
Thorium-232	14 100 000 000 Jahre	4,08 MeV	9,6 mg	Start einer Zerfallskette
Radium-226	1600 Jahre	4,87 MeV	9×10^{-7} mg	Mitglied der U-238 Zerfallskette
Radon-222	3,82 Tage	5,48 MeV	4×10^{-13} mg	Gasförmig, Tochter von Radium-226
Polonium-210	138 Tage	5,30 MeV	2×10^{-10} mg	Mitglied der U-238 Zerfallskette
Kalium-40	1280'000 000 Jahre	1,31 MeV	2,5 mg	0,0117 % in natürlichem Kalium
Rubidium-87	48 800 000 000 Jahre	0,274 MeV	25 mg (90 mg/kg nat. Rb)	27,8 % in natürlichem Rubidium

Tabelle 3-1: Die wichtigsten primordialen Radionuklide in der Erdkruste.

Insgesamt findet man rund 60 natürliche Radionuklide in der Erdkruste, viele allerdings nur in Spuren.

Im Anhang 3.6 zeigen die Tabellen 3-6 und 3-7 die Massen und die Aktivitäten natürlicher radioaktiver Isotope im Gestein und in der gesamten Erdkruste. Im Durchschnitt enthält ein Kubikmeter Gestein 3–4 MBq. Die ersten 100 m Gestein beherbergen weltweit etwa $1{,}5 \times 10^{23}$ Bq, sehr viel mehr als sämtliche Reaktoren und Atombomben je erzeugen können[5].

5 1000 Reaktoren × 100 Jahre ergeben etwa 8×10^{21} Bq für die Endlagerung.

Gut zu merken:
Die Aktivität von Erde beträgt rund 1 kBq pro kg oder 1 Bq pro g

In jedem Kubikmeter Erde findet man im Mittel 5 g Uran, 15 g Thorium, 4 g Kalium-40 und 40 g Rubidium-87. Die Folge: Der Garten eines Einfamilienhauses enthält im obersten Meter Erde mehrere kg dieser radioaktiven Stoffe. Je nach Ort können es auch 10-mal mehr oder 10-mal weniger sein. Diese radioaktiven Stoffe bestrahlen uns Tag und Nacht. Schlimm? In Kapitel 5 gehen wir näher darauf ein.

Oft werden im Zusammenhang von Fallout Oberflächenkonzentrationen in Bq/m^2 angegeben, z. B. bei der durch Tschernobyl oder Fukushima verursachten radioaktiven Verseuchung. Um einen Vergleich mit den natürlich vorhandenen Radionukliden durchführen zu können, muss die Volumenkonzentration in eine «Flächenkonzentration» umgerechnet werden. Wählt man z. B. eine Bodentiefe von 30 cm, so erhält man im Durchschnitt rund 400 000 Bq/m^2 (Erde mit etwas Wasser und Humus).

Uran ist überall

Uran kommt in der Erdkruste recht häufig vor, im Mittel 2,7 mg/kg. Granit enthält wesentlich mehr, oft 20 mg/kg, Uranmineralien noch viel mehr. Sie sind bei Sammlern sehr beliebt, ihrer schönen Leuchterscheinungen wegen, die nichts mit der Radioaktivität zu tun haben. Die Mineralien sind praktisch harmlos, ausser man isst sie (chemische Gifte). Natururan besteht aus drei verschiedenen Isotopen, alle sind radioaktiv. Mit 99,3 % Häufigkeit dominiert U-238. Das zweithäufigste Uranisotop, mit 0,7 %, ist U-235, der Brennstoff für Reaktoren. U-234, erste Zwischenstation beim Zerfall von U-238, kommt nur mit 0,005 % vor.

Auch die Luft enthält immer etwas Uran, meist um 0,1–1 mBq/m^3. Dies hat zur Folge, dass wir mit jedem Atemzug mehrere Milliarden Uranatome in die Lunge befördern. Uran ist auch im Trinkwasser und in allen Lebensmitteln vorhanden, allerdings meist unter 1 Bq/kg. Will man sich mit der Radioaktivität von Uran umbringen, so müsste man etwa 4 kg davon essen, bei abgereichertem Uran (praktisch nur U-238) etwa doppelt so viel. Nur wird das so nicht funktionieren: Uran ist ein toxisches Schwermetall, vergleichbar mit Blei. Man muss mit einer «normalen» chemischen Vergiftung vorliebnehmen. Dringt Uran als Feinstaub in die Lunge (normaler Staub ist nicht lungengängig), wirkt die Radioaktivität etwa 200-mal stärker. Die Menge entspricht aber immer noch etwa 20 Gramm.

«Mein» Uran

Als Schüler beschaffte ich mir 1 kg Natururan, damit wollte ich mein gebasteltes Zählgerät etwas beschäftigen. Uran war damals noch nicht mit einem behördlichen Bannfluch belegt. Ich bewahrte es jahrelang in meiner Nachttischschublade auf und entsorgte es beim Umzug in eine neue Wohnung in der Limmat (Fluss durch Zürich). Gab der Natur zurück, was ihr entnommen wurde. Ich erwarb auch andere interessante Substanzen[6], z. B. die Chemikalien, welche die Royal Navy zum Einnebeln ihrer grossen Kriegsschiffe verwendete. Mein darauffolgendes Experiment war ein voller Erfolg. Die Polizei war anderer Meinung.

Thorium

In der Erde findet man 3-mal mehr Thorium als Uran, etwa 15 g/m^3. Es hat, im Gegensatz zu Uran, seine Unschuld noch nicht ganz verloren. Wie Uran strahlt Thorium nur schwach. Bei Halbwertszeiten von vielen Milliarden Jahren müssen diese Elemente mit ihrer Energie extrem sparsam umgehen.

Früher hatte Thorium mehrere technische Anwendungen; man benutzte es in Gasbrennern und für Schweisselektroden, sowie in gewissen hitzefesten Legierungen. Gefährlich? Unbedingt, vor allem wenn man auf die Idee kommt diese Gegenstände zu verspeisen. Allerdings stirbt man dann nicht wegen der Radioaktivität, sondern, wie bei Uran, «nur» auf Grund einer normalen chemischen Vergiftung. Thorium ist auch eine Quelle für tragisch-komische Geschichten (Kapitel 8).

Ohne Kalium sind wir sofort tot

Kalium ist radioaktiv, zumindest 0,012 % davon, als Kalium-40 (K-40). K-40 sendet energiereiche Beta- und Gamma-Strahlen aus. Aufgrund der Halbwertszeit von 1,28 Milliarden Jahre war dieses Isotop zur Zeit der Entstehung des Lebens etwa 10-mal stärker präsent als heute. Kalium spielt in den Zellen aller Lebewesen eine essenzielle Rolle, ohne wären wir innert Sekunden tot.

Kalium ist eines der drei Hauptbestandteile eines mineralischen Pflanzenvolldüngers (neben Stickstoff und Phosphor). Der Dünger strahlt mit bis zu 5000 Bq/kg, in jedem Gartencenter leicht zu messen. Stark gedüngte Böden enthalten überdurchschnittlich viel K-40. Doch auch ein nicht gedüngter Boden ist in den ersten 50 cm (typische Wurzeltiefe) mit etwa 400 000 Bq/m^2 radioaktivem K-40 verseucht

6 Meine Quelle war die Firma Bender und Hobein in Zürich

(mit allen anderen Radionukliden über 500 000 Bq/m²). In der Umgebung von Tschernobyl gilt bei mehr als 37 000 Bq/m² Cs-137 ein Boden als radioaktiv verseucht, bei mehr als 1 500 000 Bq Cs-137 als unbewohnbar. Cs-137 und K-40 wirken radiotoxisch ähnlich (Cäsium und Kalium sind chemisch Brüder). Das Cs-137 verschwindet relativ schnell wieder. Mit K-40 muss man etwas mehr Geduld haben: Nach 1,28 Milliarden Jahren ist erst die Hälfte zerfallen.

Auch der Ozean strahlt

Tabelle 3-3 zeigt die Aktivitäten der häufigsten natürlichen Radionukliden im Ozean. Das dominierende Isotop ist K-40. Uran kommt auch vor, erstaunliche 3,3 Tonnen pro Kubikkilometer.

Radioisotop	Aktivität pro Liter	Aktivität pro km³	Total in allen Ozeanen
Uran	78 mBq/L	78 GBq	97 EBq
Kalium-40	11 Bq/L	11 000 GBq	14 000 EBq
Tritium	0,6 mBq/L	0,6 GBq	740 PBq
Kohlenstoff-14	5 mBq/L	5 GBq	6,7 EBq
Rubidium-87	1,1 Bq/L	1100 GBq	1300 EBq
Total	12,2 Bq/L	12 200 GBq	Ca. $1{,}5 \times 10^{22}$ Bq

Tabelle 3-3: Natürliche Radionuklide im Meerwasser. Einheiten siehe Buchumschlag

In allen Weltmeeren zusammen schlummern etwa 4 500 000 000 Tonnen Uran. Weit mehr als die geschätzten Reserven von etwa 3 000 000 Tonnen in allen Uranminen. Wie Untersuchungen in Japan, Frankreich und China zeigen, ist es möglich, Uran aus dem Meerwasser zu gewinnen, zu Kosten um 300 $ pro kg (Weltmarktpreis Ende 2023 ca. 200 $/kg).

Regenwasser und Heilquellen

Der erste Regen nach einer längeren Trockenperiode hat es buchstäblich in sich. Die Atmosphäre wird ausgewaschen, unter anderem auch von vielen radioaktiven Stoffen. Radon stellt den Hauptbeitrag dar, zusammen mit allen strahlenden Töchtern. Dazu kommen noch die kosmogen erzeugten Radionuklide, vor allem Tritium und Kohlenstoff-14, aber auch etwas Uran, Thorium und K-40. Alles in allem misst man nicht selten 1000 Bq/L, mit Spitzenwerten gegen 100 kBq/L. Die Folge:

In den ersten paar Minuten nach Einsetzen des Regens schnellt die Untergrundstrahlung hoch; gemessen wurden Werte bis zum 5-fachen. Hat schon Fehlalarme bei Kernkraftwerken ausgelöst.

Höhere Konzentrationen als im Regenwasser findet man im Wasser von Mineral- oder Thermalquellen. In Masutome (Japan) misst man 26 000 Bq/L, in Ischia und in Lurisia (Italien) bis 50 000 Bq/L und selbst im mondänen Baden-Baden noch 1700 Bq/L. Zur Beruhigung aller Kurgäste: Negative Auswirkungen auf Menschen konnten bei wissenschaftlichen Untersuchungen, durchgeführt nach allen Regeln der Kunst, nie nachgewiesen werden, wohl aber positive.

Alle Menschen strahlen, besonders Arnold Schwarzenegger

In einem erwachsenen Durchschnittsmenschen residieren insgesamt ungefähr 700 000 000 000 000 000 000 ($= 7 \times 10^{20}$) radioaktive Atome. Davon zerfallen pro Sekunde rund 9000. Den Körper stört das anscheinend nicht, wir kommen noch darauf zurück. Tabelle 3-4 zeigt die wichtigsten Radionuklide in unserem Körper.

Radioisotop	Aktivität im Körper	Tägliche Einnahme
Kohlenstoff-14	3800 Bq	50 Bq
Kalium-40	4200 Bq	100 Bq
Tritium-3	25 Bq	< 1 Bq
U- und Th-Reihen	100 Bq	< 1 Bq
Rubidium-87	650 Bq	<10 Bq?
Total, inkl. sonstige	ca. 9000 Bq	Ca. 160 Bq

Tabelle 3-4: Radioaktivität im Körper einer 70 kg schweren Person

Am häufigsten kommt Kalium-40 (K-40) vor, mit recht energiereichen Gammastrahlen (1,46 MeV). Diese verlassen oft den Körper. Da Kalium vor allem in der Muskelmasse vorkommt, strahlen muskulöse Menschen besonders stark. Ich weiss nicht, wie viel Muskelmasse Arnold Schwarzenegger besitzt, aber falls es doppelt so viel ist (oder war) wie bei einem Durchschnittsmenschen, wäre seine «Ausstrahlung» auch etwa doppelt so stark. Für alle, die an Radiophobie (Angst vor Strahlen) leiden, empfiehlt sich, muskulösen Menschen aus dem Weg zu gehen, ja am besten allen Menschen. Sie sollten auch nicht Sport treiben, da dies ihre Muskelmasse und damit ihre Radioaktivität erhöht.

Die Radioaktivität in den Nahrungsmitteln

Im Mittel nehmen wir mit jedem kg Nahrung, egal ob pflanzlichen oder tierischen Ursprungs, rund 100 Bq radioaktive Substanzen auf, zur Hauptsache K-40 und C-14. 1 kg Kohlenstoff enthält etwa 220 Bq C-14. Nur bei langer «Lagerung» nimmt diese Radioaktivität ab. Im Fleisch von Ramses II hat der Kohlenstoff nur noch etwa die Hälfte der Radioaktivität (aufgrund der Halbwertszeit von 5730 Jahren). Aber Mumienfleisch essen wir ja kaum. Rekordverdächtig sind Pilze, so können Steinpilze über 600 Bq/kg K-40 enthalten, Morcheln bringen es sogar auf über 1300 Bq/kg.

Das radioaktive Kalium reichert sich im Körper nicht an, er reguliert den Gehalt sehr genau. Isst man stark kaliumhaltige Lebensmittel, sieht der Körper nur kurzfristig eine erhöhte Strahlung. Bei genügend viel Kalium im Körper werden etwa 90 % des oral zugeführten Kaliums innerhalb von 8 Stunden ausgeschieden und mehr als 98 % innerhalb von 24 Stunden. Ähnliches gilt für Cäsium-137, der chemische «Bruder» von Kalium.

Mehrere Tschernobyls in unserem Körper?

In einem Durchschnittskörper zerfallen pro Sekunde etwa 4000 K-40-Kerne. Diese Zahl schwankt um 1–2 %. Der Grund dafür ist, wie bereits erwähnt, die Unbestimmtheit des genauen Zerfallszeitpunktes. Ein K-40-Kern kann also in der nächsten Sekunde zerfallen oder eine Milliarde Jahre damit zuwarten. Theoretisch, wenn ein irrwitziger Zufall es will, könnten alle K-40-Kerne unseres Körpers in der gleichen Sekunde zerfallen. Zugegeben, die Wahrscheinlichkeit dafür ist viel kleiner als zehnmal hintereinander einen 6er im Lotto zu gewinnen.

Was aber, wenn es doch einmal geschieht? Wir wären augenblicklich tot (Anhang 3.8). Eine Sekunde lang hätten wir die Radioaktivität von 24 Tschernobyl-Katastrophen. Gut, dass sich die radioaktiven Kalium-Kerne an ihre Halbwertszeit von 1,3 Milliarden Jahre halten. Die abgegebene Strahlung wird dadurch auf ein harmloses Mass reduziert. Moral der Geschichte:

Je länger die Halbwertszeit, desto harmloser die Strahlung.

Vielleicht kommt man eines Tages hinter das Geheimnis des «Zufalls» in der Quantenmechanik und kann diesen beeinflussen. Ein solcher Durchbruch hätte sowohl positive als auch negative Anwendungen: Einerseits als fürchterliche Waffe, anderseits als fantastische Energiequelle, die ganz nebenbei das Problem der radioaktiven Abfälle lösen würde.

3.3 Kosmische Strahlung und die Radioaktivität

Die primordialen (ursprünglichen) Radionuklide, wie Uran, werden mit den Jahrmillionen immer weniger. Doch ein Prozess sorgt für steten Nachschub: die kosmische Strahlung. So entsteht nach der Kollision eines kosmischen Neutrons mit einem Stickstoffkern N-14 (der Hauptbestandteil der Luft) das radioaktive Kohlenstoffisotop C-14. Dies zerfällt mit einer Halbwertszeit von 5730 Jahren zurück zu N-14. Tabelle 3-5 zeigt die wichtigsten radioaktiven Isotope, welche die kosmische Strahlung produziert. Etwa zehn weitere Isotope werden mit Raten von wenigen Atomen pro m^2 und Sekunde erzeugt. Insgesamt kennt man heute rund 40 kosmogen produzierte Radionuklide.

Radioisotop	Halbwerts-zeit	Energie der Strahlung	Produzierte Atome pro sec. und m^2	Produktion-pro Jahr in Bq	Globales Vor-kommen in Bq	In Luft mBq/m^3
Tritium, H-3	12,3 Jahre	18,6 keV	2500	$7{,}2 \times 10^{16}$	$1{,}27 \times 10^{18}$	1,4
Kohlenstoff-14, C-14	5730 Jahre	0,156 MeV	25 000	$1{,}54 \times 10^{15}$	$1{,}27 \times 10^{19}$	56,3
Beryllium-7, Be-7	53,3 Tage	0,477 MeV	810	$1{,}96 \times 10^{18}$	$4{,}13 \times 10^{17}$	12,5
Natrium-22, Na-22	2,6 Jahre	1,270 MeV	0,86	$1{,}2 \times 10^{14}$	$4{,}4 \times 10^{14}$	0,002
Total				**$2{,}2 \times 10^{18}$**	**$1{,}47 \times 10^{19}$**	**76**

Die Zahlen stammen grösstenteils aus UNSCEAR Report 2000, Annexe B. 1 mBq = 1/1000 Bq.

Tabelle 3-5: Einige der am häufigsten vorkommenden, «kosmisch» erzeugten Radionuklide

Wie aus Tabelle 3-5 zu ersehen ist, sind die jährlich «kosmogen» erzeugten Mengen durchaus beachtlich. Sie sind vergleichbar mit der gesamten Radioaktivität, die durch die Tschernobyl-Katastrophe nach einigen Wochen über Teile der nördlichen Hemisphäre verteilt war. Trotzdem ist es nicht ganz fair, die kosmische Strahlung zu beschuldigen, jedes Jahr eine Tschernobyl-Katastrophe zu erzeugen. Denn die kosmogenen Radioisotope (besonders C-14 und H-3) sind radiotoxisch weniger wirksam als z. B. Cs-137 (Ausnahme: Na-22). Allerdings: Mit den Jahren akkumulieren sich die kosmogen erzeugten Mengen. Die dadurch erzeugte globale Strahlenbelastung, zusammen mit der direkten kosmischen Bestrahlung, ist wesentlich höher als die Belastung durch den Tschernobyl-Fallout. Zudem gehören die «kosmisch» produzierten Isotope – Wasserstoff, Kohlenstoff und Natrium – zu den allerwichtigsten Elementen unseres Körpers. Wir bauen sie fortlaufend in unseren Körper ein.

Kohlenstoff besteht zu 98,9 % aus C-12, zu ungefähr 1 % aus C-13 und zu 0,0000000001 % aus dem radioaktiven C-14. Wie die Hitler-Atome vermischt sich auch C-14 mit dem atmosphärischen Kohlenstoff. Die Pflanzen bauen es in die Biomasse ein. Pflanzenfresser haben deshalb im Kohlenstoff ihres Gewebes die genau gleiche C-14-Konzentration wie die Erdatmosphäre, nämlich etwa 220 Bq pro kg Kohlenstoff. Dies stimmt allerdings nur bei lebenden Organismen. Nach dem Tod wird kein neues C-14 mehr aufgenommen. Nach 5730 Jahren (die Halbwertszeit von C-14) ist die C-14-Aktivität von toter Biomasse auf die Hälfte gesunken. Durch genaues Messen der Aktivität von C-14 aus organischem Material (z. B. einer Mumie) kann das Alter bestimmt werden. Dies ist das Prinzip der C-14 Altersdatierungen.

3.4 Künstlich erzeugte radioaktive Isotope

Die meisten künstlichen Radionuklide werden von Kernreaktoren produziert. Doch insgesamt gibt es auf der Welt sehr viel mehr natürliche Radioaktivität als künstliche. Tabelle 3-8 (im Anhang 3.7) zeigt die wichtigsten künstlich erzeugten Radionuklide. Von besonderer Bedeutung sind Cs-137 und Pu-239. Einige der künstlich erzeugten Radionuklide kommen auch in der Natur vor, z. B. Tritium und Kohlenstoff-14.

Kernkraftwerke und Wiederaufbereitungsanlagen

Ein Reaktor mit einer Leistung von 1 GW erzeugt jährlich etwa 100 PBq (10^{17} Bq) hochaktiven Abfall für die Endlagerung. Über 50 Jahre Betriebszeit summieren sich die weltweit von Kernreaktoren produzierten Abfälle auf ungefähr 2×10^{21} Bq. Immer noch wenig im Vergleich mit der Natur: In den ersten 100 Meter der Erdkruste sind 2×10^{23} Bq vorhanden, in den Ozeanen $1{,}5 \times 10^{22}$ Bq. Würden die nuklearen Abfälle gleichmässig in den Ozeanen verteilt, stiege deren Radioaktivität um circa 13 % – vergleichbar mit den natürlichen Variationen. Mehr über Abfälle im Kapitel 11.

Im Normalbetrieb setzen die Kernkraftwerke vor allem Kohlenstoff-14, Tritium und Krypton-85 frei. Die von allen Kernkraftwerken produzierten Mengen von Tritium und C-14 sind klein gegenüber den Mengen, welche die kosmischen Strahlen produzieren. Bei Tritium beträgt die jährliche kosmogene Produktion gut 70 000 TBq, 20-mal mehr, als alle Kernkraftwerke zusammen freisetzen. Bei der Abluft spielen die Edelgase (vor allem Krypton-85, ca. 5 TBq pro Jahr) die grösste Rolle.

Das Meer als Müllkippe

In den 60er- und 70er-Jahren hat man auch ordentliche Mengen leicht- und mittelaktive Abfälle ins Meer gekippt, vor allem in die Barentssee und den Atlantik, insgesamt etwa $8{,}5 \times 10^{16}$ Bq. Global gesehen, haben diese Abfälle die Gesamtaktivität der Ozeane um weniger als 0,0006 % erhöht. Lokal können wesentlich höhere Konzentrationen auftreten. Trotzdem dürfte es selten vorkommen, dass die Konzentration der künstlichen Isotope in Meeresbewohnern diejenige der natürlichen Radionuklide wie K-40 oder Po-210 erreicht. 87 % der Abfälle stammen aus der Sowjetunion und Grossbritannien. Bemerkenswert ist, dass an dritter Stelle die kleine Schweiz figuriert. Heute ist nur noch wenig von diesen kurzlebigen Abfällen vorhanden.

Bei Wiederaufbereitungsanlagen wie Sellafield oder La Hague, dominiert der Ausstoss von Kr-85 über alle anderen Radionuklide (Iod, Plutonium usw.). Umgerechnet pro Grosskraftwerk werden etwa 10^{16} Bq pro Jahr freigesetzt, als Edelgas gesundheitlich unbedeutend, der Körper kann es nicht aufnehmen. Auch ins Meer fliesst einiges, in den 70er-Jahren etwa 10^{16} Bq pro Jahr. Heutzutage weniger als 10^{13} Bq pro Jahr (La Hague und Sellafield zusammen, ohne Tritium). Dies ist ganz grob etwa die Menge, die von Natur aus in einem einzigen km^3 Seewasser zu finden ist. Aufgrund der ausserordentlich hohen Empfindlichkeit der Strahlenmessgeräte können solche Mengen über grössere Distanzen nachgewiesen werden, selbst bei extremster Verdünnung. Man erinnere sich: Etwas Badewasser von Kleopatra schlürfen wir mit dem Morgenkaffee ebenfalls.

Fossile Brennstoffe für die Energiegewinnung

Frisches Holz enthält etwa 220 Bq C-14 pro kg Kohlenstoff. In fossilen Brennstoffen (Öl, Gas, Kohle) ist es längst zerfallen. Dafür enthält Kohle im Durchschnitt etwa 1,3 mg Uran und 3,2 mg Thorium pro kg. Ein grosses Kohlekraftwerk verbrennt jährlich etwa 4 Millionen Tonnen Kohle, somit werden im Mittel etwa 5 Tonnen Uran und 13 Tonnen Thorium freigesetzt. Es erstaunt deshalb nicht, dass Kohlekraftwerke, besonders diejenigen mit älteren Filteranlagen, eine wesentlich höhere radioaktive Belastung für ihre Umgebung darstellen als Kernkraftwerke. Auch Erdgas ist nicht ganz harmlos, es enthält oft etwa 1000 Bq/m^3 Radon, Werte bis 50 000 Bq/m^3 wurden auch schon gemessen.

Kernwaffentests und Tschernobyl

In den 1960er-Jahren erreichten die oberirdischen Kernwaffentests ihren Höhepunkt. Die Atommächte brachten etwa 520 Bomben mit total 540 MT zur Explosion. Dabei wurden $2{,}6 \times 10^{21}$ Bq freigesetzt, etwa 20-mal mehr als bei Tschernobyl. Heute ist nur noch 0,02 % davon übrig, der Rest ist zerfallen. Auf den Testgeländen ist die Strahlung zwar immer noch deutlich erhöht, vor allem durch Cs-137 und Sr-90, trotzdem kann man sie betreten, ohne dass man bedenkliche Dosen befürchten muss.

Die oberirdischen Kernwaffentests entliessen auch drei bis sechs Tonnen Plutonium-239 ($0{,}7 - 1{,}4 \times 10^{16}$ Bq) in die Atmosphäre. In Mitteleuropa finden empfindliche Messinstrumente durchschnittlich rund 60 Bq/m^2 abgelagertes Pu-239. Völlig unbedeutend gegenüber der natürlichen «Oberflächenaktivität» von einigen 100 000 Bq/m^2, darunter auch Alpha-Strahler, wie Uran und Thorium. 60 Bq Pu-239 pro m^2 entsprechen übrigens etwa 50 Millionen Pu-Atomen pro mm^2, d. h. auch in kleinen Boden- oder Staubproben wird man mit genügend empfindlichen Messinstrumenten immer Plutonium nachweisen können. Ein Grund zur Beunruhigung? Kaum, denn die zusätzliche Strahlenbelastung ist im Vergleich zur natürlichen winzig. Wenn schon, dann müsste man sich Sorgen machen um das natürliche Uran, Thorium, Polonium, Radium, Radon und viele andere. Diese Radioisotope haben teilweise höhere Alpha-Energien als Pu-239 und können deshalb auch einen grösseren biologischen Schaden anrichten.

Die grösste Abgabe an künstlich erzeugten Radionukliden an die Umwelt, abgesehen von den Kernwaffentests, geschah während des Reaktorunfalls in Tschernobyl (etwa 10^{19} Bq). Inzwischen ist der grösste Teil zerfallen, 2024 sind noch rund 4×10^{16} Bq übriggeblieben. Nur in der unmittelbaren Umgebung des Unglücksreaktors und in einigen «Hotspots» übersteigt die künstliche Aktivität die natürliche Oberflächenaktivität. 90 % der biologischen Wirkung entfallen auf die beiden Cäsium-Isotope Cs-134 und Cs-137, etwa 6 % auf I-131. Mehr darüber im Kapitel über Tschernobyl.

Als Vorbereitung für die Besprechung der biologischen Wirkung der Strahlen führen wir im nächsten Kapitel einen Schnellkurs über Molekularbiologie und Onkologie (Krebskunde) durch.

3.5 Zusammenfassung

Die Hälfte aller Elemente ist radioaktiv, seit der Entstehung der Erde. Heute dominieren Uran-238, Thorium-232 und Kalium-40. Aufgrund der extrem langen Halbwertszeiten sind sie nur schwach radioaktiv. Uran und Thorium sind auch Startpunkte einer ganzen Zerfallskette, unter anderem entsteht auch Radon und das gefährliche Polonium-210. Isst man Uran, so kann man die Gefährdung durch die Radioaktivität vernachlässigen, chemisch ist Uran einige 100-mal giftiger (vergleichbar mit Blei).

Als grober Durchschnittswert kann man sich als natürliche Aktivität von Erde 1 kBq pro kg merken, als «Oberflächenaktivität» 400 kBq pro m^2. Diese Aktivitäten (und damit auch die Untergrundstrahlung) variieren von Ort zu Ort relativ stark, ein Faktor von 10 ist keine Seltenheit. Die ersten 100 m der Erdkruste enthalten eine Gesamtaktivität von etwa 2×10^{23} Bq. Viel mehr als sämtliche Kernkraftwerke der Erde je produzieren können.

In den Ozeanen stecken gewaltige Mengen radioaktiver Substanzen, total etwa $1{,}5 \times 10^{22}$ Bq. Unter anderem findet man auch über 3 Tonnen Uran pro Kubikkilometer Meerwasser. Die kosmische Strahlung erzeugt etwa $2{,}2 \times 10^{18}$ Bq pro

Jahr, vor allem Kohlenstoff-14 und Tritium-3, die Menge ist vergleichbar mit dem Tschernobyl-Fallout nach einigen Wochen.

Tschernobyl hat mit rund 10^{19} Bq die Umwelt verseucht. 2024 sind davon 4×10^{16} Bq (meist Cs-137) übriggeblieben, der Rest ist zerfallen. Der Fallout aller Kernwaffentests, anfänglich $2,6 \times 10^{21}$ Bq, ist 2024 auf einen kleinen Rest (0,02 %) geschrumpft, Cs-137 und Sr-90 sind die Hauptkomponenten.

Im Normalbetrieb geben sowohl Kernkraftwerke als auch Kohlekraftwerke radioaktive Stoffe an die Umgebung ab. Bei den Kohlekraftwerken sind es vor allem Uran und Thorium, die in kleinen Mengen in der Kohle enthalten sind. Die radioaktive Belastung der Menschen durch Kernkraftwerke ist im Normalbetrieb viel kleiner als diejenige von Kohlekraftwerken. Auch beim Verbrennen von frischem Holz wird etwas Radioaktivität (C-14) an die Umgebung abgegeben.

Der menschliche Körper besitzt eine durchschnittliche, natürliche Aktivität von 9000 Bq, d. h. pro Sekunde zerfallen etwa 9000 Atomkerne und wirken mit ihrer Strahlung auf unsere Zellen ein.

3.6 Anhang: Natürliche radioaktive Isotope in der Erde

Nuklid	Masse im Gestein	Masse pro m^3 Gestein	Masse pro km^2/ 30 cm Tiefe	Masse pro km^3
Uran**	2,7 mg/kg	7 g	1300 kg	7000 t
Thorium**	9,6 mg/kg	25 g	4600 kg	25 000 t
Kalium-40	2,4 mg/kg	6,2 g	1150 kg	6240 t
Radium-226	9×10^{-7} mg/kg	0,0023 mg	0,43 g	2,3 kg
Rubidium-87	25 mg/kg	65 g	7380 kg	65 000 t

Tabelle 3-6: Durchschnittliche Vorkommen natürlicher Radionuklide.

Nuklid	Aktivität pro kg Nuklid	Aktivität pro kg Gestein	Aktivität in m^3 Gestein	Aktivität pro km^2/ 30 cm Tiefe*	Aktivität pro km^3
Uran**	25 MBq	68 Bq	175 000 Bq	32 GBq	$1{,}7 \times 10^{14}$ Bq
Thorium**	4,1 MBq	39 Bq	102 000 Bq	19 GBq	$1{,}0 \times 10^{14}$ Bq
Kalium-40	270 MBq	648 Bq	1 680 000 Bq	311 GBq	$1{,}7 \times 10^{15}$ Bq
Radium-226	$3{,}7 \times 10^{13}$ Bq	33 Bq	86 000 Bq	16 GBq	$3{,}7 \times 10^{13}$ Bq
Rubidium-87	3,2 MBq	80 Bq	200 000 Bq	38 GBq	2×10^{14} Bq

* Dichte 1,6 t/m^3 (Erde mit etwas Wasser und Humus). Gestein: 2,6 t/m^3
** ohne die Aktivität aller Tochterprodukte, u.a. Radium und Radon

Tabelle 3-7: Durchschnittliche Aktivität im Gestein. 1 GBq ist eine Milliarde Bq.

Die effektive Aktivität von Gestein ist bis zu 14-mal höher, wenn man alle Tochteraktivitäten von Uran und Thorium mitberücksichtigt. Im Mittel kann man mit 3 MBq/m^3 im Gestein und 1–2 MBq/m^3 in Gartenerde (je nach Wassergehalt und Humus) rechnen.

3.7 Anhang: Künstlich hergestellte Radionuklide

Radioisotop	Halbwertszeit	γ-Energie, MeV	α, β, MeV	Aktivität in Bq/kg	Ursprung, Bedeutung
Tritium, H3	12,3 Jahre	keine	0,018, β	$3{,}6 \times 10^{17}$	Isotop des Wasserstoffes. Von Kernreaktoren, Wasserstoffbomben und kosm. Strahlung erzeugt
Kohlenstoff-14, C-14	5730 Jahre	keine	0,156, β	$1{,}7 \times 10^{14}$	Durch Kernreaktoren und Bomben erzeugt, dominierender Teil durch kosmische Strahlung
Fluor-18, F-18	110 min	$2 \times 0{,}511$	0,635, β	$3{,}7 \times 10^{21}$	In medizinischer Diagnostik häufig benutzter Tracer
Kobald-60, Co-60	5,3 Jahre	1,33	0,315, β	$4{,}7 \times 10^{16}$	Im Kernreaktor erzeugt, medizinische (Tumorbekämpfung) und technische Anwendungen
Krypton-85, Kr-85	10,8 Jahre	0,514	0,687, β	$1{,}5 \times 10^{16}$	Edelgas, mittelfristig wichtiges Isotop aus Kernreaktoren. Freisetzung vor allem bei der Wiederaufbereitung. Gesundheitlich unbedeutend

Strontium-90, Sr-90	28,8 Jahre	keine	0,546, β	$5{,}3 \times 10^{15}$	Mittelfristig wichtiges Radioisotop aus Kernreaktoren und Kernwaffen
Technetium-99, Tc-99	$2{,}11 \times 10^{5}$ Jahre	0,143 (100 %)	0,292, β	$6{,}4 \times 10^{11}$	Im Kernreaktor erzeugt, medizinisch (Diagnose) häufig benutzt
Iod-129, I129	$1{,}57 \times 10^{7}$ Jahre	keine	0,189, β	$6{,}5 \times 10^{9}$	Langfristig wichtiges Isotop aus Kernreaktoren
Iod-131, I131	8,04 Tage	0,637 (6,7 %)	0,606, β	$4{,}6 \times 10^{18}$	Kurzfristig wichtigstes Radioisotop bei Kernwaffen- oder Reaktor-Fallout. Wird oft auch medizinisch genutzt.
Cäsium-134, Cs-134	2 Jahre	0,605	0,662, β	$4{,}9 \times 10^{16}$	Kurz- bis mittelfristig auftretendes Isotop bei Kernwaffen-Fallout und Reaktorunfällen
Cäsium-137, Cs-137	30,2 Jahre	0,661 (85 %)	0,511, β	$3{,}3 \times 10^{15}$	Mittelfristig meist dominierendes Isotop bei Kernwaffen-Fallout und Reaktorunfällen
Plutonium-239, Pu-239	24 000 Jahre	Viele bis 0,769	5,16, α	$2{,}3 \times 10^{12}$	Langfristig wichtigstes Isotop aus Kernreaktoren und im Kernwaffen-Fallout.
Americium-241, Am-241	433 Jahre	0,060 (36 %)	5,486, α	$1{,}3 \times 10^{14}$	Kommt in Kernwaffen-Fallout und in Kernreaktoren vor. Häufig in Brandmelder benutzt

Tabelle 3-8: Einige der wichtigsten, künstlich erzeugten Radionuklide. Bei der Strahlenenergie ist nur die häufigste Energie aufgeführt.

3.8 Anhang: K-40 und Tschernobyl

Wir haben etwa $2{,}4 \times 10^{20}$ Kalium-40-Atome in unserem Körper. Wenn alle diese Kerne in der gleichen Sekunde zerfallen, entspricht dies $2{,}4 \times 10^{20}$ Bq. In Tschernobyl wurden 10^{19} Bq freigesetzt. Die Radioaktivität von allen zerfallenden K-40-Atomen entspricht also etwa 24 Tschernobyls (eine Sekunde lang), wir sind augenblicklich tot. Denn die Strahlendosis würde 28 000 Sv betragen, 5 Sv sind tödlich.

4 Blitzkurs Molekularbiologie

Die Molekularbiologie ist sehr viel komplizierter als so einfache Sachen wie die Kernphysik oder die Quantenmechanik. Das Innere einer Bakterie gleicht einer grossen Industriestadt. Vor allem grenzt es an ein Wunder, wie die Natur es schafft, mit so wenig Gesetzen und Informationen etwas derart Komplexes zu erschaffen.

4.1 Bakterien, die genialste Erfindung seit dem Urknall

Antonie van Leeuwenhoek kam 1632 in Delft auf die Welt. Mit 22 eröffnete er einen Tuchladen. Später übernahm er mehrere Ämter für die Stadt. Als Beamter scheint er reichlich Zeit für ein ausgefallenes Hobby gehabt zu haben: Er baute Mikroskope, mit einer damals sensationellen 200-fachen Vergrösserung. Zum ersten Mal sah ein Mensch Blutkörperchen und andere Zellen. Später entdeckte er im stehenden Wasser ein Gewimmel von verschiedenen Einzellern. Könige und Fürsten besuchten ihn, unter anderem Zar Peter der Grosse. Schliesslich, 1683, entdeckte er die allerwinzigsten Lebewesen, die Bakterien.

Sind Bakterien gut oder böse?

Bakterien sind die einfachsten Lebewesen auf der Erde. Sie wurden lange Zeit als kleine, niedliche Tierchen bestaunt – bis sie schlagartig ihre Unschuld verloren, als klar wurde, dass sie für viele tödliche Infektionskrankheiten wie Pest, Cholera, Diphtherie, Typhus und Milzbrand verantwortlich sind. Doch diese bösartigen Typen gehören nur einer winzigen Minderheit an, die meisten sind harmlos bis nützlich.

Wobei «nützlich» stark untertrieben ist, denn ohne Bakterien könnten wir nicht existieren. Sie produzieren die für Pflanzen lebensnotwendigen Stickstoffverbindungen und stellen das für uns lebenswichtige Vitamin B12 her. Zudem sind sie für grosse Teile unserer Verdauung verantwortlich. Ohne Mikroorganismen, (Einzeller wie Bakterien, aber auch Pilze) hätten wir weder Joghurt noch Essig, Sauerkraut, Wein, Bier und auch kein Hefegebäck. Und am Schluss kümmern sie sich in Kläranlagen um unsere Abwässer. Ja, die Mikroorganismen sind die Weltmeister der Abfallbeseitigung. Sie bauen alle toten Organismen, ob Tiere oder Pflanzen, ab. Die Erde würde sonst an biologischer Umweltverschmutzung ersticken. Als kleinen Nachteil müssen wir in Kauf nehmen, dass die meisten Lebensmittel früher oder später verfaulen, es sei denn, wir ermorden die dafür verantwortlichen Mikroorganismen, z. B. durch Pasteurisierung (Hitze), durch chemische Mittel (z. B. Konservierungsstoffe) oder mittels Strahlen. Als humane Alternative können wir die Mikroorganismen auch kaltstellen: Wir frieren die Nahrungsmittel ein. Aber warum verfaulen lebende Organismen nicht? Weil entweder ein Immunsystem alle unerwünschten Mikroorganismen vernichtet oder weil sämtliche Pflanzen fortlaufend ein grosses Arsenal hochwirksamer Pestizide produzieren.

Das Wichtigste: Bakterien entfachten den Urknall des Lebens. Wissen Sie, wer unser aller Ur-Ur-Ur-…-Ahne ist? Eine Bakterie namens «LUCA», Last Universal Common Ancestor, Stammvater aller heutigen Lebewesen. LUCA lebte vor etwa 4 Milliarden Jahren und hat unseren genetischen Speicher, die DNA, erfunden. Sämtliche heutigen Lebewesen bauen die DNA immer noch nach genau dem gleichen uralten Muster auf, eine unglaubliche Standardisierung.

Die Hyperstandardisierung[7]

Das Leben auf diesem Planeten ist von einer unvorstellbaren Vielfalt, man schätzt, dass es zwischen 10 und 100 Millionen verschiedene Arten gibt, davon kennen wir knapp zwei Millionen. Von aussen betrachtet scheinen die verschiedenen Lebewesen, z. B. Bakterie, Mensch, Mammutbaum, nicht viel gemeinsam zu haben. Und trotzdem: Die DNA-Betriebssysteme dieser Lebensformen sind untereinander weitgehend kompatibel, nicht wie unser gegenwärtiges Chaos bei den Computer-Betriebssystemen. Selbst wenn man ein 3 Milliarden Jahre altes DNA-Programm ausgraben könnte, es würde mit grösster Wahrscheinlichkeit auch in einer heutigen Zelle funktionieren, zumindest Teile davon.

Alle lebenden Zellen auf dieser Erde haben den gleichen Grundaufbau. Eine hauchdünne Membran aus Fettmolekülen (Lipide) umschliesst die Zelle. Pflanzenzellen schützen sich zusätzlich mit einer Zellwand aus Zellulose. Alle Zellen auf dieser Erde besitzen DNA als Speicher der Erbinformation, dazu eine hochkomplexe Maschinerie, um die DNA zu verdoppeln (die «Replikation»), eine um die Information auszulesen (die «Transkription»), und eine weitere, um mit dieser Information Proteine zu bauen (die «Translation»). Ein DNA-Segment, das ein Rezept für ein Protein enthält, bezeichnet man als Gen. Die Proteine (Eiweisse) sind Universalgenies. Sie steuern die Lebensprozesse und dienen auch als Baumaterial. Oder werden zu Nanorobotern zusammengebaut. Oder zu Sensoren, Motoren, Fertigungsstrassen, Transportvehikeln und Kommunikationskanälen – oder zu brutalen Waffen.

Dank der Hyperstandardisierung können die Proteinfabriken in einem Bakterium (die Ribosomen) im Prinzip Proteine für Menschen, Wale oder Gänseblümchen herstellen, man muss nur den entsprechenden Code in die DNA der Bakterie einbauen. Implantiert man den menschlichen DNA-Code von Insulin in die DNA einer Darmbakterie, so versteht diese wunderbarerweise, was wir wollen[8]: Sie beginnt unverzüglich mit der Massenproduktion von Insulin, parallel zur Produktion aller eigenen Proteine. Ein Segen für die 400 Millionen Diabetiker weltweit. Für die Bakterie ist das Insulin so nutzlos, wie ein Elektrosmog-Warngerät für einen Neandertaler. Wobei ich mir nicht sicher bin, ob ein solches Gerät überhaupt nützlich ist, ausser für den Hersteller. Neben Insulin produzieren heute Bakterien eine Unzahl wichtiger Arzneimittel.

7 Einige Angaben in diesem Abschnitt habe ich aus dem ausgezeichneten Buch von Nick Lane entnommen: «Der Funke des Lebens», ISBN 978-3-8062-3484-8

8 Fairerweise muss bemerkt werden, dass eine 1:1 Transplantation nur schlecht funktionieren würde. Wir müssen einige kleinere Anpassungen vornehmen, wie «Zwischenstücke» (Interone) entfernen und den leicht unterschiedlichen «Dialekt» des Codes korrigieren (kein Wunder nach mehreren Milliarden Jahre).

Eine «einfache» E-Coli-Bakterie

Die E-Coli-Bakterie[9] ist eine Bewohnerin unseres Darms, sie produziert das für uns lebenswichtige Vitamin K_2. Es gibt viele E-Coli-Unterarten, einige wenige sind pathogen (krankheitserregend). E-Coli ist das am besten erforschte Lebewesen, trotzdem sind wir noch weit weg von einem vollständigen Verstehen all ihrer Lebensprozesse. Die Funktionen von etwa 30 % aller proteincodierenden Gene in solchen Zellen liegen noch im Dunkeln. Bakterien sind die einfachsten Lebewesen, die wir kennen, aber deswegen weder primitiv noch dumm. Sie benutzen Mikro- und Nanotechnik in einer derartigen Perfektion, dass die heutige Technik dagegen wie aus der Steinzeit wirkt.

Insgesamt besteht eine E-Coli-Bakterie aus rund einer Milliarde Molekülen (ohne die etwa 10 Milliarden Wassermoleküle) und ist 0,000 000 000 001 Gramm (10^{-12} g) schwer und etwa 0,002 mm lang. Bei guten Bedingungen geht es in ihrem Inneren hektisch zu: Pro Sekunde verlassen mehrere Millionen «Halbfertigprodukte» die Produktionsstrassen: Aminosäuren (daraus bestehen die Proteine), Nucleotide (DNA-Bausteine), Peptide und Lipide (für die Zellhülle) und/oder deren Vorläufer. Andere Fabriken bauen daraus sekündlich 20 000 grosse Makromoleküle wie Proteine, Kohlenhydrate, DNA und andere. Das Produktionsvolumen ist einer grossen Industriestadt würdig.

Transport, Energie und Abbau

Mit dem Herstellen der Makromoleküle ist es nicht getan, sie müssen an ihren Platz transportiert werden. Viele werden dort zu grösseren Gesamtsystemen zusammengebaut. Ein solches Gesamtsystem stellt z. B. der Motor für den Antrieb der geisselförmigen Schrauben dar. Diese Motoren ähneln einem Elektromotor, mit Stator und Rotor, und drehen mit typisch 20 000 Umdrehungen/min. Ein Rückwärtsgang ist auch vorhanden. Motor und Antriebsgeissel bestehen aus etwa 50 000 Proteinen unterschiedlichster Art. Rund 10 000 hochempfindlichen Chemiesensoren, eingebaut in die Zellhülle, überwachen die Umgebung. Die Antriebsmotoren werden gemäss den Informationen dieser Sensoren gesteuert, sie bewegen die Zelle weg von Gefahren oder hin zu Nährstoffquellen.

All dies benötigt Energie. Sie wird in den Kraftwerken der Zelle in Form des universellen Energiemoleküls ATP[10] zur Verfügung gestellt. ATP ist im Prinzip eine wiederaufladbare Nanobatterie. In den Kraftwerken wird Treibstoff (z. B. Zu-

9 Dr. Escherich hat sie als erste beschrieben, sie heisst deswegen Escherichia-Coli, oder E-Coli.
10 Abkürzung für Adenosintriphosphat, das Molekül besteht aus 47 Atomen. Es dient auch als Signalübermittler.

cker) «verbrannt», die daraus gewonnene Energie dient zur Herstellung von ATP. Gibt ATP seine gespeicherte Energie ab (z. B. an den Antriebsmotor), so entsteht ATD. Die ATD-Moleküle werden in den Kraftwerken wieder aufgeladen und in ATP verwandelt. Diese Prozesse sind sehr kompliziert und laufen über viele Zwischenstufen ab. Unter anderem sind «Nanogeneratoren», mit 200–500 Umdrehungen pro Sekunde rotierend, am Werk. Es ist uns bis heute nicht gelungen, diese kalte Verbrennung technisch nachzumachen.

Und schliesslich muss auch der Abbau perfekt organisiert sein, die Zelle würde sonst bald an den eigenen Abfällen ersticken. Beim Abbau geht es nicht nur um Abfallbeseitigung. Da der Informations- und Befehlsfluss zur Hauptsache mittels Botenmolekülen durchgeführt wird, müssen diese wieder aus dem Verkehr gezogen werden (sonst würde die Information bzw. der Befehl ewig bestehen bleiben). Gut, in vielen Fällen gibt es auch Botenmoleküle als Gegenspieler. Auch andere Makromoleküle werden fortlaufend abgebaut. Ein wichtiger Grund: Die meisten Makromoleküle sind nicht besonders robust, sie können durch Chemikalien, Wärme oder Strahlung leicht beschädigt werden. So wird garantiert, dass immer nur «frische» Ware benutzt wird. Eine Wegwerfgesellschaft, aber mit (fast) perfektem Recycling. Kein Biomolekül wird repariert. Keines? Nicht ganz, es gibt eine Ausnahme: Die DNA, der zentrale Informationsspeicher. E-Coli betreibt die DNA-Reparatur mit grossem Aufwand und äusserster Präzision, unsere Zellen haben diese Mechanismen weitgehend übernommen.

Eine mikroskopische Industriestadt

Das Leistungsvermögen einer E-Coli-Zelle ist, wie bereits erwähnt, vergleichbar mit einer grossen Industriestadt, mit unzähligen Fabriken, Kraftwerken, Transportmitteln, Kommunikationsnetzen, Recyclinganlagen, Reparaturrobotern, Soldaten und Waffen. Die ganze Stadt kann sich fortbewegen, hin zu den Nahrungs- und Rohstoffquellen oder weg von unwirtlichen Umgebungen. Wenn es ihr gut geht, beschliesst sie, sich zu verdoppeln, eine Schwesterstadt zu bauen. Ein organisatorischer Albtraum, doch unsere E-Coli erledigt dies in 20 Minuten. Ein energieverzehrender Kraftakt, denn sie muss dazu rund 50 Milliarden ATP-Nanobatterien bereitstellen. Kein Supercomputer auf dieser Welt hätte auch nur annähernd genügend Rechenleistung, um alle diese Prozesse zu steuern. Aber eine scheinbar einfache und dumme Bakterie kann dies. Und der Gipfel: Das

«Programm» dazu hat einen Umfang von lächerlichen 1,16 MByte[11] (Informationsgehalt der 4 639 221 «Buchstaben» einer E-Coli-DNA vom K-12-Typ). Wie kann die Natur mit einer derart mickrigen Information ein so ungeheuer komplexes System aufbauen und betreiben? Zum Vergleich: Die Bedienungsanleitung meiner elektrischen Zahnbürste hat einen rund doppelt so grossen Umfang (2 Mbyte). Gegenüber einer E-Coli ist meine «intelligente» Zahnbürste einfach wie ein Besenstiel und strohdumm.

Die E-Coli-Zelle ist eine prokaryotische Zelle, griechisch «vor dem Kern». Diese Zellen besitzen keinen Zellkern, kein separates Abteil für die DNA. Unsere Zellen, die eukaryotischen, sind typisch 1000-mal grösser als einfache Bakterienzellen. Und auch 100-mal komplizierter, mit einer Art Skelett, Transportstrassen, «Organe», Grosskraftwerke (die Mitochondrien) und vor allem mit einem Zellkern, ein Behälter für die DNA. Die Leistungsfähigkeit ist entsprechend riesig: Statt typisch 20 000 Proteinfabriken (die Ribosomen) können unsere Zellen bis zu mehreren Millionen davon besitzen. Alle Tiere, Pflanzen, Pilze und viele Einzeller, wie Amöben und Algen, sind aus eukaryotischen Zellen aufgebaut.

4.2 Das Wundermolekül DNA

Die DNA[12] ist ein extrem langes, fadenförmiges Molekül, zusammengesetzt aus einer riesigen Anzahl einzelner Nukleotide, siehe Figur 4-1. Um die Zeichnung übersichtlich zu machen, ist die DNA entwunden und flachgedrückt. Die Grundstruktur ist durch zwei gegenläufige Zucker-Phosphat-Stränge (Z-P-Z-…) gegeben, eine Art Rückgrat. Die Stränge sind verdrillt, bilden eine Doppelhelix. Zwischen den beiden Strängen liegen die Basenpaare, bestehend aus zwei der vier Basen Thymin (T), Cytosin (C), Adenin (A) oder Guanin (G). Diese vier Moleküle sind die «Buchstaben» des genetischen Codes. Die Information besteht also aus je zwei langen Ketten von Buchstaben, z. B. CAGGTCAT …

Die Basen sind wählerisch. T liebt nur A und C nur G, alles andere ist tabu. Die Information ist somit doppelt vorhanden, der eine Strang ist das Spiegelbild des anderen. Diese strenge Zuordnung ermöglicht die Reparatur und das Kopieren der DNA. Dazu wird der verdrillte Doppelstrang von Nanorobotern (aus verschiedenen

11 Ein Byte, eine Informationseinheit von digitalen Systemen, stellt einen Buchstaben, ein Zeichen oder eine Zahl dar.

12 Der englische Name hat sich durchgesetzt: DNA = Desoxyribonucleic acid – D: Desoxyribonukleinsäure DNS.

Proteinen aufgebaut) entwickelt und aufgetrennt, der einzelne Strang dient als Matrize für einen neuen Strang. Diese Vorgänge sind ungemein kompliziert, trotzdem praktisch fehlerfrei.

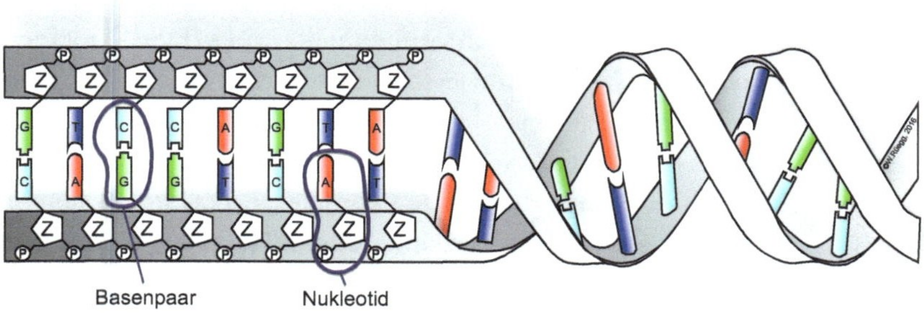

Figur 4-1: Grundstruktur der DNA.

Bakterien verfügen nur über einen DNA-Satz (sind «haploid»), sie vermehren sich durch einfache Zellteilung. Unsere DNA hingegen ist «diploid», sie ist in zweimal 23 einzelnen Sätzen organisiert. Die Hälfte dieser DNA stammt vom Vater, die andere von der Mutter. Die zwei praktisch identischen Sätze stellen eine Art Lebensversicherung dar. Denn falls bei einem Satz ein Teil ausfällt, kann das entsprechende Teil des anderen Satzes einspringen. Sehr nützlich ist die doppelte Ausführung auch bei der genauen Reparatur von bösen Defekten, der unversehrte Satz dient dann als Vorlage.

Ein Gen, Träger eines Rezeptes für ein Protein oder ein RNA-Molekül[13], ist meistens zwischen einigen 100 und einigen 1000 Buchstaben lang. Die E-Coli-DNA besteht im Wesentlichen aus etwa 4300 Genen. Wir besitzen knapp fünfmal so viele. Wie bitte? Nur fünfmal so viele? Unmöglich. Denn statt aus einer Zelle bestehen wir aus gegen hunderttausend Milliarden (10^{14}) Zellen, und jede ist 100- bis 1000-mal komplexer und grösser als die E-Coli-Zelle. Unsere DNA muss Zillionen mal mehr Informationen enthalten. Was stimmt hier nicht?

Wo ist der Bauplan?

Die menschliche DNA besteht aus insgesamt ca. 3,2 Milliarden Buchstaben (Basenpaare), mit etwa 19 500 Genen mit einem Rezept für Proteine. Dies entspricht 800 MBytes, ungefähr dem Informationsgehalt eines gut bebilderten Buches. Ist dies

13 Die RNA ist eine einfache Variante der DNA, bestehend aus nur einem Strang.

nun die detaillierte Bau- und Betriebsanleitung des menschlichen Körpers, vergleichbar mit der Bau-, Betriebs- und Reparaturanleitung eines Kühlschrankes? Sicher nicht. Schon allein um 10^{14} Zellen zur richtigen Zeit (ca. 16 Jahre Bauzeit!) und vom richtigen Typ herzustellen und in der richtigen 3D-Anordnung zu platzieren, benötigt man fast unendlich mal mehr Information als 800 MByte. Trotzdem besteht kein Zweifel, dass die DNA «irgendwie» den Bau und den Betrieb unseres Körpers bestimmt. Nur, wie macht sie das?

Zwischenfrage: Schauen Sie sich eine Schneeflocke an (Fig. 4-2), wo ist hier der Bauplan? Schneeflocken gibt es in unendlich vielen komplexen Formen, doch eine Bauanleitung sucht man vergebens. Die einzelnen Moleküle üben Kräfte aufeinander aus, dieses Kräftespiel führt schlussendlich zu einer filigranen Schneeflocke. Der Aufbau wird im Wesentlichen von zwei Naturgesetzen geleitet, der Quantenmechanik und der elektromagnetischen Wechselwirkung. Luftfeuchte und -dichte, Temperatur und Luftströmung bestimmen Typ und Detailaufbau, Geburtshelfer ist ein Staubkorn. Einen «Bauplan» gibt es nicht. Schneeflocken entstehen durch Selbstorganisation, mit einem Minimum an Informationen.

Figur 4-2: Schneeflocke[14]

14 https://www.sciencephoto.com/media/1235168/view

Und so funktioniert auch der Aufbau eines lebenden Systems. Eine Zelle ist zu 99,999... % ein sich selbst organisierendes System. Die DNA enthält ausschliesslich Rezepte für Proteine und RNA-Moleküle und beeinflusst mit verschiedenen Tricks, bedarfsgerecht, deren Produktion. Mehr nicht. Unser Körper wird, wie bei einer Schneeflocke, zur Hauptsache durch zwei Naturgesetze (Quantenmechanik und elektromagnetische Wechselwirkung) gebaut, organisiert und betrieben. Die extrem hohe Selbstorganisation ist einer der Gründe, wieso eine Zelle gegenüber Störungen so ungemein stabil ist. Und Störungen gibt es, wie wir noch sehen werden, beliebig viele.

In der DNA steht also nichts, aber auch gar nichts über den extrem komplexen Aufbau und Betrieb einer Zelle. In der menschlichen DNA wird man vergeblich nach einer Anleitung über die Anordnung der immerhin rund 10^{14} Zellen suchen. Man beginnt zu ahnen, dass es nicht so einfach ist, ein bestimmtes Merkmal und sei es etwas so simples, wie die Haarfarbe aus der DNA herauszulesen. Selbst nachdem wir den ganzen DNA-Code eines Menschen entschlüsselt haben (das menschliche Genomprojekt) wissen wir, überspitzt formuliert, nicht viel mehr als vorher. Die eigentliche Arbeit besteht darin, herauszufinden, was genau die Funktion all dieser Proteine und der vielen steuernden RNA-Moleküle ist. Wie sie zusammenwirken, sich «von selbst» organisieren, wie sie im Wechselspiel mit der Umgebung agieren usw. Das zusätzliche Problem: Viele Proteine haben mehrere, völlig unterschiedliche Aufgaben, je nach Zelle, Umständen oder Zeit. Und von der Mehrzahl der vielleicht 100 000 verschiedenen RNA-Schnipsel, welche die DNA auch herstellt, wissen wir nicht, wofür sie gut sind. Viele Überraschungen werden noch auftauchen und noch viele Nobelpreise verteilt werden.

4.3 Die Epigenetik – der heimliche Chef

Alle unsere 10^{14} Zellen besitzen in ihrem Zellkern die exakt gleiche DNA, schliesslich sind sie aus einer einzigen befruchteten Eizelle entstanden. Das Problem: Wie weiss eine Zelle, ob sie eine Haut- oder eine Nervenzelle sein soll? Offenbar gibt es noch einen anderen Steuermechanismus, ausserhalb der DNA. Es ist die «Epigenetik», von «epi», griechisch «darauf» oder «ausserdem». Diese Steuerelemente sorgen unter anderem dafür, dass bei einer Nervenzelle alle DNA-Bereiche, welche für andere Zelltypen vorgesehen sind, kaltgestellt werden. Dies geschieht auf unterschiedliche Arten. Enzyme heften kleine chemische Marker an die DNA, beispielsweise Methylgruppen. Diese wirken wie Lesezeichen in einem Buch, sie beeinflussen die Ausleserate oder können auch ganze Gene stilllegen.

Andere Modifikationen betreffen die hochkomplexe, dreidimensionale «Verpackung» der DNA. Um die DNA auszulesen, muss sie für die Auslesemaschinerie gut zugänglich sein. Doch die meiste DNA ist sehr dicht zusammengedrängt, gewickelt um «Spulen», den «Histonen» (Proteinkomplexe). Diese werden zu dichten Paketen zusammengeschnürt und dann noch weiter verdichtet. Dies muss so sein, denn der menschliche DNA-Faden ist insgesamt rund 2 m lang (aber nur 0,000 002 mm dick). Er muss sich in einen Zellkern von nur etwa 0 005 mm Grösse quetschen. Man nennt diese komprimierte DNA «Chromosom» Wir besitzen in unseren Körperzellen zwei (fast) identische Sätze zu je 23 Chromosomen. Die genaue Lage der Chromosomen im Zellkern hat einen starken Einfluss auf die Ausleserate, aber auch auf die Reparatur der DNA.

Unseren DNA-Code können wir nicht ändern[15]. Auch nicht durch traumatische Erlebnisse, ausgelöst durch extremen Stress, wie eine Hungersnot oder in einem Todeslager. Hingegen hinterlassen solche Ereignisse epigenetische Spuren, noch nach zwei Generationen nachweisbar. Studien zeigten einen erstaunlichen Einfluss der Ernährung auf die Gesundheit der späteren Generationen[16]. Herrschte während der Jugendzeit eine Hungerperiode oder das Gegenteil, ein Nahrungsüberfluss, so hatte dies auch zwei Generationen später noch Auswirkungen. Ein reiches Angebot an Nahrung hat bei den Enkelkindern das Risiko von Herz-Kreislauf-Erkrankungen und von Diabetes markant erhöht. Interessant: Grossväter scheinen diese negativen Folgen vorwiegend an die männlichen Nachfolger zu vererben, und umgekehrt die Grossmütter an die weiblichen.

4.4 Freie Radikale – böse oder gut?

Ein Strahlenteilchen kann leicht ein Elektron aus einem Molekül herausschiessen. So können freie Radikale entstehen, herumvagabundierende Moleküle mit einer hässlichen Elektronenlücke. Sie versuchen, ihre Elektronenbilanz wieder ins Gleichgewicht zu bringen, indem sie einem anderen Molekül ein Elektron entreissen. Dadurch beschädigen sie in unseren Zellen Biomoleküle, auch die DNA. Erstaunlich: Unsere Zellen stellen auch solche toxischen Bösewichte her. Zellen benötigen für

15 Ausser durch Genmanipulationen wie CRISPR/Cas
16 Sehr schön beschrieben im Buch «Epigenetik» von Bernhard Kegel, ISBN 978-3-8321-6318-1

ihren Betrieb Energie, viel Energie. Dazu «verbrennen» sie in ihren Kraftwerken, den Mitochondrien, Nährstoffe, am liebsten Zucker. Jede Zelle benötigt dafür mehrere Millionen (!) Sauerstoffmoleküle pro Sekunde, herbeigeschleppt von den roten Blutkörperchen. Bei der «Verbrennung» entstehen neben rund einer Million CO_2-Molekülen auch Schadstoffe, ähnlich wie bei einem Automotor. Es handelt sich vorwiegend um mehrere Tausend Sauerstoffradikale, auch ROS genannt (reactive oxygen species), pro Sekunde. Eine zu hohe ROS-Konzentration, z. B. verursacht durch nicht mehr gut funktionierende Mitochondrien, treibt die Zelle in ein Selbstmordprogramm. Sie wird umgehend durch eine fabrikneue ersetzt.

Stress, Entzündungen oder Krankheiten mit gesteigerten Stoffwechselreaktionen erhöhen die Konzentration von ROS. Auch Umwelteinflüsse führen zu mehr Radikalen: Luftverschmutzung, viele Chemikalien (auch natürlichen Ursprungs) und energiereiche Strahlen aller Art, aber auch Alkoholkonsum, Medikamente, Fehlernährung, Rauchen und Sonnenbaden. So erzeugt das Rauchen einer einzigen Zigarette, rund 100 000 000 000 000 (10^{14}) Radikale in der Lunge.

Die Radikalen haben einen denkbar schlechten Ruf. Sie werden für Alterungsprozesse und für viele Krankheiten, auch Krebs, mitverantwortlich gemacht. Unsere Zellen haben Abwehrmechanismen entwickelt, die Radikalfänger oder Antioxidantien. Diese neutralisieren freie Radikale, z. B. indem sie ihnen ein Elektron schenken. Dabei verlieren sie ihre Potenz, die Zelle muss für einen steten Nachschub sorgen. Wir können ihr dabei helfen, denn Antioxidantien nehmen wir auch mit unserer Nahrung auf, vor allem durch Gemüse und Früchte. Sind die Antioxidantien den Radikalen zahlenmässig unterlegen, wird die Zelle in ihren Reparatur- und Entgiftungsleistungen überfordert, sie gerät in den «oxidativen Stress».

Wenn die ROS die Bösen sind, müssen die Antioxidantien die Guten sein. Doch so einfach ist es nicht. Antioxidantien in Pillenform (z. B. die Vitamine A, C oder E) wirken entweder gar nicht oder führen sogar zu etwas mehr Todesfällen; viele hochwertige klinische Studien belegen dies. Umgekehrt leben Tiere, bei welchen man die ROS-Konzentration künstlich etwas steigert, länger. Prof. Ristow, ETH-Zürich, und andere haben dies in vielen Versuchen eindeutig demonstriert. Und schliesslich erhöht körperliche Aktivität die Konzentration von Radikalen, mit eindeutig positiven Auswirkungen.

ROS haben noch einen anderen Zweck: Sie dienen auch als Signalmoleküle. Unter anderem bewirken sie eine Erhöhung der Anzahl Mitochondrien, den Produktionsfabriken der Energieträger ATP. Bei einer zu starken Unterdrückung der ROS verfügt die Zelle über weniger ATP für ihre Lebensprozesse.

4.5 Mutationen, Fehlbildungen

Als Mutation (lat. mutare «ändern») bezeichnet man eine dauerhafte, nicht reparierte oder eliminierte, Veränderung der DNA. Die DNA kann auf viele Arten beschädigt werden, einige davon zeigt Figur 4-3. Ein einfacher Schaden ist z. B. ein defekter oder falscher «Buchstabe», ein Basenschaden. Die meisten lokalen Schäden entstehen durch freie Sauerstoff-Radikale (ROS).

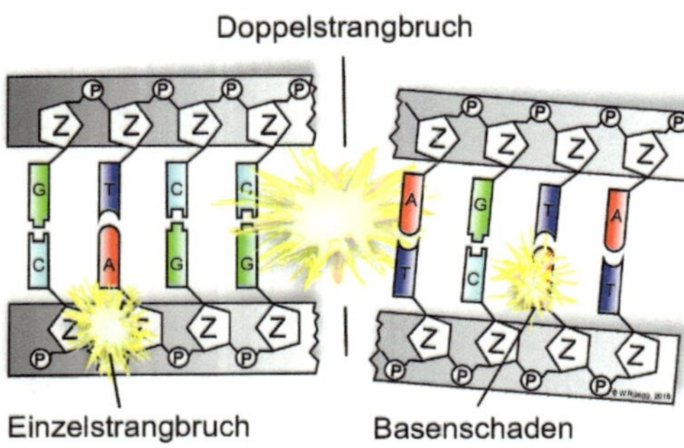

Figur 4-3: Die häufigsten lokalen DNA-Schäden

Neben diesen lokalen Schäden gibt es auch die Strukturschäden. Diese betreffen einen mehr oder weniger grossen Teil der DNA. Dazu gehört das Einfügen von ganzen DNA-Sequenzen (eigene Stücke oder von einem Virus) an zufällig ausgewählten Stellen. Andere Schäden betreffen fehlende oder verkehrt vorhandene Teilstücke oder ganze, stillgelegte Gene. Bei wiederum anderen geht es um fehlende oder mehrfach vorhandene Chromosomen. Bei einer von 700 Geburten kommt die sogenannte Trisomie-21 vor, statt zwei Chromosomen Nr. 21 gibt es deren drei. Diese Anomalie führt zum Down-Syndrom («Mongolismus»). Solche grosse, im Mikroskop gut sichtbaren Anomalien finden sich in stark erhöhter Anzahl in Krebszellen.

Die gesamte DNA von zwei zufällig ausgewählten, nicht miteinander verwandten Menschen unterscheiden sich an mehreren Millionen Stellen. Erstaunlich viel, wenn man bedenkt, dass der Unterschied der DNA zwischen Mensch und Affe höchstens 2 % beträgt (entspricht etwa 60 Millionen Stellen). Selbst eineiige Zwillinge haben eine nicht exakt gleiche DNA, zum Teil bedingt durch die Mutationen während der Entwicklung im Mutterleib. Die Mutationen sind nicht gleichmässig über die DNA verteilt. Die wenigsten Änderungen findet man erwartungsgemäss in heiklen Bereichen, den proteincodierenden Abschnitten (etwa 1,5 % unserer DNA) und in weiteren 3 % – 8 % mit wichtigen regulatorischen Funktionen. Besonders genau funktionieren Überwachung und Reparatur in den Keimzellen. Pro Generation werden nur etwa 60 Mutationen weitergegeben.

Bei 3–4 % aller Geburten stellt man eine mehr oder weniger grosse Anomalie fest (umgangssprachlich «Missgeburt»). In arabischen Ländern ist diese Rate deutlich höher, bedingt durch die öfter vorkommende Heirat zwischen Blutsverwandten. Das Problem: Beim Defekt eines Gens aus dem väterlichen DNA-Satz kann in der Regel das entsprechende Gen des mütterlichen Satzes einspringen. Bei Blutsverwandten besteht eine erhöhte Wahrscheinlichkeit, dass beide Gene beschädigt sind. Aber Vorsicht: Die DNA ist nicht immer schuld an Anomalien.

Auch epigenetische Änderungen können negative Effekte hervorrufen. So beeinflusst das Übergewicht von Schwangeren das Risiko von Fehlbildungen des Nervensystems, des Herzens und anderer Organe. Gemäss einer grossen schwedischen Untersuchung haben 3,5 % der normalgewichtigen Frauen Babys mit Anomalien (z.T. harmloser Art) zur Welt gebracht, bei stark übergewichtigen lag der Anteil bei 4,7 %. Aber auch Viren (z. B. Zika, Röteln, Mumps, Masern) und Autoimmunkrankheiten können die Nachkommen schädigen, ebenso wie bakterielle Entzündungen. 1964 gab es eine weltweite Röteln-Epidemie. Allein in den USA erkrankten 12,5 Millionen Menschen, darunter auch viele schwangere Frauen. In den Monaten darauf wurden etwa 20 000 Kinder mit Fehlbildungen an Augen, Ohren, Gehirn oder Herzen geboren. Impfen ist keine schlechte Idee.

Wer verursacht die DNA-Schäden?

Wie bereits erwähnt, sind die DNA-Schäden fast ausschliesslich hausgemacht. Eine Quelle sind Kopierfehler während der Zellteilung, doch die grösste Schadensrate erleidet die DNA durch die Radikale. Man rechnet mit rund einem Schaden pro Sekunde[17], in jeder Zelle! Die meisten Schäden betreffen einen Einzelstrangschaden oder einen Buchstabenfehler. Doppelstrangbrüche kommen in jeder Zelle alle paar Stunden vor. Einfache Schäden werden innert Sekunden repariert, für einen Doppelstrangbruch benötigt die Zelle bis zu mehreren Stunden. In jeder Zelle ist deshalb praktisch immer ein solcher vorhanden (neben tausenden einfachen DNA-Fehlern). Unsere Zellen sind eine einzige, gigantische Reparaturwerkstatt. Das Bild

17 Beckman KB, Ames BN (August 1997). The Journal of Biological Chemistry. 272 (32): 19633–36. doi:10.1074/jbc.272.32.19633. PMID 9289489.

einer Zelle als superheikles Räderwerk, empfindlich gegenüber jedem Defekt, ist grundfalsch.

Gegenüber den hausgemachten Schäden haben kleine Dosen von Chemikalien oder Strahlen eine viel geringere Schadensbilanz. Erst bei hohen Dosen und/oder jahrelangen Einwirkungen (z. B. Zigarettenrauch, Luftverschmutzung) können die externen Einwirkungen eine spürbare Rolle spielen. Eine extrem hohe Dosis stellt ein Sonnenbrand dar, verursacht durch die UV-Strahlen. Hunderttausende von DNA-Schäden werden erzeugt, in x-Milliarden Hautzellen. Trotzdem steigt die Hautkrebsrate wegen eines einzigen Sonnenbrands nicht an (zumindest nicht messbar).

Viele Chemikalien können in hohen Dosen direkt oder indirekt die DNA schädigen und so zur Krebsentwicklung beitragen. Auch Alkohol erzeugt Mutationen, sogar die gefürchteten Doppelstrangbrüche. Interessant dabei ist, dass Alkohol, ähnlich wie viele andere Gifte und Strahlen, gleichzeitig die Reparaturmechanismen ankurbelt. Alkohol ist mutagen, weil beim Abbau Acetaldehyd entsteht, welches auch die DNA angreift (und für den Kater am nächsten Morgen mitverantwortlich ist). Acetaldehyd ist auch in vielen Pflanzen enthalten, vor allem in ätherischen Ölen, aber auch in geröstetem Kaffee.

99,999999999999… % aller Mutationen sind harmlos

In Anbetracht der gewaltigen Zahl von DNA-Schäden in unseren Zellen muss die Reparatur unglaublich perfekt sein. Allerdings ist sie nicht absolut fehlerfrei. Mit den Jahren akkumulieren wir solche Schäden, man rechnet mit mehreren Hundert Mutationen in jeder Zelle. Trotzdem sind sie extrem selten schädlich, die Natur hat gründlich vorgesorgt, mit einer grossen Zahl von Massnahmen:

1. Der DNA–Code ist teilweise redundant, ein Buchstabenfehler führt nicht immer zu einem falschen Rezept.
2. Nur ca. 1,5 % des DNA-Codes beschreibt Proteine, nur ca. 5 % ist evolutionär hoch konserviert, d. h. wird gehegt und gepflegt, da mit einer wichtigen Funktion versehen. Mutationen im restlichen Genom haben kaum eine Auswirkung.
3. Ein Aminosäure-Austausch (ein falscher Buchstabe im DNA-Code) führt oft zu einem praktisch unveränderten Protein.
4. In einer Zelle ist nur ein Bruchteil der Gene «aktiv». In einer Hautzelle sind z. B. alle Gene, welche eine Nervenzelle benötigt, stillgelegt. Eine Mutation in nicht benutzten Genen ist belanglos.
5. Manche wichtige Gene sind mehrfach vorhanden. Fällt ein solches Gen aus, ist dies meist nicht weiter tragisch.

6. Wir besitzen zwei DNA-Sätze (je ca. 50 % vom Vater und von der Mutter): Ist ein Gen defekt, springt meist das intakte Partner-Gen des anderen Satzes ein.
7. Schädigt ein Gendefekt eine Zelle zu stark (oder hat es zu viele), wird sie bald aus dem Verkehr genommen, durch verschiedene redundante Mechanismen, nicht zuletzt auch durch das Immunsystem. Oder man verbietet ihr weitere Zellteilungen.
8. Nur ein sehr kleiner Teil der Zellen sind Stammzellen. Krebsfördernde Mutationen finden vorwiegend in diesen statt.

1946 war nichts von alldem bekannt, man ging davon aus, dass praktisch jede Mutation schädlich ist. H. Muller, Zitat aus seinem Nobelpreisvortrag:

«Accordingly, the great majority of mutations,
certainly well over 99 %, are harmful».

Sicher seien über 99 % der Mutationen schädlich. Ist katastrophal falsch, die Zelle ist kein heikles Uhrwerk. Heute wissen wir, dass es genau umgekehrt ist, 99,999999999999... % aller Mutationen sind harmlos. Trotzdem glauben die meisten Leute, dass jede Mutation, schlimmer noch, jedes Strahlenteilchen oder jedes Pestizidmolekül schädlich ist.

DNA-Reparatur

Da es sehr viele verschiedene Arten von DNA-Schäden gibt, muss die Zelle auch über eine entsprechend grosse Anzahl verschiedener Erkennungs- und Reparatursysteme verfügen. Sind zu viele komplizierte Schäden gleichzeitig vorhanden und/oder ist die Zelle bereits alt, wird die Apoptose, ein Selbstmordprogramm, eingeleitet. Eine fabrikneue tritt an ihre Stelle. Unser Körper ersetzt so oder so in jeder Sekunde gut eine Million Zellen.

Einfache Reparaturen, z. B. bei einem Schaden an einem DNA-Buchstaben, werden schnell erledigt, z. B. durch die Basenexcisionsreparatur: Die fehlerhafte Base wird sauber herausgeschnitten, die Lücke wird anhand der Information im Gegenstrang neu synthetisiert, die ganze Prozedur dauert nur Sekunden. Komplizierter wird es, falls ein grösserer Schaden vorliegt, wenn eine ganze Reihe von Basen beschädigt ist. Dann werden die Nukleotidexcisionsreparaturnanoroboter (was für ein schöner Zungenbrecher) herbeigerufen: Der beschädigte Teilstrang wird grosszügig ausgeschnitten (ca. 30 Buchstaben). Der fehlende Teil wird wiederum mit Hilfe des Gegenstrangs neu synthetisiert. Ein Strangbruch muss besonders schnell repariert werden. Denn das Risiko, dass sich daraus ein komplizierter Doppelstrangbruch entwickelt, ist relativ gross.

Ein Doppelstrangbruch kann auf zwei Arten repariert werden. Die billige Variante besteht darin, die beiden Enden einfach wieder zusammenzufügen. Dabei gehen meistens einige Basenpaare verloren, das ist unkritisch, falls dies in einem unwichtigen DNA-Bereich geschieht. Die Luxusvariante, die «homologe Rekombination» ist unglaublich aufwendig, kann Stunden dauern. Das Analogon: In einem Automotor bricht die Kurbelwelle. In einem ersten Schritt wird das genau gleiche Model gesucht. Ist es in einer anderen Stadt gefunden, werden beide Motoren nebeneinander aufgestellt. Die Kurbelwellen werden ausgebaut und übereinandergelegt (eigentlich sogar «ineinandergelegt»). Teile der Defekten werden ausgeschnitten und neu gebaut, die andere Kurbelwelle dient als Muster. Die Kurbelwellen werden wieder in die Motoren eingebaut und die Fahrzeuge an ihren Ursprungsort zurückgebracht. In der DNA-Wirklichkeit verläuft alles noch 100-mal komplizierter. Und es funktioniert, meistens.

4.6 Krebs

Mit den Jahren steigt die Anzahl Mutationen in unseren Zellen. Gemäss vorherrschender Meinung ist dieser Prozess massgeblich verantwortlich für das steile Ansteigen der Krebsrate im alternden Organismus. Damit eine unkontrollierte Zellvermehrung (ein Tumor) entsteht, muss die DNA an vielen kritischen Stellen Fehler aufweisen. Die Weiterentwicklung eines Tumors zu einem bösartigen, metastasierenden Krebs benötigt nochmals eine ganze Reihe von neuen Mutationen. Dieser Prozess dauert in der Regel viele Jahrzehnte, aus diesem Grunde treten die meisten Krebsfälle erst im Alter auf. Der andere Grund: Das Immunsystem ist im Alter nicht mehr voll auf der Höhe und hat immer mehr Mühe, Krebszellen zu identifizieren und unschädlich zu machen.

Eine fundamentale Abmachung

Zellen haben seit ihrer Entstehung vor etwa 4 Milliarden Jahren nur ein einziges Ziel: Sich möglichst schnell zu vermehren. Vor einer Milliarde Jahren entdeckten ein paar Zellen, dass sie gemeinsam etwas besser durch die böse Welt kommen. Besonders dann, wenn sie sich Aufgaben teilen, sich spezialisieren. Und so kam es, dass gewisse Zellen sich zu einem Skelett entwickelten, andere zu Sinnesorganen wieder andere konnten Nährstoffe aufnehmen usw. Doch das friedliche Zusammenleben von Zellen beruhte auf einer ganz fundamentalen Abmachung: Eine Zelle darf sich nur dann teilen, wenn die benachbarten Zellen dies auch eine gute Idee finden. Diese Abmachung gilt auch für unseren Körper.

Manchmal vergisst eine Zelle diese Abmachung, meistens durch ein paar Defekte in ihrer DNA. Sie beginnt sich unkontrolliert zu vermehren: Ein Tumor entsteht, böse Typen werden auch als Krebs bezeichnet. Schlimm wird es, wenn solche Zellen in benachbarte Gewebe eindringen und diese zerstören. Und ganz schlimm ist die Metastasierung, wenn Krebszellen ihre Wanderlust entdecken, auf Reisen gehen und neue Kolonien, weit weg vom Primärtumor, gründen. Meist stirbt man daran und nicht am Primärtumor.

Krebshäufigkeit

Quizfrage: Wenn sie Angst vor Krebs haben, in welchem Land empfiehlt es sich zu leben, wo ist die Krebsrate am kleinsten? Wenn sie auf ein hoch industrialisiertes Land tippen, liegen sie völlig falsch. Am besten schliessen sie sich einem indigenen Stamm im Amazonas oder in Papua-Neuguinea an. Diese Menschen haben eine Lebenserwartung von 40–45 Jahren, in diesem Alter ist die Krebsrate winzig klein, siehe Fig. 4-4[18]. Die Menschen in den Industrieländern werden rund doppelt so alt. Das Alter ist der grösste Risikofaktor: Die Krebsrate eines 80-Jährigen ist 50- bis 100-mal höher als diejenige eines 40-Jährigen. In den Industriestaaten werden bei rund der Hälfte aller Menschen Krebserkrankungen diagnostiziert, 20–25 % sterben daran. Wenn man genügend genau untersucht, findet man bei allen Menschen Tumorherde.

Da 20–25 % an Krebs sterben, müssen Aussagen wie «die Krebsrate hat sich verfünffacht» mit Vorsicht genossen werden. Man kann nur einmal sterben. Auch Aussagen folgender Art sind zu pauschal: «Seit unsere Gegend mit der Substanz xy verseucht wurde, gibt es in jeder Familie Krebsfälle». Das gibt es auch ohne «Verseuchung».

18 Mit freundlicher Genehmigung der IARC/WHO

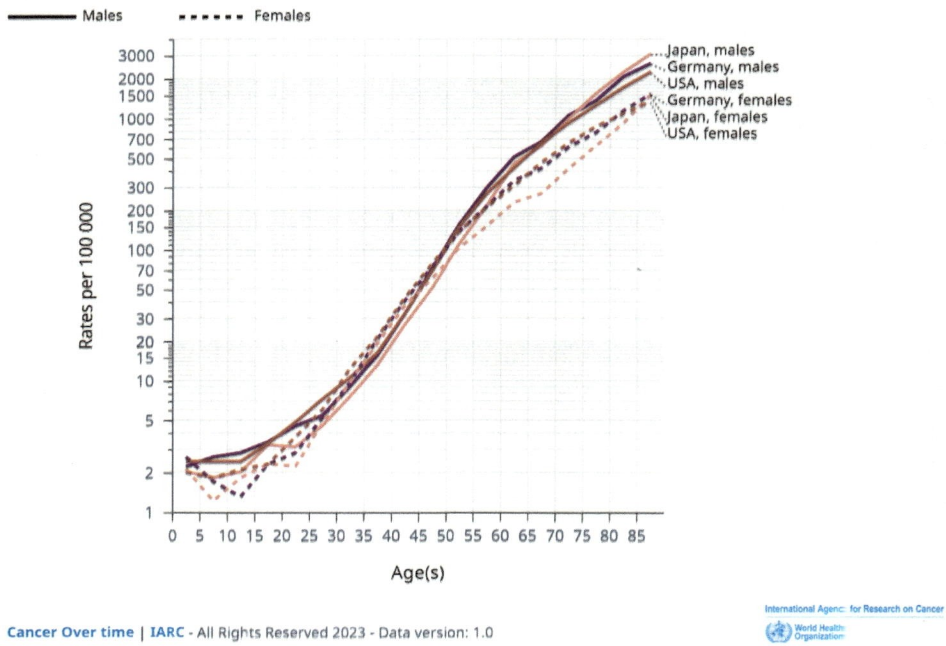

Figur 4-4: Die Krebssterberate als Funktion des Alters. Man beachte die logarithmische Skala.

Gibt es heute mehr oder weniger Krebsfälle als früher? Beides. In absoluten Zahlen steigt die Anzahl der Krebstodesfälle, wir werden älter und zahlreicher. Wenn es um das Risiko geht, ist die Frage falsch gestellt. Viel informativer ist es zu wissen, wie viele Krebsfälle pro 100 000 Menschen in einer gewissen Altersspanne, z. B. zwischen 70 und 80 Jahren, vorkommen (altersspezifische Rate). Will man die Krebsfälle von ganzen Bevölkerungsgruppen vergleichen, greift man zur altersstandardisierten Krebsrate. Diese berücksichtigt die Altersverteilung, unter Annahme einer Standardverteilung. Denn auch bei genau gleichem Krebsrisiko wird man in einer Bevölkerung mit vielen jungen Menschen weniger Krebsfälle finden als in einer mit vielen alten Leuten.

Seit etwa 30 Jahren sinken in den hoch entwickelten Industrieländern die altersstandardisierten Krebstodesraten, siehe Fig. 4-5. Bei Männern beträgt die Abnahme etwa 2 % pro Jahr, bei Frauen rund die Hälfte. Geht dies so weiter, verliert der Krebs in einigen Jahrzehnten seinen Schrecken. Ein Grund für die Abnahme: Man raucht weniger. Gemäss einer sorgfältig durchgeführten Studie fand man in den Krebszellen von starken Rauchern über 20 000 Mutationen, umgerechnet erzeugen je 15 gerauchte Zigaretten eine bleibende Mutation – pro Zelle.

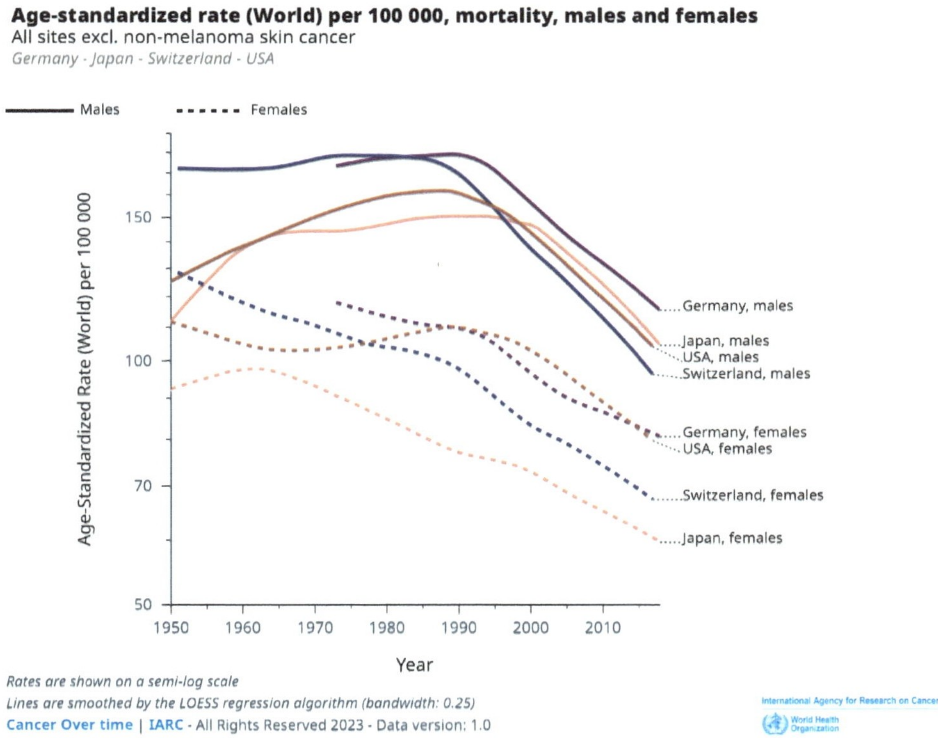

Figur 4-5: Altersstandardisierte Krebstodesrate.[19]

Grosse Fortschritte haben wir bei den Kinderkrebsfällen gemacht. Diese sanken in den letzten 50 Jahren auf etwa ein Drittel und sind weiter im Sinkflug. Vor allem die Leukämien sind heute weitgehend heilbar.

Die Krebsraten sind von Land zu Land und von Region zu Region unterschiedlich, ein Faktor von zwei ist nicht unüblich. Selbst in einer Stadt wie Berlin sind die Unterschiede von Stadtkreis zu Stadtkreis beträchtlich. Noch grössere Unterschiede findet man bei den spezifischen Krebsarten. In Japan und Südkorea beispielsweise erkranken nur etwa ein Drittel der Männer an Prostatakrebs, verglichen mit westlichen Industrienationen. Dafür sterben die Japaner etwa sechsmal häufiger an Magenkrebs als die Amerikaner oder die Isländer. Doch die Isländer erkranken öfter an Dickdarmkrebs. Diese Unterschiede waren früher grösser, vielleicht bewirkt die Globalisierung einen gewissen Ausgleich.

19 Aus: https://gco.iarc.fr/overtime/en Sehr empfehlenswerte Website, mit vielen interaktiven Graphiken

Mikroskopische Ursachen

Bereits im Mutterleib beginnt eine Zelle Mutationen zu sammeln. Im Laufe des Lebens häufen sich immer mehr an, bis genügend viele böse Typen in der Lage sind, alle Hürden zu überschreiten – ein Krebs entsteht. Und Hürden für eine Krebszelle in spe gibt es viele:

1. Die Zelle muss eigene Wachstumssignale erzeugen.
2. Die Zelle muss Stoppsignale der Nachbarzellen ignorieren.
3. Die Zelle muss die internen Qualitätskontrollen überlisten, diese würde sonst ein Selbstmordprogramm einleiten.
4. Die Zelle muss die sehr wirkungsvollen externen Qualitätskontrollen, die das Immunsystem durchführt, überlisten.
5. Die Zelle muss die Telomerase aktivieren, das «Unsterblichkeitsenzym», normalerweise sind nur 50–70 Zell-Teilungen möglich.
6. Die Zelle muss Blut- und Lymphgefässe zum Wachstum anregen (Angiogenese), der Tumor kann sonst nicht über 1 mm wachsen.
7. Der Tumor muss sich stark differenzieren, er wird zum «Organ», bestehend aus vielen unterschiedlichen Zelltypen.
8. Eine bösartige Tumorzelle muss sich vom Verband lösen und amöbenartige Eigenschaften gewinnen (schwimmen lernen).
9. Die bösartige Zelle muss in Lymph- oder Blutgefässe eindringen und im Blut überleben.
10. Die Zelle muss das Blutgefäss verlassen, sich in fremde Organe einnisten und ungehemmt wachsen (Metastasen bilden).

Nur eine von vielen Billionen Mutationen wird bösartige Folgen haben. Mittlerweile ist auch klar, dass ein Krebs nicht aus einem Haufen identischer (geklonter) Zellen besteht, sondern aus einem komplex aufgebauten System aus vielen verschiedenen Zelltypen, mit unterschiedlicher Reaktion auf therapeutische Angriffe. Was die Bekämpfung nicht gerade erleichtert. Jeder von uns besitzt kleine versteckte Krebsgeschwüre (oder zumindest Vorstufen) welche sich, vor allem dank unseres Immunsystems, klinisch nicht negativ bemerkbar machen[20]. Von Autopsien ist bekannt, dass praktisch alle älteren Männer Prostatakrebsherde besitzen. Die grosse Preisfrage lautet: Welche Faktoren beschleunigen oder verzögern die lange Entwicklung zu einem bösartigen Krebs. Welche können wir beeinflussen?

20 Ausgezeichnete Übersicht: Does everyone develop covert cancer? Mel Greaves, Nature Reviews Cancer 14, 209–210 (2014), doi:10.1038/nrc3703. http://www.nature.com/nrc/journal/v14/n4/full/nrc3703.html .

Makroskopische Ursachen

Das grösste Missverständnis zuerst: Es gibt keine einzelne Substanz oder Einwirkung, welche umgehend einen Krebs «auslöst». Etwa so, wie böse Viren eine Infektionskrankheit auslösen. Ein Krebs ist das Ergebnis einer meist jahrzehntelangen Entwicklung (bei ein paar «einfachen» Arten, wie bei Leukämien, kann es schneller gehen). Tausend Faktoren fördern diese Entwicklung, und Tausend andere Faktoren verzögern sie. Die Liste ist lang: Rauchen, Trinken, Viren, Entzündungen, Ernährung, Übergewicht, Bewegung, Umwelt, sozioökonomischer Status, Stress, Chemikalien, genetische oder epigenetische Faktoren, alles beeinflusst die Krebsrate, genauer gesagt das Tempo der Krebsentwicklung. Im Prinzip ist es ein Wettrennen gegen andere jahrzehntelange negative Entwicklungen, wie Herzkreislauf-Erkrankungen. Denn an irgendetwas müssen wir sterben. Zahlen für die einzelnen Faktoren anzugeben ist schwierig, die Werte in den einzelnen Studien schwanken enorm. Ich versuche es trotzdem:

Der Lebensstil könnte für rund die Hälfte der Krebsfälle verantwortlich sein. Allem voran das Rauchen mit vielleicht 25 %. Bei Rauchern könnten neben den Atemorganen auch die Bauchspeicheldrüse und andere Organe leiden. Weitere Faktoren sind Alkoholkonsum, Diät, Fettleibigkeit und Bewegungsmangel, sie könnten auch etwa 25 % verursachen. Die Genetik und Epigenetik (von unseren Eltern geerbt), sowie Umwelteinflüsse (Viren, Luftverschmutzung) könnten für die andere Hälfte verantwortlich sein. Ja, etwas viele «könnten». Das Problem: Das Zusammenwirken all dieser Faktoren und die Variationen von Mensch zu Mensch machen es ungemein schwer, die Wirkung eines einzelnen Faktors zu bestimmen. Bei Tieren aus der gleichen Zucht und unter identischen Bedingungen gehalten, ist dies viel einfacher. Doch die Übertragbarkeit solcher Resultate auf den Menschen ist umstritten.

Die Forschung findet immer mehr Einflüsse auf die Krebsrate, direkte und indirekte, einige scheinen einigermassen gesichert zu sein. So kann auch Zucker als «krebserregend» bezeichnet werden, auf dem Umweg über Diabetes 2 oder Fettleibigkeit. Und beim Fleisch ist epidemiologisch nachgewiesen, dass ein Zusammenhang mit Dickdarmkrebs besteht. Wussten sie, dass auch Blutdruck- und Cholesterinsenker krebserregend sind? Denn weniger Herz-Kreislauf-Todesfälle führen automatisch zu mehr Krebstodesfällen, schliesslich müssen wir an irgendetwas sterben. Letzteres Beispiel zeigt, dass es sinnvoller ist, die Lebensspanne oder die verlorenen Lebensjahre als Risikomass zu benutzen und nicht die Todesursache. Und wenn schon die Todesursache, dann wenigstens die altersstandardisierten Raten.

Hochinteressant sind die Erkenntnisse aus einer gigantischen Datenbank, welche alle Krebsstudien bei Tieren erfasst. Das Ergebnis: Rund 50 % aller getesteten Substanzen, egal ob natürlichen oder künstlichen Ursprungs, sind in hohen Dosen krebsfördernd. Und hohe Dosen muss man benutzen, sonst sind keine Effekte vorhanden oder sie sind unmessbar klein. Möglicherweise sind alle Chemikalien in hohen Dosen krebsfördernd, bei der einen Hälfte verhindern akute toxische Effekte die Beobachtungen der Krebsentwicklung. Mehr darüber in Kapitel 14.

Wir wissen jetzt genügend viel über Molekularbiologie und Onkologie, um uns im nächsten Kapitel mit den Wirkungen von radioaktiven Strahlen zu beschäftigen.

4.7 Zusammenfassung

Bereits eine einfache Bakterie ist unglaublich komplex aufgebaut, mit einer Produktionskapazität vergleichbar einer Industriestadt. Dies alles mit einer winzigen Informationsmenge in ihrer DNA. Diese enthält nicht den «Bauplan» im technischen Sinn, sondern kümmert sich «nur» um die Produktion von Proteinen. Alle Lebensprozesse verlaufen weitgehend selbstorganisierend, gesteuert von ein paar wenigen Naturgesetzen. Dadurch ist eine Zelle ungemein robust gegenüber Störungen. Und solche gibt es viele. Die DNA erleidet in jeder Zelle durch natürliche Prozesse etwa einen Schaden pro Sekunde. Trotzdem sind bleibende Fehler, Mutationen, extrem selten, dank ungemein wirkungsvollen Reparaturmechanismen. Zudem sind 99,999999999999… % aller Mutationen harmlos. Zum Glück, denn eine zu grosse Akkumulation von Mutationen an heiklen Stellen der DNA kann zu einem bösartigen Tumor führen. Das «Sammeln» von Mutationen beginnt schon im Mutterleib und dauert bis zum Tod. Tausend Faktoren (Lebensstiel, Umwelt, Genetik, Epigenetik) fördern oder hemmen diesen Prozess: Krebs hat nicht eine einzelne «auslösende» Ursache.

5

Was machen ionisierende Strahlen mit uns?

Keine chemische oder physikalische Einwirkung auf Lebewesen wurde so gründlich erforscht wie die Radioaktivität. Bei hohen Schockdosen sind sich die Experten über die Wirkungen einig, bei kleinen Dosen muss man spekulieren, mögliche Effekte gehen in den normalen gesundheitlichen Variationen unter.

5.1 Unsere Zellen stehen unter Dauerbeschuss

20 000 Strahlenteilchen bombardieren sekündlich unseren Körper, Tag und Nacht, lebenslänglich. Je nach Ort können es auch über 100 000 oder weniger als 10 000 sein. Rund ein Drittel stammt aus unserem eigenen Körper, je ein weiteres Drittel aus dem Boden und dem Kosmos. Die Schadensbilanz: Mehrere 100 Millionen defekter Biomoleküle pro Sekunde, darunter auch viele DNA-Schäden. Warum fallen wir nicht gleich tot um? Um es kurz zu machen: Für unseren Körper sind diese Schäden eine Bagatelle. Die Anzahl defekter Biomoleküle, die ganz «natürlich» in unseren Zellen entstehen, ist sehr viel grösser, siehe Anhang 5.9.

Ein Strahlenteilchen kann ein Biomolekül durch einen Volltreffer direkt beschädigen. Ausser bei Alpha-Strahlen überwiegen aber die indirekten Effekte. Da Zellen hauptsächlich aus Wasser bestehen, erfolgen die meisten Ionisationen in diesem Medium, dabei entstehen Radikale (ROS). Bei kleinen Dosen wird die Zelle damit spielend fertig, ja, sie scheint sogar eine gewisse Konzentration von ROS zu benötigen. Bei hohen Dosen wirken sie als Gift. Wie sagte schon Paracelsus: Die Dosis bestimmt, ob etwas ein Gift ist.

Die Zellen leiden

Untersucht man stark bestrahlte Zellen genau, findet man eine Fülle von Reaktionen. Die Zellen eliminieren zu viele freie Radikale, sie reparieren die Schäden der DNA, treffen vorsorglich Massnahmen gegen nachfolgende Bestrahlungen, informieren benachbarte Zellen und alarmieren das Immunsystem. Wenn eine Reparatur nicht sinnvoll ist, startet sie ein Selbstmordprogramm, die Apoptose. Negative Effekte kann man selbst bei kleinen Dosen entdecken: Chromosomale Aberrationen/DNA-Schäden, genomische Instabilitäten (erhöhte Mutationsrate), Hypersensivitäten (überproportional viele Zellen begehen Selbstmord) und Bystander-Effekte (Warn-Signale an Nachbarzellen, die manchmal auch Zusatzschäden erzeugen). Allerdings sind die Auswirkungen auf den Gesamtorganismus umstritten. So ist der Selbstmord aus Sicht der betroffenen Zelle eine Katastrophe. Der Organismus wird aber dadurch eine potenzielle Krebszelle los. Egal, wie die Strahlen in den Zellen wirken, das Mass aller Dinge ist die Reaktion des lebenden Gesamtorganismus.

5.2 Akute Wirkung auf Organismen

Da die Strahleneffekte von der Dosis, der Strahlenart und dem betroffenen Organ abhängen, müssen wir uns mit einigen Definitionen und Messgrössen herumschlagen. Etwas langweilig, deshalb habe ich alle Details in den Anhang 5.8 verbannt, samt einer Anleitung, wie die Belastung durch eingenommene radioaktive Substanzen zu bestimmen ist. Merken wir uns einfach, dass die biologische Wirkung der Strahlung in Sievert (Sv) gemessen wird. 5 Sv auf einen Schlag (Schockdosis) sind lebensbedrohend, mit einigen mSv (1 mSv = 1/1000 Sv) bestrahlt uns die Natur jährlich. Statt Sv wird manchmal auch die Einheit Gray (Gy) benutzt, ein Gy ist ein Sv, ausser bei Neutronen und Alphastrahlen (genaueres darüber im Anhang).

Die Dosis in Sv ist nicht zu verwechseln mit der Dosisrate, die Dosis pro Zeiteinheit, z. B. 5 mSv pro Jahr (mSv/J). Beim Wein, mit der Einheit Sv für eine Flasche **S**au**v**ignon, enthält eine Kiste mit zwölf Flaschen insgesamt 12 Sv. Trinkt man sie in 360 Tagen, so hat man eine Dosis von 12 Sv erhalten, mit einer Dosisrate von durchschnittlich 0,033 Sv pro Tag (33 mSv/Tag) – täglich ein kräftiger Schluck. 5 Flaschen (5 Sv) auf einmal – eine Schockdosis – sind tödlich, 33 mSv/Tag bekömmlich. Zumindest beim Wein.

Schockdosen über 1 Sv kamen bei den Atombombenexplosionen oder in den ersten Tagen der Tschernobyl-Katastrophe vor. Sie bewirken eine akute Strahlenkrankheit. Besonders betroffen von solchen Schockdosen sind sich schnell teilende Zellen, wie die blutbildenden Stammzellen im Knochenmark und die Epithelzellen. Letztere bedecken alle inneren und äusseren Körper- und Organoberflächen (Beispiele: Haut, Darm). Bei einer Chemotherapie mit Zytostatika – ein Zellgift – leiden die gleichen Zellen. Die Symptome gleichen sich deshalb: Haarausfall, Störungen im Magen-Darmtrakt und – besonders gefährlich – Schäden im Knochenmark. Dadurch wird die Produktion von Blutkörperchen reduziert oder gar unterbunden. Die Folgen: Anämie (Blutarmut), Schwächung des Immunsystems und Blutungen (fehlende Blutplättchen).

Die akuten Folgen einer hohen Schockdosis

Die Symptome einer Schockdosis sind unbestritten, sie wurden bei Unglücksfällen (Tschernobyl, Goiânia und anderen) immer wieder bestätigt:

bis 0,2 Sv: Keine Symptome
0,2–0,5 Sv: Leichte Blutbildänderungen, klinisch feststellbar

0,5–1 Sv: Leichte Strahlenkrankheit möglich (Kopfschmerzen, Unwohlsein)

1–2 Sv: Mittelschwere Strahlenkrankheit, 3–6 Stunden nach der Bestrahlung in 50 % der Fälle Unwohlsein und Erbrechen, Dauer etwa ein Tag. Danach typisch 10–14 Tage symptomfrei, anschliessend ein Rückfall für weitere 1–2 Wochen. Oft temporäre Sterilität, ebenso Aborte. Etwas erhöhtes Risiko von Infektionskrankheiten.

2–3 Sv: Mittlere bis schwere Strahlenkrankheit, starkes Unwohlsein, Erbrechen und Durchfall. Dann typisch 7–14 Tage symptomfrei. Anschliessend oft Haarausfall und schlechter Gesundheitszustand. Massiver Verlust von Leukozyten, hohes Infektionsrisiko. Sterilität möglich. Erholung in typisch einem Monat.

3–4 Sv: Schwere Strahlenkrankheit. Symptome wie bei 2–3 Sv, nur stärker. Zusätzlich unkontrollierbare Blutungen vor allem im Mund, unter der Haut und in den Nieren. 20–40 % Todesfälle je nach Gesundheitszustand, falls ohne ärztliche Behandlung.

4–6 Sv: Sehr schwere Strahlenkrankheit. Ohne intensive medizinische Betreuung sterben 50 % der Bestrahlten, meistens an einer Infektion oder inneren Blutungen. Bei den Überlebenden kann die vollständige Rekonvaleszenz (auch des Immunsystems) einige Monate dauern.

Über 6 Sv: Symptome (äusserst schwere Strahlenkrankheit) können bereits nach 15 Min. starten. Praktisch vollständige Zerstörung des Knochenmarkes. Überleben höchstens noch mit Knochenmarktransplantationen möglich.

Durch energiearme Beta-, Gamma- oder Röntgenstrahlen können auch vorübergehend Hautrötungen (Erythema) entstehen, wie bei einem Sonnenbrand. In schweren Fällen sind die Symptome ähnlich wie bei einer Verbrennung.

Und die Missgeburten?

Die gründlichen Untersuchungen von etwa 77 000 Nachkommen bestrahlter Eltern aus Hiroshima und Nagasaki ergaben ein erfreuliches Resultat: Keine Erhöhung der Mutationsrate, selbst bei den Kindern von sehr stark bestrahlten Eltern. Sie sind so gesund wie diejenigen der nicht bestrahlten Eltern. Selbst klonale Expansionen (Vermehrung) stark bestrahlter Zellen in Zellkulturen, welche 20 Generationen entsprechen, zeigten nichts Auffälliges. Hingegen konnte man bei den stark bestrahlten Opfern viele zusätzliche Gendefekte finden. Doch bei den Kindern solcher Eltern fanden die Forscher weniger (!) Gen-Mutationen. Die moderne Forschung konnte diesen Effekt mehrfach auch bei Fruchtfliegen-Kindern nachweisen: Deren natürliche Mutationsrate sank bei elterlichen Dosen bis etwa 1 Sv markant ab[21]. Die Strahlung scheint, völlig entgegen der öffentlichen Meinung, eher zu einer kleineren Missgeburtenrate zu führen.

Bestrahlung während der Schwangerschaft

Eine Gefahr hingegen stellt eine heftige Bestrahlung (mehr als ca. 0,5 Sv) zwischen der 8. und der 15. Schwangerschaftswoche dar. Die spätere geistige Entwicklung der Kinder kann dadurch beeinträchtigt werden (Mikrozephalie/tieferer IQ). Hohe Dosen führen auch zu einem Anstieg der Aborte. Trotzdem: Die grösste Gefahr für den Fötus stellen Chemikalien dar. Gewisse wirken stark fruchtschädigend (teratogen). Das Beruhigungsmittel «Contergan», von 1957 bis 1961 vertrieben, verursachte 5 000–10 000 schwere Missbildungen und viele Totgeburten. Da gleichzeitig recht viele oberirdische Kernwaffenversuche durchgeführt wurden, wurde diesen die Schuld gegeben, obwohl die Dosen im Vergleich zur natürlichen Strahlenbelastung winzig klein waren. Irrationale Vermutungen lenken von den wirklichen Gefahren ab und können auf diesem Wege viel Unheil anrichten.

5.3 Langzeitfolgen einer Schockdosis

Unsere Hauptwissensquelle, zumindest bei hohen Schockdosen, stellen die ausserordentlich sorgfältigen Untersuchungen von Hiroshima und Nagasaki dar. Allerdings ist es im unteren Dosisbereich (bis einige hundert mSv) schwierig, die Langzeitfolgen zuverlässig zu bestimmen. Die Probleme:

1. Die gesundheitlichen Folgen von kleinen und mittleren Dosen sind kleiner als die natürlichen Variationen der Gesundheit.
2. Sämtliche der Strahlung zugeschriebenen Krankheiten kommen auch «natürlich» vor. Es ist nicht möglich, festzustellen, ob eine Krankheit von der Strahlung herrührt.
3. Die Latenzzeiten betragen mehrheitlich viele Jahrzehnte. Es ist nicht möglich, soweit zurück alle anderen, meist stärkeren Einflüsse genau zu berücksichtigen.

---

21 https://www.ebc.uu.se/digitalAssets/97/c_97667-l_3-k_paper.pdf

4. Die erhaltene Strahlendosis ist meist nur grob bekannt; der oft unbekannte Anteil der natürlichen Strahlung vergrössert die Unsicherheit.

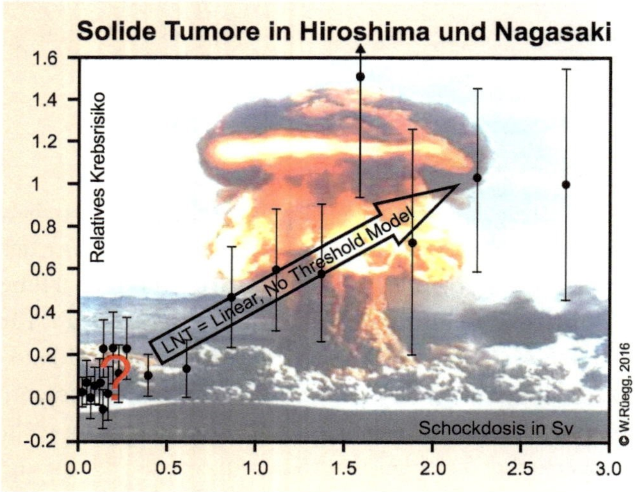

Figur 5-1: Langzeit-Krebstodesfälle nach einer Schockdosis.

Die Experten sind sich einig, dass Krebs die mit Abstand häufigste Langzeitwirkung einer starken Bestrahlung ist, zumindest bei den Opfern der Atombomben. Fig. 5-1 zeigt den Zusammenhang zwischen dem relativen Risiko, an einem strahlenbedingten Krebs zu sterben und der erhaltenen Schockdosis. Ein relatives Risiko von 1 bedeutet, dass sich die normale Krebsrate verdoppelt. Man beachte die recht grossen Fehler (die senkrechten Balken).

Wie gross ist das Risiko?

Gemäss den aktuellen Daten aus Hiroshima und Nagasaki führt eine Ganzkörper-Schockdosis von 1 Sv zu etwa 7 %/10 % (Männer/Frauen) zusätzlicher Krebstodesfällen[22]. Dies sind Mittelwerte, Kinder sind typisch 2–3-mal empfindlicher, ältere Menschen entsprechend unempfindlicher. Bei kleinen Dosen (bis etwa 0,25 Sv) scheint das Risiko Null zu sein. Bei Dosen unter 1 Sv sind Rauchen, Bewegungsmangel, Feinstaub und sozialer Status sehr viel grössere Risiken. Zum Vergleich: Gesetzlich «zugelassen» ist eine Dosis von 0,001 Sv/Jahr.

22 A.V. Brenner et al, Radiation Research 197(5):491-508 (2022). https://doi.org/10.1667/RADE-21-00059.1

Viele Menschen glauben, dass jede Strahlendosis zu Krebs führt. Doch selbst bei einer nahezu tödlichen Schockdosis (3 Sv) erhöht sich die Wahrscheinlichkeit, im Alter an Krebs zu sterben «nur» um ca. 20 %. Im Klartext bedeutet dies, dass 80 % der lebensgefährlich stark Bestrahlten nicht an einem durch die Strahlung bedingten Krebs sterben.

Das bessere Mass: Die Lebensdauer

Eigentlich ist die Todesursache (Krebs) nicht so interessant, an irgendetwas müssen wir ja sterben. Die Verkürzung des Lebens ist das viel bessere Risikomass, vor allem berücksichtigt sie auch andere mögliche Wirkungen der Strahlung, wie Herzinfarkte. Die grosse Überraschung: Die Strahlung hat, zumindest bei den Opfern der Atombomben, wenig Einfluss auf die Lebensdauer, besonders bei Dosen unter 1 Sv, siehe Figur 5-2. Bei höheren Dosen liegt er bei etwa 16 Monaten pro Sv. Rot eingezeichnet ist übrigens die entsprechende Zahl für die ganze japanische Bevölkerung (gleiches Jahr, gemäss World Bank). In der Tat leben die «Hibakushas» (Opfer der Atombomben) deutlich länger als der Durchschnittsjapaner.[23]

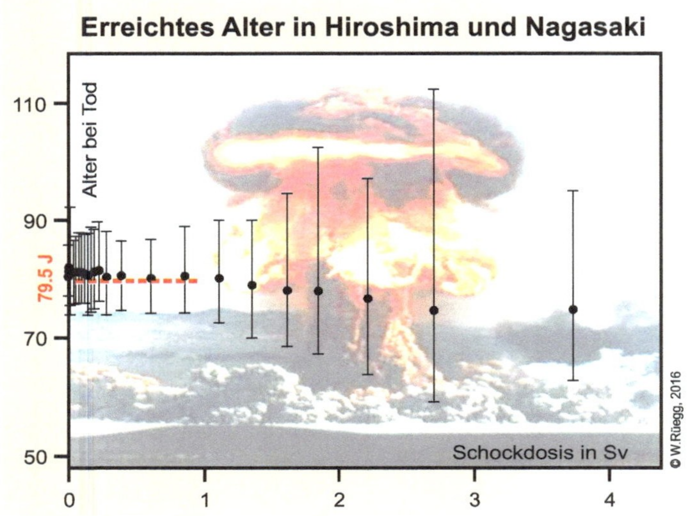

Figur 5-2: Alter der Atombombenopfer beim Tod. Bei höheren Schockdosen muss man mit 16 Monaten Lebensdauerverlust pro Sv rechnen.

23 https://genesenvironment.biomedcentral.com/counter/pdf/10.1186/s41021-018-0114-3.pdf

Ein ähnliches Resultat konnte ich 2016 aus der Datenbank aller Überlebenden (rund 200 000 Datensätze!), welche mir das RERF freundlicherweise zur Verfügung stellte, herausrechnen. RERF ist das japanische Institut, welches alle Daten der Atombombenopfer sammelt und auswertet.

Leukämien, die Ausnahme von der Regel

Krebserkrankungen treten in der Regel erst viele Jahrzehnte nach einer Bestrahlung auf. Die wichtigste Ausnahme: 2–3 Jahre nach den Atombomben-Explosionen wurde ein Anstieg der Leukämierate festgestellt, mit bis zu etwa 8 zusätzlichen Leukämiefällen pro Jahr. Insgesamt starben 94 Bewohner, meist Kinder, an einer strahlenbedingten Leukämie – heute bis zu 90 % heilbar. Zudem tritt sie recht selten auf: Selbst bei einer fast tödlichen Schockdosis war die Wahrscheinlichkeit, später an Leukämie zu erkranken, «nur» etwa 3 %.

5.4 Langzeitwirkung verteilter Dosen

Während der Explosion der Hiroshima-Bombe erreichte die Dosisrate (Dosis pro Zeiteinheit) in 1 km Abstand etwa 0,5 Sv pro Sekunde. Solche Horrorraten, viele Milliarden mal höher als die der Untergrundstrahlung, können die Reparatursysteme leicht überfordern. Am anderen Ende der Skala liegt die natürliche Untergrundstrahlung. Sie beträgt durchschnittlich etwa 0,1 µSv pro Stunde. Je nach Ort variiert sie von unter 0,04 µSv/h bis über 100 µSv/h. Im Laufe des Lebens akkumuliert unser Körper, zusammen mit den internen Dosen, etwa 0,2 Sv. Spitzenwerte von über 10 Sv (tödlich als Schockdosis) kommen vereinzelt vor, ohne auffällige Effekte.

Über das Krebsrisiko bei kleinen Dosen und Dosisraten wird heftig gestritten. Meta-Studien (Mittelwert aus vielen Studien) weisen auf ein Krebsrisiko von 1 % pro Sv hin[24]. Die Strahlenschutzbehörden sind vorsichtiger und rechnen mit 5 % Krebsrisiko und 8 Monaten Lebensdauerverlust pro Sv. Berücksichtigt man nur die Studien mit den negativsten Resultaten, kann man auch auf 50 % Todesfälle pro Sv kommen[25]. Allerdings ist es dann schwierig zu erklären, warum in Zonen mit viel

24 https://academic.oup.com/jrr/article/63/1/1/6468452 und https://www.ncbi.nlm.nih.gov/pmc/articles/PMC3116717/

25 https://institutbiosphere.ch/wa_files/EUNUPRI-2019v01.pdf

natürlichem Uran und Radium im Boden (z. B. gewisse Quartiere von Ramsar/Iran) überhaupt noch jemand am Leben ist.

Humanstudien

Millionen von Berufsleuten, darunter medizinisches Personal, Nukleararbeiter, Flugpersonal, Uranminenarbeiter und Liquidatoren, wurden mehr oder weniger grossen Dosen ausgesetzt. Man findet eine riesige Anzahl Studien darüber, mit einem wilden Durcheinander von Resultaten[26]. Es gibt sowohl Hinweise auf positive Effekte als auch auf negative und oft auf gar keine, zumindest keine signifikanten. Bei Uranmineuren und in Mayak/UdSSR sind aufgrund der sehr hohen Dosen die negativen Effekte gut sichtbar. In Mayak wurden ab 1948 fünf grosse Grafit-Reaktoren (ein früher Tschernobyl-Typ) betrieben, sie produzierten Waffenplutonium. Rund 10 000 Beschäftigte erlitten typische externe und interne (durch Plutonium verursacht) Dosen von einem Sv (!), mit Spitzen von über 10 Sv. Auch die umliegende Bevölkerung, etwa 47 000 Menschen, wurde stark bestrahlt, mit Dosen bis zu 4 Sv. Die hohen Dosen ergeben im Prinzip zuverlässige Resultate, zumindest minimieren sie die Unsicherheiten durch die vielen anderen Einflussgrössen. Die ermittelten Risikofaktoren sind meist deutlich kleiner als die aus Hiroshima/Nagasaki, was zu erwarten war (verteilte Bestrahlung statt Schockdosis). Verglichen mit den Mayak-Arbeitern akkumulieren die Beschäftigten in westlichen Nuklearanlagen ganz grob etwa 100-mal weniger Strahlung. Entsprechend streuen die Resultate viel stärker.

Die Langzeitfolgen medizinischer Bestrahlungen, zu therapeutischen oder diagnostischen Zwecken, wurden auch oft untersucht – mit kontroversen Resultaten. Das Problem: Wenn jemand wiederholt therapeutischen oder diagnostischen (CT) Dosen ausgesetzt wurde, dürfte sein Gesundheitszustand schlecht gewesen sein (bereits krebskrank?).

Die Gremien streiten sich über LNT (Linear-No-Threshold)

Die Forscher, die wissenschaftlichen Gremien und die Behörden sind sich über die Risiken von kleinen Dosen nicht einig. Das wichtigste wissenschaftliche Gremium, die UNO-Organisation UNSCEAR, anerkennt positive Effekte an[27], diese ko-

26 Gute Übersicht: Roy Shore, Health Physics, February 2014, Volume 106, Number 2
27 https://www.unscear.org/unscear/uploads/documents/unscear-reports/UNSCEAR_2020_21_Report_Vol.III-CORR.pdf

existieren mit negativen Resultaten. Dieses Gremium empfiehlt «vorsichtshalber» trotzdem LNT (kleinste Dosis schadet, Risiko wird linear aus hohen Dosen heruntergerechnet). Die einflussreiche «National Academy of Science» (USA), kommt mit ihrer Strahlenschutzkommission BEIR zum gleichen Schluss. Auf der anderen Seite findet die französische «Académie des sciences», zusammen mit der «Académie nationale de médecine», dass kleine Dosen gesundheitlich eher positiv wirken, die LNT-Hypothese wird klar verworfen. In zwei 2019 veröffentlichten Arbeiten wird die ganze Kontroverse um LNT nochmals gründlich analysiert[28], die LNT-Hypothese wurde auch verworfen. Bei wissenschaftlichen Konferenzen über Strahlenwirkungen stelle ich immer wieder fest, dass dies auch die Meinung der meisten Strahlenmediziner und Radiobiologen ist. Epidemiologen hingegen tendieren dazu, LNT aus ihren Studien herauszulesen, bei den grossen Fehlerspannen meist kein Problem. Die Mitglieder von Gesundheitsbehörden sind ebenfalls starke Anhänger von LNT – Kunststück, denn ohne LNT wird die Gesetzgebung zum Albtraum. Mehr darüber in Kapitel 8.

Die natürliche Untergrundstrahlung

Eine Gruppe von Humanstudien betrifft Gebiete mit hoher Untergrundstrahlung. Die vielen Untersuchungen zeigen eher Anzeichen von positiven Wirkungen. Ausführliche Studien fanden in China (Yangjiang-Gebiete), in Indien (Kerala) und anderen Gebieten statt[29]. Es fällt auf, dass die meisten bekannten Kurorte auf dieser Welt mit einer hohen natürlichen Radioaktivität glänzen. In einem Teil von Ramsar, dem berühmtesten Kurort des Irans (Beiname «*Behesht roye Zamin*», «*Paradies auf Erden*»), herrscht die weltweit höchste externe Dosisrate in einem dicht bewohnten Gebiet (typisch 10 µSv/h, mehr als das 15-fache der Evakuierungsdosis von Tschernobyl). Spitzenwerte erreichen 100 µSv/h, dazu kommt noch reichlich Radon und die interne Bestrahlung durch «verseuchte» lokale Nahrungsmittel. Der Grund ist eine hohe Konzentration von Radium im Boden. Etliche Einwohner erhalten im Laufe ihres Lebens eine Dosis, die wesentlich über der tödlichen Schockdosis liegt. Die Studien darüber zeigen nichts Auffälliges[30].

2022 wurde von Elroei David et al. eine der bisher grössten Umwelt-Studien publiziert[31]. Diese Forschungsgruppe verglich Lebenserwartung und Krebsrate der

28 https://www.sciencedirect.com/science/article/pii/S0009279718310883?via%3Dihub
https://www.ncbi.nlm.nih.gov/pmc/articles/PMC6755642/
29 https://www.sciencedirect.com/science/article/abs/pii/S1350448715000086?via%3Dihub
30 International Journal of Low Radiation, Volume 3, Numbers 2–3, 9 January 2007, pp. 171–177(7)
31 https://link.springer.com/article/10.1007/s10522-022-09971-0

USA-Bevölkerung (3139 Bezirke mit 320 Millionen Einwohnern) mit der Strahlung aus Boden und Kosmos. Die hochsignifikanten Resultate: Eine Erhöhung der Strahlendosis um +1 mSv/J verlängert das Leben im Mittel um 18 Monate (Frauen) bzw. 24 Monate (Männer). Der Grund dafür ist vor allem die Krebsrate (Radon?). Pro 1 mSv/J mehr Strahlung sinkt sie bei Frauen um 250 Todesfälle pro Jahr je 100 000 Einwohner, bei Männern um 500. Könnte es sein, dass etwas Strahlung gesund ist?

Die Bedrohung aus dem Kosmos

Die Strahlung aus dem Kosmos kann unsere Erde manchmal ganz schön treffen. Unser Sonnensystem befindet sich momentan mitten in der «lokalen Blase», einem etwa 1000 Lichtjahre grossen Bereich. In den vergangenen 10–20 Millionen Jahre fand darin eine grössere Anzahl Supernovae-Explosionen statt, die letzte vor 1,5 Millionen Jahren. Spuren davon finden sich in Meeressedimenten und im arktischen Eis. Diese Explosionen duschten die Erde immer wieder mit Strahlendosen von typisch 10–20 mSv/J, oft für einige 1000 Jahre. Die «normale» kosmische Strahlung liegt bei 0,3 mSv/J. 10–20 mSv, über die ganze Erde verteilt, liegt im Bereich des globalen Fallouts eines grossen Nuklearkrieges (Kapitel 10). Immer wieder ein grosser Nuklearkrieg, mehrere 1000 Jahre lang: Das Leben muss ordentlich strahlenresistent sein, auch unser Vorfahre, der Homo erectus. Drehen wir die Uhr noch weiter zurück: Astronomen schätzen, dass die Erde alle 10 Millionen Jahre etwa 1 Gy über sich ergehen lassen musste. 1 Gy entspricht, je nach Zusammensetzung der kosmischen Strahlung, mehrerer Sv. Vermutlich hat die Evolution dies berücksichtigt. Auf jeden Fall liegen die strahlenempfindlichsten Teile unseres Körpers, die blutbildenden Stammzellen, im Knochenmark. Ein komischer Ort, aber dort ist die Abschirmung gegenüber externen Strahlen mit Abstand am höchsten. Fische sind durch das Wasser viel besser geschützt, liegen deshalb die blutbildenden Stammzellen in den Nieren?

Kinderleukämien

Der Verlust eines Kindes ist für Eltern ein traumatisches Ereignis. Besonders gefürchtet sind Kinderleukämien, früher ein Todesurteil. Erschreckend waren deshalb in den 80er-Jahren die Berichte über ein Ansteigen der Leukämiefälle um die englische Atomanlage von Sellafield. 1957 fingen Teile eines Reaktors Feuer, radioaktive Substanzen entwichen durch einen Hochkamin. Am relevantesten war Iod-

131, allerdings mit weniger als 1/1000 der Tschernobyl-Freisetzung. Aufwendige Untersuchungen entdeckten in einer benachbarten Region eine höhere Leukämie-Inzidenz, in einer anderen eine leicht tiefere. Heute weisen beide Gegenden tiefere Werte auf als im Landesmittel. Verwirrend.

Die grossen Sorgen um Kinderleukämien führten zu vielen weiteren Studien. Eine der Grössten war die Euroclus-Studie. Erfasst wurden 13551 kindliche Leukämieerkrankungen in 17 europäischen Ländern. Man identifizierte 240 Gebiete mit erhöhter Leukämierate. Die überwiegende Anzahl dieser Cluster lag an unverdächtigen Standorten. Alle üblichen Sündenböcke wie Umweltfaktoren oder Kernkraftwerke konnten ausgeschieden werden. Am wahrscheinlichsten sind (noch) unbekannte Viren.

Kernkraftwerke und Leukämien

Speziell Kernanlagen erwiesen sich als Magnete für die Untersuchungen von Kinderleukämien. Die bekannteste dürfte die deutsche KiKK-Studie sein, 2007 veröffentlicht. Innerhalb von 23 Jahren wurden im Umkreis von 5 km rund um die 16 deutschen Atomkraftwerke insgesamt 20 zusätzliche Fälle von Leukämie bei Kindern bis zu 5 Jahren statistisch ermittelt. Jeder Leukämiefall ist eine Tragödie und einer zu viel. Trotzdem sollte man die Proportionen nicht aus den Augen verlieren. Kinderleukämien sind heute zu 80–90% heilbar, d. h. man muss gemäss der Studie mit etwa einem zusätzlichen Todesfall alle 5 Jahre rechnen, verursacht durch 16 AKWs. Im gleichen Zeitraum starben in Deutschland rund 1000 Kinder an Krebs, davon etwa 250 an Leukämie. Eine noch grössere Zahl, etwa 5000 Kinder, starb aufgrund von Strassenunfällen, Bränden, Ertrinken, Stürzen, Verbrennungen, Ersticken, Elektrounfällen, Vernachlässigungen, Krankheiten, Gewalt und Vergiftungen durch Substanzen wie Putzmittel, Lampenöl und Pillen. Will man Kinderleben retten, muss man hier ansetzen.

Die Autoren der KiKK-Studie interpretieren ihre Ergebnisse sehr vorsichtig: Der Zufall, die Datenselektion oder andere Faktoren (z. B. Sozialstatus) könnten solche Resultate produzieren. Auf jeden Fall ist die zusätzliche Strahlenbelastung in der Umgebung eines Kernkraftwerks höchstens einige μSv/J, sehr viel kleiner als die natürliche Umweltstrahlung (einige 1000 μSv/J). Man sollte eher die Umgebung von Kohlekraftwerken unter die Lupe nehmen, mit einer bis zu 100-mal höheren Strahlenbelastung (Uran in der Kohle). Gar nicht zu reden vom Feinstaub, Arsen, Cadmium usw. (siehe Kapitel 3.4 und 11.2).

5.5 Radium-Girls und INWORKS

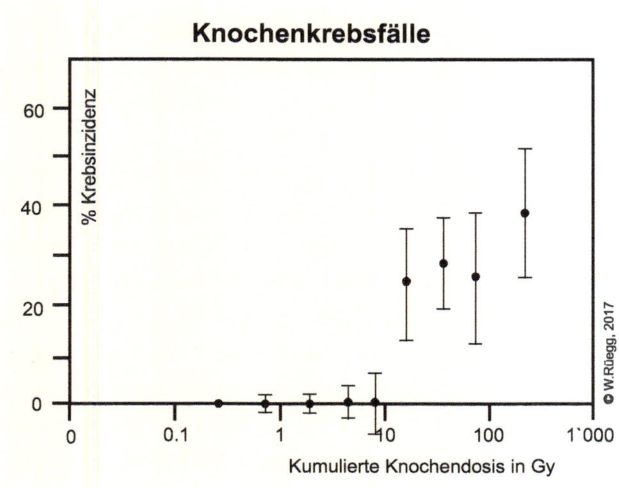

Figur 5-3: Knochenkrebsrate der Radiummalerinnen

Was zeichnet eine hochwertige, aussagekräftige Humanstudie aus? Sie sollte mit einer grossen, homogenen Gruppe mit ähnlichem sozioökonomischem Status durchgeführt werden. Wichtig ist eine gute Dosimetrie (Bestimmung der erhaltenen Dosis), ein grosser Dosisbereich und/oder eine gute Referenzgruppe. Nach diesen Kriterien gehören die Untersuchungen der Radiummalerinnen zu den besten Humanstudien bei verteilten Bestrahlungen[32]. Mehrere tausend, meist junge Amerikanerinnen malten in den 1920er-Jahren radioaktive Leuchtfarbe auf die Ziffern von Uhren. Dabei spitzten sie die Pinsel mit ihren Lippen an. Dadurch geriet Radium in den Körper und lagerte sich im Skelett ab (Radium und Kalzium sind Brüder, chemisch). Mehrere hundert Arbeiterinnen erkrankten schwer, etwa 30 starben an akuten Effekten und viele Jahre später weitere hundert an Knochenkrebs. Die nachfolgenden Studien zeigten, dass der Körper bei zeitlich verteilter Bestrahlung erstaunlich hohe Dosen ohne negative Folgen tolerieren kann. Erst gegen 200 Sv akkumulierter Knochen- und Knochenmarkdosis konnten die Reparaturmechanismen und das Immunsystem nicht mehr alle Schäden beheben oder die betroffenen Zellen eliminieren. Die Krebsrate macht einen Sprung nach oben, auf etwa 30 %, siehe Figur 5-3[33].

32 https://publications.anl.gov/anlpubs/1994/11/16311.pdf
33 Daten aus: https://www.irpa.net/members/TS1c.3.pdf 2023-09-20

Bemerkenswert: Unterhalb der Schwellendosis zeigten sich signifikant weniger Krebsfälle als bei den nicht bestrahlten Personen. Das letzte «Radium Girl», Mae Keane, verstarb im beeindruckenden Alter von 107. Sie war 1924, mit 17 Jahren, verstrahlt worden, wurde schwer strahlenkrank, verlor sämtliche Zähne. Doch nach ihrer Genesung von der Strahlenkrankheit genoss sie ein ausserordentlich langes und gesundheitlich normales Leben.

Die Studien der Radium-Girls gewannen stark an Aussagekraft durch die Analysen von Otto Raabe. Er fand eine verblüffend gute Übereinstimmung mit einer Reihe von Tierstudien. Dazu hat Raabe die Lebensdauer als Funktion der durchschnittlichen Langzeit-Dosisrate (und nicht der akkumulierten Dosis) ausgewertet. Noch komplizierter: Die Dosisrate wird in Zeiteinheiten der Lebensspanne angegeben. Damit erzielte er eine gute Übereinstimmung zwischen den Radiumgirls und den vielen sorgfältig durchgeführten analogen Langzeitversuchen mit Beagle-Hunden (auch mit Radium) und mit Mäusen[34]. Seine Modelle können den Schwellencharakter sehr überzeugend erklären. Allerdings kollidieren sie frontal mit der LNT-Hypothese.

Die INWORKS-Studie

Als Zeugin für die Gültigkeit von LNT wird oft die INWORKS-Studie[35] zitiert. Sie betraf Nuklearabeiter aus USA (nur staatliche Einrichtungen), Frankreich und England. Figur 5-4 zeigt das Gesamtresultat.

Die Daten sind kompatibel mit einer linearen Abhängigkeit, ohne Schwelle (LNT). Allerdings sind die Fehler recht gross, siehe die Balken in Figur 5-4, sie zeigen das 90 %-Konfidenzintervall an. Üblicher wären 95 %, aber dann wachsen die Fehlerbalken noch mehr. Man könnte auch eine Stufenfunktion vertreten, ab 180 mGy/mSv scheint das Risiko eher etwas zu sinken. Das zusätzliche relative Krebsrisiko wird mit +0.53/Gy (90 %-Konfidenzintervall: 0.30 bis 0.77) angegeben, im Bereich von 0-0.2 Gy sogar mit 0.97/Gy. Diese Daten sind im krassen Widerspruch zu den viel besser fundierten Resultaten aus Hiroshima/Nagasaki[36]. Die zeigen im Bereich von 0-1 Gy nur etwa ein Siebtel des Risikos, und unter 0.2 Gy überhaupt keines. Dabei handelt es sich um eine Schockdosis, sicher schlimmer wirkend als eine gleich grosse, über viele Jahre verteilte Bestrahlung.

34 O. Raabe, Health Physics 98: 515–536, 2010 und Health Phys. 101: 84–93; 2011

35 D.B. Richardson et al., BMJ 2015;351:h5359. https://www.bmj.com/content/351/bmj.h5359. Update 2023: doi: https://doi.org/10.1136/bmj-2022-074520

36 A.V. Brenner et al, Radiation Research 197(5):491–508 (2022).

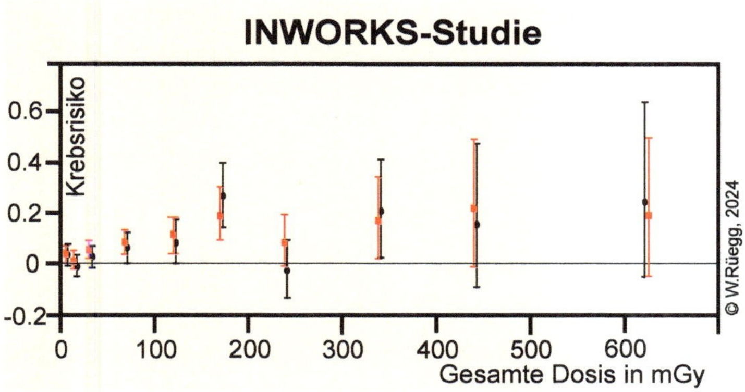

Figur 5-4: Resultate der Untersuchungen von Nuklearарbeitern aus USA, Frankreich und England. Risiko = 0.2 bedeutet 20% mehr Krebsfälle. Schwarz: 2015-Artikel, rot: update 2023

Der INWORKS-Studie fehlen genauere Korrekturen des sozioökonomischen Status und des Rauchens. Zudem wurden die meist viel grösseren natürlichen und medizinischen Dosen nicht berücksichtigt. Die durchschnittliche Zusatzdosis, welche die Arbeiter «erlitten», betrug kaum ein Zehntel der durchschnittlichen natürlichen Strahlung.

2021 wurde eine bessere Übereinstimmung[37] mit den Daten aus Hiroshima / Nagasaki erreicht. Bei dieser Gruppe berücksichtigte man nur noch die Männer zwischen 20 und 59 Jahren. Doch gegenüber den neusten, 2022 publizierten japanischen Daten zeigen sich immer noch frappante Unterschiede, siehe oben. Ein zusätzliches Problem: In Hiroshima und Nagasaki wurden praktisch alle gesunden Männer zwischen 20 und 59 in die Armee eingezogen, die verbleibenden dürften gesundheitlich nicht repräsentativ sein, ganz besonders nicht gegenüber den Kernkraftwerksarbeitern.

Wenn man die INWORKS-Studie mit den Untersuchungen der Radiummalerinnen vergleicht, muss man feststellen, dass Letztere in einer anderen Liga spielen: Die recht homogene Kohorte, eine gute Dosimetrie, ein grosser Dosisbereich und vor allem das Raabe-Modell, mit deckungsgleichen Resultaten aus vielen hochwertigen Tierversuchen, ergeben robuste und überzeugende Resultate.

Es gibt viele andere Studien über das Krebsrisiko von Kernkraftarbeitern[38]. Manchmal findet man mehr Krebsfälle, vereinzelt auch weniger. Eine neuere Stu-

37 Radiation and Environmental Biophysics (2021) 60:23–39 https://doi.org/10.1007/s00411-020-00890-7
38 https://www.academia.edu/8991445/The_Healthy_Worker_Effect_and_Nuclear_Industry_Workers?email_work_card=view-paper&li=0

die[39] kommt zum Schluss, dass das Risiko, wenn überhaupt vorhanden, sehr viel kleiner ist als das «normale» Krebsrisiko. Und dies ist der springende Punkt: Die Strahlung wirkt nur schwach (oder gar nicht) auf die Gesundheit der Arbeiter, die anderen Risiken sind viel wichtiger.

5.6 Radon, Bedrohung aus der Tiefe

Radon und dessen Zerfallsprodukte werden für den Hauptteil der natürlichen Strahlenbelastung verantwortlich gemacht. Radon ist ein radioaktives Gas, welches aus Uran oder Thorium im Boden stammt. Die Radonkonzentration in Häusern hängt vom Urangehalt und der Beschaffenheit des Bodens, der Dichtigkeit der Bauten und der Lüftungsverhältnisse ab. Man weiss aus den Untersuchungen von Uranminenarbeitern, dass sehr hohe Konzentrationen von Radon nach einigen Jahrzehnten zu einem Anstieg der Lungenkrebsrate führen. In den Wohnhäusern herrscht nur ein kleiner Bruchteil der Minenkonzentrationen. Könnten sie trotz dem Lungenkrebs verursachen? Die Studien darüber zeigen ein wirres Durcheinander, mal scheint es ein Risiko zu geben, mal wird es durch Radon sogar reduziert. Das Durcheinander ist viel grösser als rein statistisch erwartet, offensichtlich spielen andere Faktoren eine grosse Rolle. Praktisch alle Fallstudien zeigen keine statistisch signifikanten Resultate.

Fallstudien

Bei einer retrospektiven Fallstudie analysiert man die Vergangenheit der beiden untersuchten Gruppen, der Lungenkrebsopfer und der (gesunden) Kontrollpersonen. Dabei versucht man mit Messungen und Befragungen für jede einzelne Person die Radonbelastung der vergangenen Jahrzehnte herauszufinden. Schwierig. Wie dicht waren Fenster und Türen in der Jugendzeit, wie wurde gelüftet, wie war die Beschaffenheit des Kellerbodens? Und wie gross war die Radonkonzentration in der Schule und am Arbeitsort? Beschönigungstendenzen, besonders bei Rauchergewohnheiten, verzerren die Analysen zusätzlich. Ein weiteres Problem ist die Kontrollgruppe. Sie müsste ein genaues Abbild der Opfergruppe sein. Extrem wichtig sind identische Rauchergewohnheiten, aber auch der sozioökonomische Status,

39 https://journals.lww.com/health-physics/Fulltext/2022/04000/A_Risk_Comparison_between_Lifestyle,_Socioeconomic.1.aspx

die Ernährung und die Feinstaubbelastung. Diese Faktoren werden in den Studien oft nur mangelhaft berücksichtigt.

2008 publizierten R.E. Thomson und Mitarbeiter eine der qualitativ hochwertigsten Fallstudien[40]. Neben genauen Langzeit-Radonmessungen (seit 1990) wurde grosser Wert auf die Berücksichtigung aller wichtigen Einflussgrössen (Rauchergewohnheiten in 9 Kategorien eingeteilt) und die exakte Anpassung der Referenzgruppe gelegt. Die Mühe lohnte sich: Es zeigten sich, selten bei Fallstudien, statistisch signifikante Effekte. Nur hatten diese die «falsche» Richtung. Bei mittleren Konzentrationen (100–200 Bq/m^3) war die Lungenkrebsrate auf die Hälfte gesunken. Erst über 250 Bq/m^3 stieg das Risiko wieder an. Ist etwas Radon gar gesund? Es wäre wünschenswert, wenn mehr hochqualitative Studien dieser Art durchgeführt würden. Leider sind sie äusserst aufwendig und dauern sehr lange. Die Thomson-Studie zeigte auch die grosse Bedeutung der Raucherkorrektur: Sehr starke Raucher hatten ein 60-mal (?!) höheres Radon-Lungenkrebsrisiko, dieses nahm bei weniger starken Rauchern sukzessive ab. Nichtraucher können aufatmen, ihr Radonrisiko ist selbst bei hohen Konzentrationen praktisch null.

Meta-Studien

Da Einzelstudien kaum je signifikante Resultate liefern, versuchen es die Forscher mit Meta-Studien, d. h. mit einem Zusammenlegen von vielen Studien. Schwierig, bei dem qualitativen und quantitativen Chaos. Man kann es trotzdem versuchen. Eine der bekanntesten Meta-Studien wurde 2004 von Sarah Darby et al. durchgeführt, sie berücksichtigte 13 europäische Einzelstudien[41]. Resultat: Eine erhöhte relative Lungenkrebsrate bei höherer Radonkonzentration, +16 % pro 100 Bq/m^3, mit einem grossen Unsicherheitsbereich von 5 % bis 31 %. Die Studie ermittelte auch das absolute Risiko von einem Lungenkrebs umgebracht zu werden. Bei Nichtrauchern beträgt es ohne Radon 0,4 %, (hauptsächlich durch Luftverschmutzung). Radon erhöht es theoretisch um (unmessbare) 0,06 % pro 100 Bq/m^3. Bei Rauchern beträgt das Risiko ohne Radon ca. 10 %, je 100 Bq/m^3 erhöhen es um 1,5 %. Eine Raucherlunge läuft schon am Anschlag, Radon wirkt gemäss dieser Studie 25-mal stärker als bei Nichtrauchern.

---

40 R.E. Thompson, D.F. Nelson, J.H. Popkin, Z. Popkin, Health Physics 94: 228–241, March 2008

41 S. Darby et al, BMJ, 21.12.04 https://pubmed.ncbi.nlm.nih.gov/15613366/

Die Thomson-Studie wurde 2012 in einer erweiterten Meta-Studie mit 22 Einzelstudien eingebracht[42], allerdings ist geschummelt worden. Man benutzte den Wert bei der höchsten Radonkonzentration (knapp 900 Bq/m³), +250 %. Die Studie ermittelte ein relatives Lungenkrebsrisiko von +7 % bei 100 Bq/m³. Dieser Wert würde deutlich sinken, wenn sie den Thomson-Wert für 100 Bq/m³ benutzt hätten, -50 % für 100 Bq/m³. Man kann natürlich die Thomson-Studie auch einfach kommentarlos übergehen, wie in einer neueren Meta-Analyse aus dem Jahr 2021 praktiziert[43]. Es gibt auch Meta-Studien, welche nachweisen, dass kein Risiko besteht. In der wohl umfassendsten[44] wurden 32 Fallstudien und zwei ökologische Studien (mit Bevölkerungsmittelwerten) ausgewertet. Die Schlussfolgerung: Unter 1000 Bq/m³ lässt sich keine statistisch signifikante Erhöhung der Lungenkrebsrate nachweisen. Eine Innenraumkonzentration von 1000 Bq/m³ wird fast nie erreicht, der durchschnittliche Wert liegt um 50 Bq/m³. In Uranminen mass man schon Werte von über 1 MBq/m³. 2023 wurde eine der gründlichsten Meta-Studien veröffentlicht[45]; 19 Autoren aus sieben Ländern trugen dazu bei. Das Resultat: Bei Radonkonzentrationen unter etwa 200 Bq/m³ sank die Lungenkrebswahrscheinlichkeit unter den Wert mit Null Radon. Etwas Radon könnte guttun.

Trotz aller Probleme, Widersprüche und neuere hochwertige Publikationen lassen sowohl die WHO als auch alle Gesundheitsbehörden an den Radonrisiken keine Zweifel aufkommen. Sie vertreten unbeirrt die Werte der alten Darby-Studie von 2004: +16 % erhöhtes Lungenkrebsrisiko bei 100 Bq/m³. Einig ist man sich aber, dass praktisch alle Radon-Opfer Raucher sind. Radon ist nur ein kleiner Mitläufer, der eigentliche Täter ist der Zigarettenrauch (auch passiv).

Ökologische Studien

Es gibt noch eine zweite Möglichkeit, den Einfluss von Radon zu bestimmen: ökologische Studien. Die mittlere Radonkonzentration schwankt von Region zu Region relativ stark. Entsprechend müsste auch die Lungenkrebshäufigkeit der Einwohner schwanken. Die grösste und sorgfältigste Untersuchung dieser Art wurde Ende der 1980er-Jahre von einem Team der Universität von Pittsburgh, USA, durchgeführt[46]. Unter der Leitung von B. Cohen wurden die durchschnittlichen Radon-

42 Zeng-Li Zhang et al, https://journal.waocp.org/article_26523_762a8fa0666f96bc5f377b8a725f0b4c.pdf
43 https://err.ersjournals.com/content/errev/30/159/200230.full.pdf
44 https://www.ncbi.nlm.nih.gov/pmc/articles/PMC5950923/
45 https://papers.ssrn.com/sol3/papers.cfm?abstract_id=4347965
46 B. Cohen, Health Phys. 68(2): 157–174; 1995. https://commons.wikimedia.org/wiki/File:Radon_and_Cancer_by_Cohen.GIF?uselang=en#Licensing

konzentrationen in 1601 Bezirken (Counties) ermittelt, zusammen mit den jeweiligen Lungenkrebsraten. Das Resultat dieser gewaltigen Arbeit zeigt Figur 5–5. Die gestrichelte Linie («Theory») entspricht der LNT-Voraussage mit den Daten der Uranminenarbeiter.

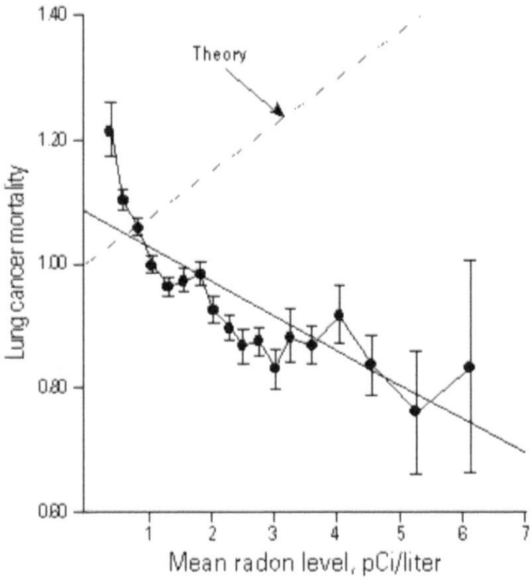

Figur 5-5: Zusammenhang zwischen Radonkonzentration und Lungenkrebs in den USA. 6 pCi/l entsprechen 220 Bq/m^3. Bild: Public Domain

Die Überraschung: Die Lungenkrebsrate sank mit steigender Radonkonzentration! Der besonders «gute» Bereich lag zwischen 50 und 200 Bq/m^3, wie in der Thomson-Studie. Da etwa 90 % der Bevölkerung der USA in die Untersuchungen einflossen, ist die statistische Unsicherheit minim. Aufgrund der brisanten Resultate untersuchte man den möglichen Einfluss von 54 Faktoren wie sozioökonomischer Status, geografische Faktoren, Rauchen, Höhe, Klima. Später kamen noch weitere mögliche Einflussgrössen dazu, insgesamt 450, unter anderem ethnische Herkunft, Beruf, Haustyp, Unterkunftsart, Migrationen. Ohne Erfolg: Der Kurvenverlauf liess sich nicht gross beeinflussen. Verständlicherweise sind diese Arbeiten sehr kontrovers bewertet worden. Bemängelt wurden vor allem die möglichen Fehler durch die Mittelwertbildung bei solchen «ökologischen» Studien. Doch die mittlere Krebsrate ist gemäss LNT unabhängig von der Verteilung der Dosen. Mehr Chancen hat der Einwand, dass eine negative Korrelation zwischen Radon und Rauchgewohnheiten existieren könnte[47]. Cohen hat dies mit den Tabakverkäufen berücksichtigt, trotzdem kann nicht ausgeschlossen werden, dass solche Korrelationen seine Resultate beeinflussen.

Viele Wissenschaftler, Gremien und Behörden lehnen die Cohen-Studie aus prinzipiellen Gründen ab: Die Studie sei «ökologisch» und dadurch fehlerbehaftet. Die Kurve in Figur 5-5 zeigt aber mit einer grossen statistischen Aussagekraft eine unheimliche Konsistenz. Falls bei dieser Studie mit fast 200 Millionen Bewohnern die Fehler dominieren, würde ich ein wildes Durcheinander von Werten erwarten, keinen systematischen Trend. Zu guter Letzt gibt es auch andere «ökologische» Analysen, durchgeführt mit aufwendigen statistischen Methoden[48], mit ebenfalls klaren Hinweisen auf positive Wirkungen.

Unabhängig von den betrachteten Risikofaktoren würde eine geringfügige Reduktion des Rauchens deutlich mehr Nutzen bringen als sämtliche bauliche Abdichtungs- und Lüftungsmassnahmen. Zudem: Eine bessere Lüftung gegen zu hohe Radonkonzentrationen ist nur sinnvoll, wenn dadurch die Luftqualität im Innenraum nicht verschlechtert wird, da die Luft im Inneren in der Regel weniger belastet ist als die Aussenluft.

Im nächsten Kapitel befassen wir uns mit den möglichen gesundheitsfördernden Wirkungen der Strahlung (und allgemein von Giftstoffen).

5.7 Zusammenfassung

Die biologische Wirkung der Strahlung wird in Sievert (Sv) gemessen, Eine Schockdosis von 5 Sv führt in 50 % der Fälle zum Tod. Hohe Dosen (über ca. 1 Sv) schädigen vor allem Haar- und Darmzellen sowie das Immunsystem und die Blutgerinnung. Eine radioaktive Bestrahlung ist nur schwach krebsfördernd. Selbst bei einer Dosis nahe der tödlichen wird die natürliche Krebsrate «nur» etwa verdoppelt, d. h. in 75 % der Fälle stirbt man nicht an einem von der Strahlung verursachten Krebs. Wenn eine tödliche Schockdosis über viele Jahre verteilt wird, sind die Auswirkungen kaum nachweisbar. Zumindest nicht bei den Bewohnern von Gebieten mit sehr hoher natürlicher Untergrundstrahlung. Die Strahlung erzeugt keine neuen Krankheitsformen, sie beschleunigt das Auftreten bestehender Formen, vor allem Krebs. Die Auswirkungen zeigen sich vornehmlich erst im hohen Alter, man

47 https://zenodo.org/record/1234792#.YvehIC8RqaA
48 Dose-Response: April-June 2021:1–16. https://journals.sagepub.com/doi/pdf/10.1177/15593258211009337

stirbt bei einer Dosis von 1 Sv im Mittel einige Monate zu früh. Nach bestem Wissen und Gewissen stellen Schockdosen bis etwa 250 mSv kein Risiko dar. Bei verteilten Dosen ist bis einige 100 mSv/J kein Schaden konsistent nachweisbar. Auf jeden Fall gilt die Aussage, dass bis 1 Sv die anderen gesundheitlichen Risiken (wie Rauchen, Trinken, Bewegungsmangel, Übergewicht, Feinstaub) bei weitem überwiegen. Diese Tatsache macht es fast unmöglich, die Wirkung von kleinen Strahlendosen, etwa 100 mSv, bei Menschen zu messen. Umstritten ist die Situation bei Radon, kleine Konzentrationen scheinen gesund zu sein. Radon betrifft praktisch nur die Raucher.

5.8 Anhang: Wie messen wir die Strahlenbelastung?

Radioaktive Strahlen wirken durch die abgegebene Energie pro kg (J/kg), der Primärdosis, abgekürzt Gy (Gray). Je nach Strahlenart wirkt aber 1 Gy unterschiedlich. Dies wird mit dem Strahlungs-Wichtungsfaktor W berücksichtigt. Multipliziert man die Gy damit, erhält man die Äquivalentdosis (in Sievert, Sv), ein Mass für die biologische Wirkung. Bei Beta- oder Gammastrahlen ist W = 1 (d. h. 1 Gy = 1 Sv), bei den konzentriert wirkenden Alphastrahlen ist W = 20.

Die verschiedenen Gewebearten sind unterschiedlich empfindlich. So leidet z. B. die Haut viel weniger als die inneren Organe. Dies wird mit einem weiteren Korrekturfaktor, dem Gewebe-Wichtungsfaktor, berücksichtigt. Multipliziert man die Äquivalentdosis damit, erhält man die effektive Dosis des betreffenden Organs, die Einheit ist, etwas verwirrend, auch Sv. Für Magen, Dickdarm, Knochenmark und Lunge beträgt der Wichtungsfaktor 0,12, für die Haut nur 0,01. Bei den Keimdrüsen betrug er lange Zeit 0,2. Als sich herausstellte, dass die Ängste vor Missgeburten weitgehend unbegründet waren, wurde der Wert gesenkt, auf 0,08, wohl immer noch zu hoch. Bei einer Ganzkörperbestrahlung mit Gamma- oder Betastrahlung ist der Wichtungsfaktor = 1, dies entspricht der Summe aller Organdosen. Eine Ganzkörper-Schockdosis von 4 bis 5 Gy oder Sv führt unbehandelt bei 50 % der Betroffenen zum Tode. Überlebt man diese Dosis, muss man, ganz grob, im Alter mit einer Verdoppelung der natürlichen Krebsrate rechnen.

Bei der Einnahme von radioaktiven Substanzen wird es kompliziert. Denn dann muss sowohl die «Aufenthaltsdauer» als auch die Verteilung im Körper berücksichtigt werden. So bleiben z. B. Strontium oder Radium jahrzehntelang im Körper, andere werden innerhalb von Tagen (z. B. Tritium) oder Wochen (z. B. Cäsium) ausgeschieden und bei wieder anderen (z. B. Edelgase) verweigert der Körper eine Aufnahme. Der Dosisfaktor oder Dosiskoeffizient berücksichtigt alle diese Faktoren. Multipliziert man die Bq (die inkorporierte Aktivität) mit dem Dosisfaktor, erhält man Belastung in Sv. Dosisfaktoren findet man als gigantisches Tabellenwerk, publiziert von der ICRP. Sie basieren auf einer gewaltigen Menge Daten und Berechnungen aus rund 100 Jahren Forschung. Tabelle 5-1 zeigt die Dosisfaktoren einiger Radionuklide, für zwei Altersklassen. Sr-90, Cs-137 und Pu-239 sind künstlich erzeugte Radionuklide, der Rest ist mehrheitlich natürlichen Ursprungs. Die Werte für Inhalation (Feinstaub) sind typisch 100-mal grösser. Das Risiko pro Sv effektiver Dosis: Eine im Alter um 5 % erhöhte Krebswahrscheinlichkeit[49] und eine Lebensdauerverkürzung von einigen Monaten (umstritten).

Radionuklid	Säugling	Erwachsener
H-3 (Tritium)	$6{,}4 \times 10^{-11}$	$1{,}8 \times 10^{-11}$
K-40	$5{,}2 \times 10^{-8}$	$6{,}2 \times 10^{-9}$
Cs-137 (100 % Abs.)	$1{,}1 \times 10^{-8}$	$1{,}3 \times 10^{-8}$
Sr-90 (100 % Abs.)	$1{,}3 \times 10^{-7}$	$2{,}8 \times 10^{-8}$
U-238	$3{,}4 \times 10^{-7}$	$4{,}5 \times 10^{-8}$
Pu-239	$5{,}2 \times 10^{-6}$	$2{,}5 \times 10^{-7}$
Th-232	$4{,}5 \times 10^{-6}$	$2{,}3 \times 10^{-7}$
Po-210	$5{,}6 \times 10^{-5}$	$1{,}2 \times 10^{-6}$

Tabelle 5-1: Dosisfaktoren in Sv/Bq, zur Umrechnung von Bq zu Sv

Beispiel: Wenn wir in einem Jahr 300 l Trinkwasser konsumieren, welches mit 20 Bq/l Cs-137 kontaminiert ist (einige Grenzwerte sind bei 10 Bq/l), gelangen 6000 Bq Cs-137 in unseren Körper. Mit dem Wert von $1{,}3 \times 10^{-8}$ Sv/Bq erhält man eine Dosis von 0,000078 Sv oder 0,078 mSv. Vernachlässigbar, so viel wie ein paar Tage Urlaub in den Alpen oder Rocky Mountains.

49 Bei kleinen Dosen (unter 500 mSv), gemäss den neueren Daten aus Hiroshima/Nagasaki nur 1–2 %/Sv.

5.9 Anhang: 100 mSv und unsere Sauerstoffatmung

Was bewirkt eine Dosis von 0,1 Sv = 100 mSv (= 0,1 J Energie pro kg), geliefert von Gammastrahlen mit je 660 keV[50] Energie? Diese Dosis entspricht dem 100-fachen des Grenzwertes von 1 mSv/J. Die Energiedosis von 0,1 Sv geteilt durch die Energie eines einzelnen Gammaquants ergibt die Anzahl Gammaquanten pro kg, wir erhalten etwa 1000 Milliarden. Dies ist, ganz grob, auch die Anzahl Zellen in einem kg Gewebe. Auf jede Zelle entfällt also ein Gammaquant.

Noch schlimmer: Jedes absorbierte Gammaquant übergibt seine Energie einem Elektron. Dieses wird zum Geschoss und durchquert rund 250 Zellen. Und erzeugt dabei in jeder dieser Zellen 100–200 freie Radikale (ROS). Diese verursachen viele DNA-Schäden, unter anderem auch 1 bis 10 Doppelstrangbrüche.

Eine Dosis von 0,1 Sv (=100 mSv) erzeugt in jeder Zelle 25 000–50 000 toxische ROS, diese verursachen viele DNA-Schäden, unter anderem auch 1–10 Doppelstrangbrüche.

Doch bei einer Bestrahlung mit 100 mSv ist klinisch nichts Auffälliges festzustellen.

Des Rätsels Lösung: unsere Zellen benötigen viel Energie. Sie «verbrennen» zu diesem Zweck Nährstoffe, dabei entstehen sekündlich neben rund einer Million CO_2-Moleküle auch Giftstoffe, primär in Form von 1 000 bis 10 000 freie Radikale (ROS). Die ROS schädigen auch die DNA, man muss mit vielen zehntausend einfachen Fehlern, aber auch mit mehreren Doppelstrangbrüchen pro Tag rechnen[51], neuere Arbeiten berichten sogar über mehrere Dutzende pro Tag[52]. In unseren Zellen wimmelt es nur so von Defekten (nicht nur in der DNA), wir sind eine einzige, gigantische Reparaturwerkstatt.

Die Sauerstoffatmung produziert in einer Zelle pro Sekunde 1 000–10 000 aggressive ROS. Dadurch entstehen in jeder Zelle mehrere Zehntausend DNA-Schäden pro Tag, darunter rund 10 Doppelstrangbrüche.

Eine Bestrahlung mit 100 mSv, verteilt auf ein Jahr, produziert in jeder Zelle pro Tag rund 100 zusätzliche ROS-Moleküle. In der gleichen Zeit entstehen durch die Sauerstoffatmung gut 100 Millionen davon, mit starken Schwankungen (beim Sport steigt die ROS-Produktion). 100 mSv pro Jahr erzeugen auch 1–10 zusätzliche Doppelstrangbrüche pro Zelle, vernachlässigbar gegenüber einigen 1000 natürlich

50 660 keV ist die Energie eines Gammaquants von Cäsium-137

51 Pollycove M, Feinendegen LE. Hum Exp Toxicol. 2003 Jun; 22(6):290-306; discussion 307, 315-7, 319-23 und https://kluedo.ub.uni-kl.de/frontdoor/deliver/index/docId/1423/file/Alt.pdf Seite 3 (2018-08-31) oder: https://www.ncbi.nlm.nih.gov/pmc/articles/PMC2605959/ (2018-08-20)

52 https://www.nature.com/articles/s41467-019-08806-w#ref-CR33

produzierten (ebenfalls starken Schwankungen unterworfen). Zugegeben, dies sind sehr einfache Modellrechnungen. Aber selbst, wenn sie um ein oder zwei Grössenordnungen falsch wären, kann man sich kaum der Schlussfolgerung entziehen, dass 100 mSv pro Jahr harmlos sind. Ein Grenzwert von 1 mSv/J ist zu viel des Guten, mit 100 mSv/J wären wir immer noch auf der sicheren Seite.

6

Hormesis, Spuk oder Wirklichkeit?

Kupfer ist ein giftiges Schwermetall, die tödliche Dosis liegt bei 10–20 g. Eine tägliche Einnahme von mehr als 10 mg kann Krankheiten verursachen. Doch 1 mg pro Tag ist nicht nur gesund, sondern lebensnotwendig. Eine Ausnahme, oder könnte es sein, dass ein wenig Gift immer guttut?

6.1 Als Strahlung noch gesund war

1930 waren alle wichtigen negativen Wirkungen von hohen Dosen ionisierender Strahlen bekannt: Strahlenkrankheiten (mit über 100 Todesopfern), Krebsinduktion, Leukämien, teratogene Effekte (Fruchtschädigungen) und Mutationen. Mehrere tausend Ziffernblattmalerinnen («Radium-Girls») wurden in den 20er-

Jahren sehr hohen, oft tödlichen Dosen ausgesetzt. Es gab fette Schlagzeilen und aufsehenerregende Prozesse. Immerhin wurden die betroffenen Arbeiterinnen relativ grosszügig entschädigt.

Die Euphorie

Kein Zweifel, die Menschen wussten um die Gefahren von hohen Dosen. Aber beim damals vorherrschenden Fortschrittsglauben fokussierte sich die Gesellschaft auf die positiven Seiten der Strahlung. Praktisch jede Universität forschte auf diesem Gebiet – und fand bei kleinen und mittleren Dosen überraschend viele positive Effekte wie Wachstumsförderung, Lebensverlängerung, Wundheilungen und Therapieerfolge bei Autoimmun- und Infektionskrankheiten. Die Folge war eine euphorische Einstellung zur Radioaktivität. Die Wirtschaft reagierte mit Übertreibungen[53], ähnlich wie heute bei den Vitaminen. So genoss man radioaktiv angereicherte Lebensmittel (wie Brot, Butter, Bier, Gebäck, Schokolade), reinigte die Zähne mit radioaktiver Zahnpasta und genehmigte sich dann eine radioaktive Zigarette. Eine grosse Anzahl radioaktiver Kosmetika und Medikamente erschien auf dem Markt. Eine Firma aus Paris warb für radioaktive Babywolle mit den Worten:

«Chacun connait les extraordinaires effets de stimulation organique, d'excitation cellulaire, transmis par le radium».

Dass Radium und allgemein radioaktive Strahlen in kleinen Dosen gesund sind, gehörte damals zum Allgemeinwissen.

Die Kurorte stritten sich, wer das radioaktivste Wasser hat; Werte bis über 50 000 Bq/l waren keine Seltenheit. Auf jeder Flasche Mineralwasser aus Lurisia stand:

«Abbiamo l'acqua piu radioattiva del mondo»[54].

Wir haben das radioaktivste Wasser der Welt. Zum Vergleich: Der heutige Grenzwert für Cs-137 im Trinkwasser liegt in Japan bei 10 Bq/l, in den USA bei 7,4 Bq/kg. Radiotoxisch sind die im Heilwasser vorhandenen Radionuklide (vor allem Radon) vergleichbar mit Cs-137. Eine teilweise uralte Erfahrung, aber auch neuere klinische Studien nach allen Regeln der Kunst belegen, dass «verseuchtes» Heilwasser besonders bei Autoimmunkrankheiten (z. B. Rheuma) positiv wirkt. In der ersten Hälfte des letzten Jahrhunderts waren die Menschen jedenfalls von den radioaktiven Quellen begeistert.

---

53 http://www.dissident-media.org/infonucleaire/radieux.html

54 https://www.10righe.org/images/com_segnalarivista/39-130.pdf

Der Absturz

Das Ende dieser positiven Einstellung kam in den 1960er-Jahren. Allerdings nicht aufgrund neuerer Erkenntnisse. Im Gegenteil: Die bisherige grosse Sorge, die Missbildungen, erwies sich als unbegründet. Trotzdem stiegen die Ängste vor der Strahlung rasant an. Das Horrorszenario eines nuklearen Weltkrieges mit einer «radioaktiven» Ausrottung der Menschheit spielte die Hauptrolle. Gleichzeitig verbreitete sich eine Technikfeindlichkeit – oder zumindest eine Technikskepsis. Entsprechend konzentrierte sich die Gesellschaft immer mehr auf die negativen Aspekte der Technik. Auch die Strahlung kam unter die Räder, man begann sich selbst vor den kleinsten Strahlendosen zu fürchten. Doch einige Wissenschaftler schwammen gegen den Strom.

6.2 Die Superdatenbank von Ed Calabrese

Bridgewater State College, Massachusetts, 1966. Im Rahmen eines Kurses über Pflanzenphysiologie bekam eine Gruppe von Studenten die Aufgabe, die Wirkung eines starken Herbizids (Phosfon) auf Pfefferminzpflanzen zu studieren. Sie besprühten einen Teil der Pflanzen damit. Doch statt einzugehen, wuchsen sie munter weiter, sogar 40 % kräftiger als die unbehandelten Genossen. Grosse Aufregung, doch dann stellte sich heraus, dass das Mittel irrtümlicherweise viel zu stark verdünnt wurde. Einer der Studierenden, Edward J. Calabrese, war von diesem Experiment nachhaltig beeindruckt. Viele Jahre später wurde er als Professor für Toxikologie an die renommierte Universität von Massachusetts/Amherst berufen. Mit seinem Institut startete er eine systematische Erfassung und Auswertung sämtlicher toxikologischer Arbeiten im Bereich kleiner Dosen[55]. Seine Datenbank umfasst schliesslich gut 10 000 wissenschaftliche Beobachtungen von Hormesis-Effekten. «Hormesis» ist der Fachausdruck für eine «verkehrte», d. h. gesundheitlich positive Wirkung eines Giftes oder einer schädlichen Einwirkung bei kleinen Dosen. Hormesis darf nicht mit Homöopathie verwechselt werden, bei dieser ist die Verdünnung extrem gross, meistens ist kein Wirkstoff mehr vorhanden.

55 https://pubmed.ncbi.nlm.nih.gov/21699952/

Etwas Gift tut gut

Dr. Theophrastus Bombastus Aureolus Philippus von Hohenheim, genannt Paracelsus, war der berühmteste Arzt des 16. Jahrhunderts. Er heilte mit kleinen Giftdosen, unter anderem mit Quecksilber und Arsen. Seine Erfolge waren legendär. 500 Jahre später identifizierte Calabrese etwa 900 Giftstoffe mit Hormesis-Reaktionen. Die Liste enthält garstige Substanzen wie Arsen, Quecksilber, Cadmium, Dioxin, Asbest, PCB und Pestizide (auch DDT). Zudem qualifizierten sich auch über 1600 Fälle mit Röntgen- und radioaktiven Strahlen für die Hormesis-Datenbank. Hormesis wurde bei vielen Lebewesen beobachtet: Bakterien, Pilze, Pflanzen, Insekten, Fische, Vögel, Mäuse, andere Säugetiere und auch bei Menschen. Die positiven Effekte betrafen Krebs und andere Pathologien, ferner Lebensdauer, Wachstumsraten und eine ganze Reihe von immunologischen, metabolischen und molekularbiologischen Reaktionen. Die Schlussfolgerung von Calabrese:

»The findings reveal that the most common and fundamental dose response relationship is the hormetic dose response which is characterized by a low dose stimulation and a high dose inhibition».

Kurz und bündig: Kleine Dosen sind gut, grosse schlecht.

Ed Calabrese ist ohne Zweifel ein äusserst gewissenhafter Forscher. Ich hatte die Ehre, ihn mehrfach zu treffen und habe noch kürzlich mit ihm korrespondiert.

Wie «funktioniert» Hormesis?

Man kann Hormesis so interpretieren: Sie ist eine Antwort biologischer Systeme auf kleine Gleichgewichtsstörungen. Biologische Systeme befinden sich meist in einem Gleichgewichtszustand, der Homöostase. Unzählige Regelmechanismen sorgen dafür. Beim Menschen wird z. B. die Körpertemperatur sorgfältig geregelt, oder auch der pH-Wert des Blutes, die Elektrolytkonzentrationen und viele andere Parameter. In den Zellen kümmert sich eine Armee von Kontroll- und Reparaturrobotern um die DNA. Sie sorgen für ein Gleichgewicht zwischen den fortlaufend natürlich erzeugten Schäden und einer akzeptablen oder optimalen Mutationsrate. Die verschiedenen Regelmechanismen wirken auf der Ebene von Zellen, Geweben, Organen und ganzen Organismen.

Wird dieses Gleichgewicht gestört, z. B. durch einen Giftstoff, durch Mikroorganismen oder durch Strahlung, reagiert ein biologisches System oft mit einer Überkorrektur von 30 % bis 60 %. Das Gleichgewicht wird dadurch besonders schnell wieder hergestellt. Eine leichte Überreaktion ist auch prophylaktisch sinnvoll; als Vorsorge bei einem weiteren Anstieg der schädlichen Einwirkung.

Fig. 6-1 zeigt ein einfaches Hormesis-Modell. Der unmittelbare Schaden ist als rote Linie eingezeichnet, proportional zur Dosis. Die Reparaturrate ist beschränkt, bei sehr hohen Dosen bzw. Dosisraten kann der Schaden nur teilweise repariert werden (grüne Linie). Der springende Punkt: Die Natur produziert auch Schäden (Kap. 4 und 5). Bei einer Störung kann die Überreaktion der Reparatur auch einige dieser natürlichen Schäden eliminieren. Anhand von Fruchtfliegenstudien konnte dieser Effekt einwandfrei nachgewiesen werden, siehe weiter unten.

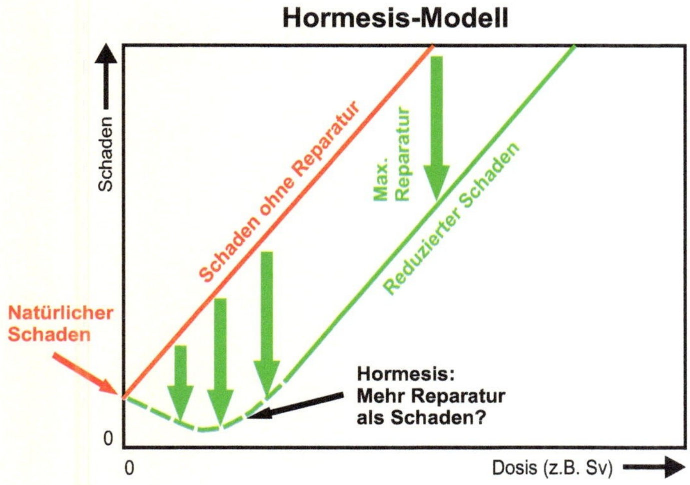

Figur 6-1: Reaktion eines biologischen Systems auf eine schädliche Einwirkung

Die Existenz von Hormesis muss man wohl akzeptieren. Die Calabrese-Datenbank ist umfassend und transparent, jeder Eintrag ist überprüfbar. Doch in unseren Köpfen, hart verdrahtet, ist ein Gift immer ein Gift, egal in welcher Dosis. Besonders bei Chemikalien und Strahlen künstlichen Ursprungs wehren wir uns mit Händen und Füssen, etwas anderes zu glauben. Ein irritierendes Beispiel: Kleine Pestizidmengen könnten gesund sein, also sollte man Gemüse und Früchte nicht waschen und sich über etwas Glyphosat- oder DDT-Rückstände freuen. Ketzerisch? Auf jeden Fall umstritten[56]. In Kapitel 14 kommen wir darauf zurück.

56 https://www.science.org/doi/10.1126/science.302.5644.376

Hiroshima, Nagasaki und die Hormesis

Radioaktive Strahlen in hohen Dosen verursachen Leukämien. Dies zeigt auch die methodisch beste Humanstatistik der 54 000 bestrahlten Überlebenden von Hiroshima und Nagasaki. Allerdings liegt die Leukämierate bei einer Schockdosis von etwa 200 mSv unter der von unbestrahlten Personen, wie in Figur 6-2 dargestellt. Ein statistischer Ausreisser? Vermutlich nicht, denn das gleiche Phänomen beobachtete man auch bei Tierstudien. 40 Jahre nach den Atombombenexplosionen zeigten sich ähnliche Effekte[57]. Die Krebsrate der mässig bestrahlten Opfer war niedriger als bei den nicht bestrahlten, das gleiche auch bei den Herz-Kreislauf-Todesfällen. Besonders ausgeprägt war der Effekt in Nagasaki, zumindest bis 1990: Die bestrahlten Überlebenden lebten deutlich länger.

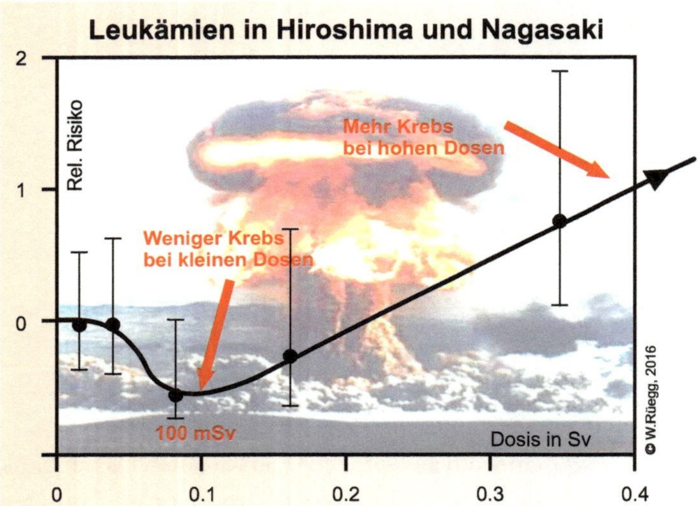

Figur 6-2: Risiko für Leukämie im unteren Dosisbereich

Welche Dosen und Dosisraten beim Menschen positive Effekte auslösen, ist nur grob bekannt, die Werte schwanken zwischen einigen Dutzend mSv und mehreren Hundert mSv. Humanstudien zeigen, wie im vorangehenden Kapitel dargelegt, ein wildes Durcheinander von Effekten, positive wie negative, viele mit zweifelhafter Aussagekraft. Kleine und mittlere Dosen haben nun mal keinen grossen Einfluss auf die Gesundheit, zudem ist die Strahlenempfindlichkeit individuell unterschiedlich.

57 Yukiko Shimizu et al, Radiation Research, Vol. 118, No. 3 (Jun., 1989), pp. 502–524. Kotaro Ozasa et al, Radiation Research 177, 229–243 (2012), Seite 239

6.3 Mäuse und Fruchtfliegen

Tierversuche sind viel aussagekräftiger als Humanstatistiken. Mit Tieren aus der gleichen Zucht können die genetischen Unterschiede minimiert werden. 95 % der Gene einer Maus haben ein entsprechendes Gegenstück beim Menschen. Hält man alle Tiere unter streng identischen Bedingungen, können auch kleine Effekte nachgewiesen werden. Dabei zeigen sich oft positive Wirkungen von kleinen Strahlendosen, wie längeres Leben oder weniger Krebs. Mittlerweile versteht man die Mechanismen, welche zu solch positiven Effekten führen, recht gut. Sie wirken auf verschiedenen Ebenen. So werden die Reparatur- und Eliminationsmechanismen auf Zellebene angekurbelt, aber auch die Immunantwort wird verstärkt. Diese Effekte zeigen sich besonders deutlich bei den adaptiven Bestrahlungen. Bestrahlt man Versuchstiere mit einer ersten, kleinen Dosis, und etwas später mit einer hohen Dosis, sind die Schäden wesentlich kleiner als ohne die erste Dosis. Die UNSCEAR, das UNO-Organ zu den Wirkungen von Strahlen, berichtet immer wieder über solche Resultate. Die Existenz von adaptiven Effekten ist weitgehend unbestritten.

Sehr interessant sind die Lebensverlängerungen von typisch 10–30 % bei Mäusen und anderen Nagern[58]. Auch neuere Experimente mit Dauerbestrahlungen oder Schockbestrahlungen im «Kindesalter» der Tiere berichten über ähnliche Lebensverlängerungen. Allerdings gibt es auch Studien mit Mäusen, die keine positiven Effekte zeigen[59]. Mit Sicherheit sind nicht alle Tiere gleich empfindlich. Bei einigen Studien wurde die optimale Dosis verpasst. Bei einer Schockdosis dürfte sie um 50 bis 100 mSv liegen (vereinzelt auch höher), bei einer Langzeitbestrahlung noch höher. Wie dem auch sei, die Existenz von lebensverlängernden und krebsunterdrückenden Effekten ist im unteren Dosisbereich nicht aus der Welt zu schaffen. Nicht nur bei Säugetieren.

Die Fruchtfliege, das Lieblingstier der Genetiker

Die Fruchtfliege ist kostengünstig, schnell zu vermehren und vor allem in grosser Anzahl untersuchbar – unumgänglich um kleine Effekte zu finden. Fruchtfliegen verhalfen H. Muller zum Nobelpreis und zur Formulierung der LNT-Hypothese, welche einen linearen Anstieg der Mutationen mit der erhaltenen Dosis postuliert. Doch genauere nachfolgende Studien zeigten konsistent, dass bei kleinen Dosen

58 https://pubmed.ncbi.nlm.nih.gov/11708212/ https://pubmed.ncbi.nlm.nih.gov/9693258/
59 Radiat Res 2003 Sep;160(3):376-9. doi: 10.1667/rr3042

die LNT-Hypothese versagt, siehe Figur 6-3. Anstatt anzusteigen, nahmen die Mutationen bei einer Bestrahlung von etwa 200 mGy oder mSv sogar auf ein Drittel ab. Erst über 1 Sv verursachte die Bestrahlung einen Schaden. Einer der profiliertesten Fruchtfliegen-Forscher, Alexey Moskalev, führte mit seinem Team viele Studien über die Folgen einer Bestrahlung durch[60]. Er konnte eine ganze Reihe von positiven Effekten finden.

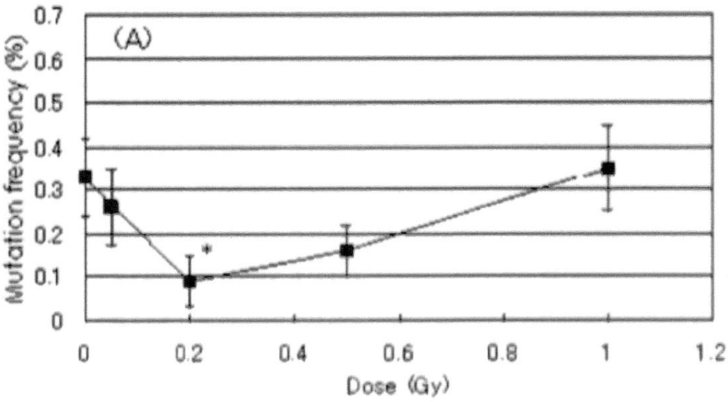

Figur 6-3: Mutationsrate von Fruchtfliegen sinkt bei Bestrahlungen unter 1 Sv. Koana and Tsujimura. Radiat Res. 2010; 174:46-51. © 2024 Radiation Research Society, with permission.

6.4 Mobilfunk verursacht Krebs – vielleicht

Mäuse und Ratten werden oft mit hochfrequenten Radiowellen geplagt. Denn seit Jahren tobt ein Streit darüber, ob Mobilfunkstrahlen schädlich sind oder nicht. Ein Grundproblem, ähnlich wie bei 50 Hz-Feldern, besteht darin, dass es – im Gegensatz zu radioaktiven Strahlen – keinen plausiblen biologischen Schadensmechanismus gibt. Ausser man greift zu extremen Feldstärken, in Richtung Mikrowellenofen, und heizt den Organismus auf. Wie bei den radioaktiven Strahlen herrscht auch bei den Mobilfunkstudien mit Menschen ein Durcheinander, manche sehen etwas, andere wiederum nichts. Ein Indiz, dass ein allfälliger Schaden sehr klein ist.

Mobilfunk verursacht Krebs. Zumindest verkündeten dies die Medien auf beiden Seiten des Atlantiks. Denn dies war die Schlussfolgerung der bisher grössten

60 Biogerontology 8(5):499-504, DOI:10.1007/s10522-007-9090-x

Studie darüber – mit Ratten. Die definitiven Ergebnisse der Studie, welche 25 Millionen Dollar kostete, wurden 2018 veröffentlicht[61]. Nimmt man sich die Mühe, die Arbeit durchzulesen (keine leichte Strandlektüre), so kommt man zu einem etwas differenzierteren Urteil. Die Tiere wurden lebenslang bestrahlt, beginnend im Mutterleib. Simuliert wurden 18 Stunden ununterbrochener Mobilfunkbenutzung pro Tag, im Sendebetrieb mit 6 W/kg Energieabgabe. Diese Intensität erwärmt den Körper um 1,5°C, ein Effekt wie in einem Mikrowellenofen. «Erlaubt» sind 0,08 W/kg (0,02 Grad Erwärmung).

Bereits als Embryo 18 Stunden pro Tag am Telefon zu hängen ist nicht gerade realistisch. Und bei 6 W/kg müsste das Telefon 420 W in den Körper eines Erwachsenen pumpen, mehrere Zehnerpotenzen mehr als ein kleines Gerät von sich geben kann. Trotz extremen Versuchsbedingungen registrierte man bis zum Tod der Tiere nichts Auffälliges. Erst als man sie sezierte, gab es ein kleines Erfolgserlebnis. Unter dem Mikroskop fand man bei den «hochbestrahlten» Tieren einige Tumorzellen mehr als bei den nicht bestrahlten. Allerdings nur bei einigen wenigen Prozent der männlichen Tiere, ohne statistische Signifikanz, während bei den weiblichen Tieren nichts Auffälliges festgestellt wurde.

Wer telefoniert, lebt länger

Doch die eigentliche Sensation war, dass die bestrahlten Tiere, besonders die männlichen, wesentlich länger lebten als die nicht bestrahlten – in Menschenjahre umgerechnet rund 10 Jahre. Die Schlagzeilen hätten lauten müssen: Mobilfunk verlängert das Leben. Im Artikel wird die Lebensverlängerung nur ganz nebenbei erwähnt.

Kleiner Nachtrag: Natürlich ist der Mobilfunk eine tödliche Gefahr. Einerseits für Fussgänger, die mit festem Blick auf ihr iPhone wie Zombies die Strasse überqueren. Andererseits sind laut einer Studie 7 % der Opfer von Verkehrsunfällen auf eine Ablenkung durch Telefongespräche zurückzuführen. Selbst bei nur 1 % wären es weltweit 12 000 Todesfälle, jährlich.

Menschen sind nicht Ratten. Trotzdem sind solche Studien die beste Möglichkeit, Einwirkungen von Stoffen und Strahlen auf Säugetiere zu studieren. Aus obiger Studie können wir immerhin den Schluss ziehen, dass unsere Medien einen hervorragenden Filter gegen gute Nachrichten installiert haben und einen Superverstärker für die Erzeugung von Ängsten.

61 https://www.biorxiv.org/content/10.1101/055699v3.full.pdf Figuren 3 und 4 zeigen die Lebensverlängerungen.

6.5 Was nun?

Bei Tierversuchen im unteren Dosisbereich wurden oft Hormesis-Effekte gefunden. Viele qualitativ gute Studien belegen es. Bei Menschen ist die Datenlage, zumindest bei den ionisierenden Strahlen, dünner und unsicherer, doch auch hier muss man akzeptieren, dass Hormesis vorkommen kann. Unter welchen Umständen und bei welchen Dosen und Dosisraten ist nur grob bekannt. Zudem ist die Strahlenempfindlichkeit starken individuellen Streuungen unterworfen. Da bei Tierversuchen mit Ganzkörperbestrahlung Krebsunterdrückungen eindeutig beobachtet wurden, sollte man zu klinischen Humanstudien übergehen, auch wenn eine solche Bestrahlung dem behördlichen LNT-Dogma diametral widerspricht. Einige wenige Krebstherapien wurden bisher durchgeführt, mit guten Resultaten[62]. Auch bei schweren Infektionskrankheiten scheinen Ganzkörperbestrahlungen positiv zu wirken.

Die Strahlenschutz- und Umweltbehörden ignorieren oder lehnen die Hormesis geschlossen ab. Denn Hormesis ist der Todfeind der LNT-Hypothese und ohne LNT wird die Gesetzgebung, wie schon mehrfach erwähnt, beliebig schwierig. Mein versöhnliches Schlusswort zu diesem Kapitel: Wer prinzipiell gegen Hormesis ist, kann ruhig diesen Glauben weiterhin pflegen. Das Hauptthema dieses Buches sind die unsinnigen Überschätzungen der Risiken von kleinen Dosen – mit oder ohne Hormesis.

Bevor wir zu den Strahlenschutzbehörden und den Grenzwerten übergehen, führen wir eine Exkursion in das Gebiet der Psychologie durch – vielleicht verstehen wir unser Angstzeitalter dann besser.

6.6 Zusammenfassung

Es ist kaum zu bestreiten, dass viele (alle?) Substanzen und Einwirkungen, welche bei hohen Dosen toxisch sind, bei kleinen Dosen die Gesundheit positiv beeinflussen können (Hormesis). Dies gilt auch für kleine Strahlendosen. Bei Versuchstieren können sie positive Effekte hervorrufen, wie weniger Krebs oder längeres Leben. Selbst die Hiroshima/Nagasaki-Daten zeigen teilweise einen solchen Effekt, andere Humanstudien weisen in die gleiche Richtung. Mittlerweile sind die bio-

62 https://www.ncbi.nlm.nih.gov/pmc/articles/PMC2657505/
https://scholarworks.umass.edu/cgi/viewcontent.cgi?article=1335&context=dose_response

logischen Mechanismen, welche zu solchen Effekten führen, recht gut verstanden. Allerdings gibt es noch viele offene Fragen, für die Regulierungsbehörden ein Grund, auf LNT zu beharren. Der andere: Ohne LNT wird die Regulierung sehr aufwendig. Gefühlsmässig stösst die Hormesis auf grosses Misstrauen, warum sollte ein Gift in kleinen Dosen plötzlich «gut» tun?

7 Psychologie und Ängste

Ängste sind überlebenswichtig. Sie zu schüren ist politisch unverzichtbar und wirtschaftlich ein Multi-Milliardengeschäft. Doch zu viel Angst ist ebenso gefährlich wie zu wenig.

7.1 Zum Glück ängstigen wir uns

Ohne Ängste gäbe es uns schon lange nicht mehr. Die Evolution hat uns Menschen mit genau der richtigen Dosis ausgestattet, zumindest für den Überlebenskampf in der Steinzeit. Zu wenig Angst, und die Säbelzahntiger hätten uns ausgerottet. Zu viel, und wir hätten uns nicht aus unserer Höhle getraut und wären verhungert.

Um Risiken einschätzen zu können, hat uns die Natur mit zwei Methoden ausgerüstet: die schnelle, intuitive Reaktion und die langsame, analytische Beurteilung. Die intuitive Reaktion ist eine Art «Bauchgefühl», Entscheidungen können auch bei sehr lückenhaften Informationen spontan und schnell getroffen werden. Denn wenn wir plötzlich vor einem Säbelzahntiger stehen, reicht die Zeit nicht für eine gründliche Analyse. Wir müssen sofort entscheiden: Wegrennen, auf einen Baum klettern, sich totstellen oder kämpfen? Der Psychologe nennt solch superschnelle Entscheidungsprozesse «Heuristiken». Heuristiken nützen uns selbst dann, wenn wir genügend Zeit hätten nachzudenken. Denn Denken ist anstrengend. Also versuchen wir den Denkprozess abzukürzen. Manchmal liegen wir dabei richtig, oft aber auch falsch. Denn die Welt um uns herum ist heute kompliziert geworden, oft zu kompliziert für ein einfaches Steinzeit-Bauchgefühl.

Muster überall, auch wo keine sind

Ebenfalls evolutionär optimiert ist unsere Gabe, Muster und Korrelationen zu erkennen. Es raschelt im Gebüsch. Der Wind oder ein hungriger Säbelzahntiger? Individuen mit schlechter Mustererkennung verschwanden schnell von der Bildfläche. Diese Selektion führt dazu, dass wir ständig nach Mustern suchen und alles Mögliche zu finden glauben. Auch Zusammenhänge, die es gar nicht gibt.

Wir sind Herdentiere

Der Mensch ist ein Herdentier. Äusserst wichtig für das Überleben in einer Welt mit Raubtieren, auf dessen Speiseplan wir standen. Denn eine grosse Herde hat mehr Augen, Ohren und Nasen als ein einzelnes Individuum. Entdeckt ein Mitglied eine Gefahr, kann es die ganze Gruppe warnen. Oft entsteht dann eine Massenpanik, alle versuchen zu fliehen. Dieser Herdentrieb ist auch heute noch in uns. Meinungen sind ebenso ansteckend wie eine Fluchtreaktion. Man orientiert sich an der Mehrheit, vertreten durch die Medien, den heutigen Leitkühen. Das Resultat sind oft kollektive, sich selbst verstärkende Ängste, im Extremfall eine Massenpanik. Solche Massenbewegungen lassen sich mit Sachlichkeit alleine nicht stoppen, zumindest nicht sofort. Die Orientierung an anderen Menschen wird stärker gewichtet als die Fakten[63].

63 Gut beschrieben in: https://www.youtube.com/watch?v=bCAhKGhYzho

Kulturelle Ängste

Ein Teil der Ängste ist angeboren, viele aber auch anerzogen. Zu den angeborenen Ängsten gehört z. B. die Aversion gegenüber sehr bitteren oder übelriechenden Substanzen. Heute dominieren die kulturellen Giftvorstellungen. So glauben die meisten Menschen, dass die Produkte der chemischen Industrie «unnatürlich» und somit ungesund oder giftig sind. Eine Reaktion auf die vielen Chemieskandale und -katastrophen, auf die Giftgaseinsätze (im Ersten Weltkrieg) und auf die Umweltverschmutzungen. Aber es ist eine gefährliche Illusion, die Natur für harmlos zu halten. Die Natur stellt immer noch Substanzen her, die wesentlich toxischer sind als unsere stärksten künstlichen Giftstoffe, inklusive aller radioaktiven. Und grosse, systematische Untersuchungen zeigen, dass es betreffend Krebsgefahr keinen Unterschied gibt zwischen natürlichen und künstlichen Chemikalien (mehr darüber in Kapitel 14).

Zu viel Angst ist ungesund

Ist zu viel Angst nicht besser als zu wenig? Nicht unbedingt, denn Angst kann auch negative Auswirkungen auf die Gesundheit haben: Bei starker Angst wird unter anderem das Stresshormon Cortisol vermehrt ausgeschüttet. Ein kurzer Schub ist wohl harmlos, vielleicht sogar gut. Aber wenn Angst und Stress zu lange andauern, hat dies negative Folgen: Zu viel Cortisol hemmt die Immunabwehr, man ist gegenüber Infektionskrankheiten anfälliger, die Krebsrate erhöht sich[64]. Eine grosse Metaanalyse mit mehr als 160 000 Menschen stellte bei starkem Stress eine gut 30 % höhere Krebsrate fest[65].

Noch schlimmer: Angst und Stress können via Epigenetik auch auf die Nachkommen vererbt werden, zusammen mit den damit verbundenen negativen Effekten. Ein weiteres Problem: Sie lähmen und demotivieren. Warum vorsorgen für den Fall eines Nuklearkrieges, wir sterben dann ohnehin alle.

Der Nocebo-Effekt

Der Nocebo-Effekt ist die böse Schwester des Placebo-Effektes: Schon die blosse Einbildung einer Einwirkung kann bei vielen Menschen zu echten negativen Gesundheitseffekten führen. Ein wunderschönes Beispiel dazu fand am 4. September 2012 statt, im grössten Briefverteilerzentrum der Schweiz: Aus einem Couvert

64 Grosser Übersichtsartikel: https://www.frontiersin.org/articles/10.3389/fphys.2023.1119095/full
65 https://www.bmj.com/content/356/bmj.j108

rieselte ein weisses Pulver heraus. Ein Anschlag mit tödlichen Milzbrandsporen? Das Gebäude wurde sofort notfallmässig evakuiert. Die Rettungsdienste starteten einen Grosseinsatz. Von den etwa 200 Beschäftigten mussten 34 Personen hospitalisiert werden. Sie zeigten starke Vergiftungssymptome: Husten, Kopfschmerzen, Erbrechen, Reizung der Atemwege. Drei Stunden später konnte Entwarnung gegeben werden; das Pulver stellte sich als harmlose Stärke heraus. Die Angst, nicht ein Giftstoff, hat die Symptome ausgelöst.

Ein beliebtes Feld für Nocebo-Effekte stellen Strahlen aller Art dar, besonders der überall vorhandene Elektrosmog, ausgelöst von Mobilfunkstrahlen, WLAN oder von Stromleitungen. In einer viel beachteten Doppelblind-Studie der Universität Essex[66] wurden 44 Probanden im Labor einem besonders starken Elektrosmog ausgesetzt. Das Besondere an diesen Probanden: Sie hielten sich alle für stark strahlenempfindlich. In der Tat berichteten sie über Übelkeit, Kopfschmerzen oder grippeähnliche Symptome – bei ausgeschaltetem Sender. Bei 12 Personen waren die Beschwerden so heftig, dass der Test vorzeitig beendet werden musste. Elektrosmog wirkt auch ohne Elektrosmog.

Studien zeigen, dass bei etwa einem Viertel der Menschen eine eingebildete Einwirkung genügt, um mehr oder weniger schwere negative gesundheitliche Effekte auszulösen, sie können auch tödlich enden. Bei den radioaktiven Strahlen dürfte der Nocebo-Effekt besonders stark wirken. Denn die meisten Menschen überschätzen heute die Gefahren von radioaktiven Strahlen Millionen- und Milliardenfach (mehr darüber weiter unten). Die Folge: Ängste und Stresslevel erhöht sich bei einem Teil der Betroffenen, z. B. in der Umgebung von Kernkraftwerken – mit möglichen negativen Auswirkungen auf ihre Gesundheit. Statistische Analysen könnten davon auch beeinflusst werden (Tschernobyl, Atombombenopfer).

7.2 Unser Angstzeitalter

Die Evolution hat uns nicht auf die Technik vorbereitet. Im Gegenteil, alles Neue wird zunächst einmal mit Gefahr assoziiert. Erst wenn die Vorteile offensichtlich überwiegen, sind wir bereit, etwas Neues zu akzeptieren. Es begann schon mit dem Feuer. Unsere Vorfahren benötigten rund 1 Million Jahre, um etwas derart Revolu-

66 https://ehp.niehs.nih.gov/doi/10.1289/ehp.10286

tionäres auf breiter Basis zu akzeptieren. Denn die Risiken waren gross: Das Feuer zerstört und tötet, verursacht grauenhafte Wunden und fürchterliche Schmerzen, ist unnatürlich und nicht beherrschbar – den Höllenmächten vorbehalten. Doch mit der Zeit realisierte man, dass die Vorteile überwiegen: Das Feuer liefert auch Licht, Wärme, Schutz vor wilden Tieren und gekochte Nahrung, später auch Ackerland (Rodungen), Energie, Metalle und unendlich viele technische Anwendungen.

Neue Technologien hatten es nicht immer einfach. Doch zwischen 1800 und 1960 galten Wissenschaft und Technik in den Industriestaaten als Fundament für einen rasant wachsenden Wohlstand und eine noch nie dagewesene Lebensqualität. Maschinen erledigten schwere, gefährliche oder langweilige Arbeiten. Die grösste Geissel der Menschheit, die Infektionskrankheiten, konnte endlich besiegt werden. Fliessendes Wasser und eine Kanalisation wurden selbstverständlich, wie auch elektrisches Licht, Telefon, Radio, Fernseher, Waschmaschine, Kühlschrank, Gas- oder Elektroherd und schnelle Transportmittel. Dank der Automatisation konnte die Arbeitszeit halbiert werden. Die Lebensdauer verdoppelte sich, die weltweite Armutsrate (weniger als 2$/Tag) sank von 90 % auf 10 %. Der Wissenschaft und Technik sei's gedankt.

Technikfeindlichkeit

Dann kamen die 60er- und 70er-Jahre. In den westlichen Industrieländern verflachte sich das gewaltige Wohlstandswachstum. Die Abflachung hatte zwar nichts mit Wissenschaft und Technik zu tun, trotzdem schlug die bisher positive Einstellung in eine negative um. Zugleich haben Politik, Behörden, Interessenverbände, Medien und Teile der Wirtschaft wieder einmal entdeckt, dass die Bewirtschaftung der Angst mehr Macht, Aufmerksamkeit, Wählerstimmen und Umsatz bringt als positive Botschaften. Bereits 1975 hervorragend beschrieben im Buch: «Das Geschäft mit dem Pessimismus» von Prof. Helmut Schoeck. Ein weiterer Grund mag sein, dass immer mehr Menschen die moderne Wissenschaft und Technik nicht «verstehen» und den Fachleuten misstrauen. Hat unser Bildungssystem versagt? Die Menschen sollten zumindest über einige Grundkenntnisse von Wissenschaft und Technik verfügen, damit sie nicht Rattenfängern auf den Leim gehen. Sehr gut und humorvoll beschrieben im Buch: «Denken Sie selbst! Sonst tun es andere für Sie» von Vince Ebert.

Und so befinden wir uns heute mitten in einer Eskalationsspirale der Ängste: Klimaerwärmung, Feinstaub, saurer Regen, Ozon, Herbizide, Insektizide, Fungizide, Gifte wohin man sieht, Nahrungsmittelzusätze, Bakterien, Viren, Prionen, Rinderwahn, Vogelgrippe, Genmanipulationen, Waldsterben, Artensterben, Überfischung, Umweltverschmutzung, Radon, radioaktiver Fallout, Kernkraftwerke, radioaktive Abfälle, Elektrosmog, Nanopartikel, Weichmacher, Plastikmüll, usw., die Liste ist endlos. Ein Wunder, dass wir überhaupt noch am Leben sind – und ein noch grösseres Wunder, dass wir immer länger leben. Dank einer gewaltigen Forschung werden fortlaufend neue Risiken entdeckt. Die Folge: Ein Tsunami von immer mehr Vorschriften, Gesetzen, Verordnungen, Verboten, Geboten, Dekrete, Grenz- und Regulierungswerten. Man kann es auch positiv sehen: Eine lange Liste weist darauf hin, dass wir in der glücklichen Lage sind, uns auf eine Unmenge kleiner, kleinster und hypothetischer Risiken konzentrieren zu können. Die Grossen haben wir eliminiert, sonst würden wir nicht doppelt so lange leben wie noch vor 200 Jahren.

7.3 The German Angst

Deutschland gilt bei den Angelsachsen als das Land mit den grössten Ängsten. Typisches Beispiel: Angst vor dem Waldsterben («zuerst stirbt der Wald, dann wir»). Hat zwar nicht stattgefunden, dafür ist das Wort «Waldsterben» in den angelsächsischen Sprachraum eingegangen, mit einem leicht spöttischen Unterton. Besonders ausgeprägt ist in Deutschland die Angst vor der Radioaktivität. Diese führte zur stärksten Reaktion aller Länder auf die Reaktor-Katastrophe von Fukushima. Die Energiewende wird, aus Angst vor dem Klimawandel und vor Atomkatastrophen, in keinem Land der Welt so energisch vorangetrieben wie in Deutschland. Das Wort «Energiewende» wurde ebenfalls in den angelsächsischen Sprachraum exportiert, ein schlechtes Vorzeichen? Jedenfalls sind die CO_2-Emissionen immer noch beträchtlich, dafür sind die Energiepreise auf Rekordhöhe. Weitere Beispiele der «German Angst» betreffen die panischen Ängste gegenüber genmodifizierten Pflanzen oder gegenüber winzigsten Mengen Pestizide. Den bisherigen Garanten des Wohlstandes – Technik und Wissenschaft – misstraut man in Deutschland besonders stark. Vince Ebert, Physiker und Wissenschaftskabarettist[67], bringt es auf den Punkt:

67 https://jungle.world/artikel/2015/12/51637.html

«Wir Deutschen sind in puncto Technik- und Wissenschaftsfeindlichkeit schon Marktführer. Wir fürchten uns vor Fracking, vor Gentechnik, vor Stammzellenforschung, Elektrosmog und Pestiziden. So eine Stimmung vor 500 000 Jahren und die Sache mit dem Feuer wäre bei uns nie genehmigt worden.»

Eine ausgeprägte Angstkultur kann man bei Nationen, welche durch Kriege gelitten haben, gut verstehen. Aber warum haben die Japaner, mit einer vergleichbaren Zerstörung und von zwei Atombomben heimgesucht, nicht eine ähnliche grosse Angstkultur entwickelt? Parteien wie die Grünen, welche vor allem mit Ängsten operieren, sind in Japan bedeutungslos. Trotz Hiroshima, Nagasaki und Fukushima wird die Kernkraft langsam hochgefahren, nachdem man die Reaktoren auf den neuesten Sicherheitsstandard nachgerüstet hat – mit Tsunami-Mauern bis zu 22 m Höhe. Ende 2023 sind 12 Atomkraftwerke wieder im Betrieb, sie produzieren etwa 10 % des Strombedarfs. Ein Ausbau auf 20 % bis 2030 ist geplant.

Traumatische Erlebnisse – epigenetische Brandzeichen

Was sind die Gründe für die Ängste der Deutschen? Merken sie, dass es ihnen vergleichsweise fast zu gut geht und haben Angst, diesen Zustand zu verlieren? Auf die Verlustaversionen gehen wir weiter unten ein. Oder ist es die geschichtliche Erfahrung? Deutschland wurde im letzten Jahrhundert von grossen Krisen durchgeschüttelt: Erster Weltkrieg, Wirtschaftskrise, Zweiter Weltkrieg, Hungersnot in den Nachkriegsjahren. 1923 und 1948 verloren die Bürger praktisch all ihr Geld. Besonders der Zweite Weltkrieg war mit schrecklichen Erfahrungen verbunden, sowohl auf dem Schlachtfeld, in Gefangenenlagern als auch in den Städten. Wer die Bombernächte in einem Keller erlebt hat, vergisst dies nie mehr: Die Luft dröhnte vom Geräusch von hunderten anfliegenden Bombern, und dann die immer näherkommenden Erschütterungen der Einschläge. Todesängste machten sich breit. Solche traumatischen Erlebnisse sind generationenübergreifend, sie werden durch epigenetische Effekte vererbt. Sind die Nachwirkungen von solchen Kriegserfahrungen der Grund für ein übersteigertes Sicherheitsbedürfnis, für die «German Angst»? Und nach dem Krieg war das Leben nicht viel besser, zumindest in den darauffolgenden drei Jahren[68]: Bei einer Lebensmittelrationierung mit 1100 Kalorien (2000 wären normal) war Hunger der Dauerzustand. Im äusserst strengen Winter 1946/47 musste man in den grossen Städten mit 700–800 Kalorien auskommen.

68 NZZ, 2018-06-15, S29.

Ein Arbeiter verdiente 1948 um 220 Reichsmark im Monat (falls er überhaupt eine Stelle fand), doch ein Pfund Butter kostete auf dem Schwarzmarkt 250 Reichsmark. Die Lage verbesserte sich schlagartig mit der Währungsreform, doch der Preis war hoch: Für 100 Reichsmark bekam man gerade mal 6,50 D-Mark. Solche einschneidenden Erfahrungen prägen die nächsten 2–3 Generationen; sie führten wohl zur «German Angst».

7.4 Psychologie unseres Denkens und Handelns

Wir sind auf dem Mond gelandet. Ein Inuit in Alaska kann problemlos mit einem Hirten in Tasmanien telefonieren. Wir fliegen in 600-plätzigen Flugzeugen von einem Kontinent zum anderen und treffen den Zielflughafen bei Nacht und Nebel auf Meter genau. All dies verdanken wir unserem rationalen Denkvermögen. Aber im Alltag dominiert das nicht-rationale Denken und Handeln. Davon handeln die nächsten Abschnitte.

Die Verlustaversion

Wer viel hat, hat auch viel zu verlieren. Ein dankbares Forschungsgebiet für Psychologen und Verhaltensforscher, Nobelpreise liegen auch drin (Daniel Kahneman, Richard Thaler). Mit Hilfe vieler Tests fanden diese Herren heraus, dass ein Verlust von 10 $ viel mehr schmerzt als ein Gewinn von 10 $ freut – die klassische Verlustaversion. Andere Tests zeigen, dass mit zunehmendem Alter die Verlustaversion steigt und man mit steigendem Bildungsniveau Risiken mehr scheut.

Die Verlustaversion führt dazu, dass man sich in Entscheidungssituationen oft irrational verhält. Selbst rein hypothetische Nachteile werden sehr hoch bewertet, der Nutzen oft verdrängt. Das Vorsorgeprinzip ist ein (un)schönes Beispiel dafür. Aber auch die fanatische Bekämpfung elektromagnetischer Felder, ionisierender Strahlen, Kunstdünger, Pestizide, Genmanipulationen und anderes mehr. Was vergessen geht: Jede dieser «Gefahren» hat Millionen das Leben gerettet.

Bei «verteilten» Katastrophen reagieren wir irrational

Am 13. März 2012 ereignete sich in der Schweiz ein fürchterlicher Verkehrsunfall. Ein Reisebus prallte in einem Tunnel mit voller Geschwindigkeit in eine Wand. 22 belgische und niederländische Kinder kamen ums Leben. In Belgien und den Niederlanden wurde am 16. März ein nationaler Trauertag abgehalten. Staatsoberhäupter legten Kränze nieder und kondolierten; auch der Papst. Der Medienrummel war gewaltig. Drei Jahre nach der Katastrophe wurde ein Denkmal eingeweiht.

Diese Reaktionen sind verständlich, denn das schrecklichste Erlebnis für Eltern ist der Verlust eines Kindes. Aber Tag für Tag sterben weltweit gemäss UNICEF rund 500 Kinder bei Verkehrsunfällen – ohne Staatstrauer, Fahnen auf halbmast, Medienrummel und Denkmal. Wieso nehmen wir selbst eine grosse Anzahl «verteilter» Todesopfer viel weniger wahr als wenige, aber gleichzeitig erfolgte? So sterben weltweit jährlich etwa 7 Millionen Menschen an der Luftverschmutzung, etwa 1,2 Millionen im Strassenverkehr, rund 1 Million an Vergiftungen. Stumpft uns der stete Strom von negativen Nachrichten ab? Wie dem auch sei, dieses Verhalten ist weitverbreitet. Und so kommt es, dass wir uns vor einem Kernkraftwerk-Unfall viel stärker fürchten als vor den verteilten Todesfällen der fossilen Stromerzeugung, obwohl letztere über 100-mal mehr Todesopfer forderten. Dieses Verhalten ist nicht unproblematisch, es lenkt von den wirklichen Risiken ab.

Der Dunning-Kruger-Effekt

Bei Umfragen bezeichnet sich die Mehrheit der Automobilisten als überdurchschnittlich gute Fahrer. Eine solche Selbstüberschätzung wird Dunning-Kruger-Effekt genannt. Damit wird die Neigung von Menschen bezeichnet, das eigene Können und Wissen zu überschätzen und die Kompetenz anderer zu unterschätzen. Man kann es auch so formulieren: Wenn jemand inkompetent ist, dann kann er nicht wissen, dass er inkompetent ist. Etwas direkter formuliert: Je dümmer der Typ, umso weniger merkt er es. Sehr treffend bringt es Konfuzius, der grosse chinesische Philosoph, zum Ausdruck:

«Dummheit ist nicht wenig wissen, auch nicht wenig wissen wollen, Dummheit ist glauben, genug zu wissen.»

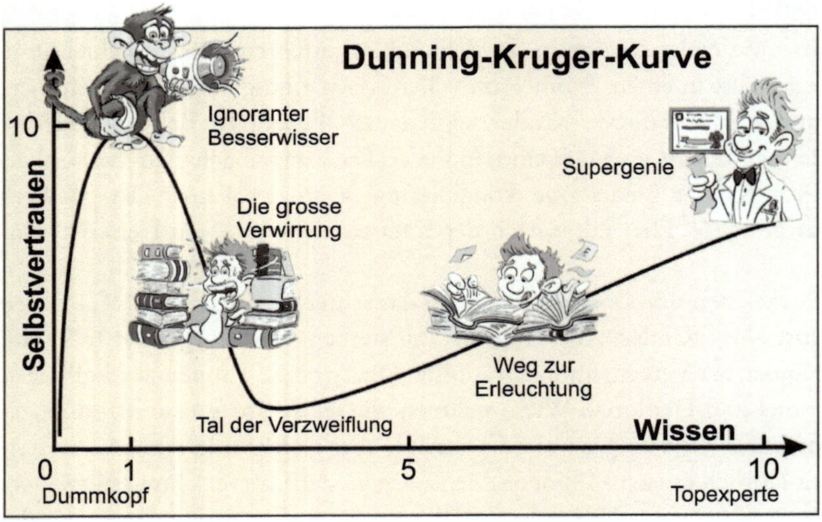

Figur 7-1: Erweiterte Dunning-Kruger-Kurve. Links «glaubt» man, rechts «weiss» man, in der Mitte «vermutet» man

Dunning und Kruger haben folgendes interessantes Experiment durchgeführt: Eine Gruppe Testpersonen wurde einem Wissenstest unterzogen. Anschliessend musste man schätzen, wie gut man abgeschnitten hat. Das Resultat: Je schlechter man abgeschnitten hatte, desto stärker überschätzte man das eigene Können. Es ist offenbar schwer, den Grad der eigenen Inkompetenz zu erkennen. Deshalb gilt: Je aggressiver und selbstbewusster eine Meinung vertreten wird, desto eher liegt der Verkünder im Diagramm der Figur 7-1 bei den Koordinaten 1,10. Und desto eher ist ein gewisses Misstrauen angebracht. Im Gegensatz zu früher ist es heute einfacher, sich über das Internet oder ChatGPT genauer zu informieren – wenn man über Zeit, Lust und eine gewisse Grundausbildung[69] verfügt. Dabei darf man nicht in die Falle des Bestätigungsfehlers treten.

Der Bestätigungsfehler und die kognitive Dissonanz

Lassen Sie sich nicht von diesen Fachbegriffen verwirren, es handelt sich um alltägliche Verhaltensweisen. Der Bestätigungsfehler ist die Neigung, Informationen so auszuwählen und zu interpretieren, dass sie die eigene Meinung bestätigen. Der Bestätigungsfehler hat damit zu tun, dass wir uns wohlfühlen, wenn wir recht haben.

69 Sehr empfehlenswert: https://www.gapminder.org

Umgekehrt erzeugen zwei Kognitionen (Wahrnehmungen, Absichten), die im Widerspruch zueinanderstehen, ein unangenehmes Gefühl, eine Dissonanz. Wir sind bestrebt, kognitive Dissonanzen möglichst schnell aufzulösen. Dafür haben wir ein ganzes Arsenal von Mitteln entwickelt. So sind wir wahre Meister im Ignorieren der weniger genehmen Kognition. Oder wir werten sie so ab, dass sie keine Bedeutung hat. Oder man interpretiert sie um. Ein treffendes Beispiel dafür liefert die Fabel vom Fuchs und den Trauben. Der Fuchs sieht reife Trauben, das Wasser läuft ihm im Mund zusammen (erste Kognition). Aber sie hängen zu hoch (zweite Kognition). Eine ärgerliche Dissonanz. Er löst sie, indem er die erste Kognition umbiegt: Die Trauben sind sicher sauer. Beide Kognitionen ergeben jetzt das gleiche: keine Mahlzeit. In unserem Alltag wimmelt es nur so von kognitiven Dissonanzen. Ein Raucher hört immer wieder, dass Rauchen ungesund ist, argumentiert aber: Helmut Schmidt, lebenslang ein sehr starker Raucher, wurde 97 Jahre alt, also kann es nicht so schädlich sein.

Haben wir einmal eine Meinung gefasst, hängen wir stark daran. Alle neuen Informationen, die dazu im Widerspruch stehen, werden ignoriert oder abgewertet: Die Quelle ist unglaubwürdig, der Autor lügt, ist dumm, wurde «gekauft», das Ergebnis ist ein statistischer Ausreisser, der Zusammenhang ist falsch. Man kann Dissonanzen, die durch neue Fakten ausgelöst werden, auch eliminieren, indem man seine vorgefasste Meinung ändert. Dies sollte das Verhalten eines Wissenschaftlers sein[70]. Aber so einfach ist es nicht. Denn möglicherweise versiegen bei einer faktisch richtigen, aber politisch nicht korrekten Meinung die Forschungsgelder, oder man verliert sogar seine Stelle.

Sehr schwer ist ein Meinungsumschwung bei Menschen, welche fast religiös etwas «glauben», Anhänger einer Ideologie sind. Über die Grundprinzipien einer Ideologie zu streiten, ist faktisch unmöglich. Glauben beruht nicht auf Fakten und kann deshalb nur schwer mit Fakten bekämpft werden.

7.5 Strahlendes Unwissen

«*Stellt man sich eine Minute neben ein Gramm Plutonium, so stirbt man*».

So zu lesen im Spiegel, 28/2008, Seite 28. Ja, irgendwann stirbt man, aber nicht wegen des Plutoniums. Besonders Pu-239 – geeignet für Bomben und Reaktoren –

70 Auch ich behalte mir ausdrücklich das Recht vor, meine Meinung zu ändern. Auch ich kann mich irren oder nicht alle wichtigen Fakten kennen.

hat einen miserablen Ruf. Pu-239 ist ein starker Alpha-Strahler, doch in der Luft kommen die Teilchen höchstens 5 cm weit. Gammastrahlen werden nur bei 0,05 % der Plutonium-Zerfälle ausgestrahlt, zudem sind sie sehr schwach auf der Brust (zu 98 % unter 53 keV). Der grösste Teil wird schon in der Quelle absorbiert. Eine grobe Abschätzung des Spiegel-Szenarios ergibt eine Dosis von rund 10 nSv (1 nSv = 0,000 000 001 Sv). Zum Vergleich: Die natürliche Strahlung beglückt uns mit etwa 300 nSv pro Stunde (intern und extern) und im Laufe des Lebens mit 200 000 000 nSv, die tödliche Dosis beträgt etwa 5 000 000 000 nSv. Der Spiegel überschätzt die Gefahr um 500 Millionen. Die Wahrscheinlichkeit, im Laufe eines Jahres von einem Meteoriten getötet zu werden, ist grösser.

Zur Ehrenrettung des schlechten Rufes von Plutonium: Dringen ultrafeine Plutonium-Partikel tief in die Lunge hinein, können auch wenige Mikrogramm Unheil anrichten (zumindest unter Benutzung der LNT-Hypothese). Sie bombardieren die Lungenbläschen mit Alphateilchen (Gefahr von Lungenkrebs) zudem gelingt dem Plutonium das Eindringen in die Blutbahn leichter, es kann sich in den Knochen ablagern und bei hohen Dosen Knochenkrebs auslösen. «Normale» Staub-Partikel hingegen, sowie die orale Einnahme, stellen nur eine relativ kleine Gefahr dar. Rund 1 Gramm Pu-239 dürfte eine tödliche Dosis darstellen. Typische Giftstoffe wie Arsen, Strychnin oder Zyankali sind toxischer.

Die Umfragen

Aussagen wie im Spiegel-Artikel findet man in den Medien oft. Und so kommt es, dass die meisten Menschen glauben, die Radioaktivität sei einzigartig gefährlich. Um diesen Glauben zu quantifizieren, habe ich, unter Benutzung des Spiegelszenario und mithilfe von Kollegen, eine (nicht repräsentative) Umfrage in drei europäischen Ländern durchgeführt. Die Opfer waren Studenten von technischen Hochschulen sowie Erwachsene, meist Akademiker. Auf die Frage, wie lange es dauert, bis man von einem Gramm Plutonium in einem Meter Abstand eine tödliche Dosis erhalten hat, standen folgende Antworten zur Wahl:

1. Sofort (< 1/1000 s)
2. 1 s
3. 1000 s
4. 2 Wochen
5. kein Schaden möglich/nachweisbar (richtige Antwort)

Die Resultate sind in Figur 7–2 ersichtlich, die Fehlerbalken zeigen eine Standard-Abweichung:

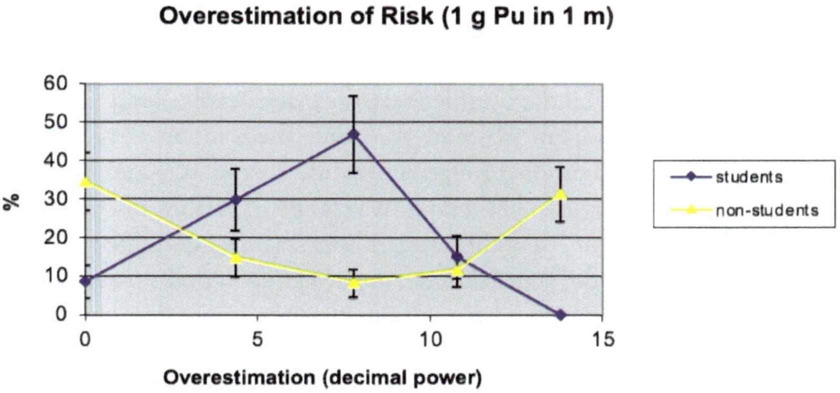

Figur 7-2 Umfrage über das Risiko von einem Gramm Plutonium in einem Meter Abstand

Die horizontale Achse zeigt die Zehnerpotenz (10 bedeutet eine Überschätzung von 10^{10} = 10 000 000 000). Das Risiko wurde grösstenteils millionen- bis milliardenfach überschätzt. Die Studenten zeigten eine Vorliebe für eine rund 10-millionenfache Überschätzung mit relativ wenigen Extrem-Antworten, während bei den Erwachsenen kaum ein «Mittelmass» vorkam. Entweder lagen sie katastrophal daneben (bis 10 000 Milliarden!) oder sie schätzten das Risiko durchaus realistisch ein (viele Physiker unter den Befragten). Schon erstaunlich: Wie können gescheite Menschen ein Risiko um irrwitzige 10 000 Milliarden überschätzen? Die moderne Risikoforschung zeigt, dass «normale» Risiken, wie z. B. Strassenunfälle, ordentlich genau geschätzt werden (tendenziell zwar etwas unterschätzt, aber kaum mehr als Faktor 10), dafür werden seltenere Risiken eher etwas überschätzt (z. B. Gefahr vor seltenen Erkrankungen), aber auch kaum mehr als ein Faktor 10. Doch bei den radioaktiven Strahlen hat man jedes Mass verloren. Eine groteske Situation: Über radioaktive Strahlen wird im Zusammenhang mit Kernkraft, nuklearen Abfällen oder Atombomben fast täglich berichtet und gewarnt, aber man schätzt sie milliardenfach falsch ein. Ein katastrophales Versagen des Bildungswesens und der Risikokommunikation von Behörden und Medien bzw. eine Glanzleistung der Kernkraftgegner. Wir befinden uns mitten in einer ausgewachsenen Massenradiophobie – so irrational wie der Hexenglaube vor nicht allzu langer Zeit.

Der Tod kommt mit Überlichtgeschwindigkeit

Weitere Umfragen führte die Wochenzeitung «Weltwoche»[71] durch. In ihrem Auftrag befragte das Meinungsforschungsinstitut Demoscope zwischen dem 20. und 25. August 2012 insgesamt 1005 Personen in der Deutsch- und Westschweiz. Die erste Frage betraf das Reaktorunglück in Tschernobyl. Cäsium-137 ist verantwortlich für den weitaus grössten Teil der Strahlenbelastung der Bevölkerung. Das Szenario: Man befindet sich in einem Abstand von zehn Metern vor der gesamten Menge an Cäsium, die in Tschernobyl freigesetzt wurde – etwa 400-mal mehr als die Hiroshima-Bombe produzierte. Die Frage: Wie lange dauert es, bis man eine tödliche Dosis erhalten hat? Zur Auswahl standen Zeiten von einer milliardstel Sekunde, eine tausendstel Sekunde, eine Sekunde, 1000 Sekunden und 10 000 Sekunden. Besonders gespannt war ich, ob jemand eine milliardstel Sekunde wählte. 17 % entschieden sich dafür. Das Licht und auch die Gammastrahlen legen in einer milliardstel Sekunde etwa 30 cm zurück, demzufolge würde der Strahlen-Tod mit 33-facher Lichtgeschwindigkeit zuschlagen – du lieber Einstein. Die Angst vor radioaktiven Strahlen setzt fundamentale Naturgesetze ausser Kraft. Immerhin: Die häufigste Antwort (29 %) war eine Sekunde, richtig wären 1000 Sekunden, etwa 17 Minuten, 16 % entschieden sich dafür. Die Berechnung dieses Risikos (akute Strahlenfolgen von hohen Dosen) basiert auf dem unbestrittenen Wert einer tödlichen Schock-Dosis von 4,5 Sv.

Für die Weltwoche formulierte ich vier weitere Szenarien, alle im Zusammenhang mit radioaktiven Strahlen. Die Fragen betrafen Vergleiche mit anderen Risiken, mit Grenzwerten oder mit der natürlichen Strahlung. Bei allen zeigten sich absurde Überschätzungen der Gefahren. Etwas Weiteres fällt auf: Die jungen Leute betrachteten die Radioaktivität als noch gefährlicher als die Älteren. Dazu kommt, dass 26 % der Befragten angaben, keine Ahnung zu haben und verzichteten auf eine Antwort. Doch die älteren Teilnehmer waren sich ihrer Unkenntnis eher bewusst als die Jungen und entschieden sich weitaus häufiger für «Weiss nicht». Der Dunning-Kruger-Effekt hat die jüngeren Teilnehmer voll erfasst.

Nach diesem psychologischen Schnellkurs wenden wir uns den Grenzwerten zu.

71 Publiziert in Weltwoche Nr. 37.12, 2012

7.6 Zusammenfassung

Ängste sind überlebenswichtig, zu viele und zu lange andauernde, aber schädlich. Unser Gehirn ist für die Steinzeit optimiert, die gewaltige Informationsflut unserer modernen hochkomplexen Welt überfordert es leicht. Wir greifen dann auf das «Bauchgefühl» zurück, nicht immer liegen wir richtig. Vor allem dann nicht, wenn wir von einer Sache wenig wissen und dies nicht realisieren (Dunning-Kruger-Effekt). Umfragen über die Gefahr von radioaktiven Strahlen zeigen eine millionen- bis milliardenfache Überschätzung der Gefahren von radioaktiven Strahlen – selbst bei Szenarien mit gut bekannter Wirkung (hohen Dosen). Zu den grossen Sünden bei der Risikokommunikation gehören das Cherry-Picking, bei dem nur negative Resultate berücksichtigt werden, und, noch wichtiger, das Ausbleiben von Vergleichen mit anderen Risiken.

8 Grenzwerte

Wir versuchen uns mit möglichst tiefen Grenzwerten gegen alle gefährlichen Einflüsse zu schützen. In einigen Fällen übertreiben wir es masslos, in anderen liegen die Grenzwerte mitten im Gefahrenbereich.

8.1 Grenzwertige Grenzwerte

Ein Grenzwert gilt in weiten Kreisen als wissenschaftlich begründete «Grenze» zwischen Risiko und kein Risiko. Doch so einfach ist es nicht. Schliesslich orakelt die LNT-Hypothese, dass auch die kleinste Dosis schädlich ist. Die Reaktion auf diese Hypothese sind möglichst tiefe Grenzwerte. Und so kommt es, dass viele absurd tief liegen, meilenweit unterhalb des Bereiches mit ersten nachweisbaren Effekten. Es gibt aber auch das Gegenteil, Grenzwerte, die sich mitten im gefährlichen Bereich befinden.

Der Feinstaub

Ein Beispiel für einen solchen Grenzwert liefert der Feinstaub in der Luft. In der EU beträgt der PM2,5-Grenzwert[72] 25 µg/m³, Ziel für 2030: 10 µg/m³. Selbst 10 µg/m³ liegen noch im Bereich der gut nachweisbaren kurz- und langfristigen Mortalitätserhöhungen. In vielen Agglomerationen wird 10 µg/m³ überschritten, oft auch 25 µg/m³, zumindest zeitweise. Mit dem Resultat, dass man in Europa mit rund 900 000 zusätzlichen Todesfällen pro Jahr[73] zu rechnen hat. Weltweit tötet die Luftverschmutzung gemäss WHO 7 Millionen Menschen. Etwa die Hälfte geht auf das Konto von Herz-Kreislauf-Krankheiten, der Rest verteilt sich auf Lungenkrebs und Atemwegskrankheiten. Gut messbar sind die kurzzeitig auftretenden Todesfälle. Steigt die PM2,5-Konzentration innert eines Tages um 10 µg/m³ erhöht sich die Anzahl Todesfälle am Folgetag um 0,5 % bis 1 %. Eine Dauerbelastung mit diesem Wert führt gemäss WHO zu einem Anstieg der Langzeitmortalität um 6 bis 8 %. Und verkürzt das Leben im Mittel um 4–6 Monate. Die Datenlage ist recht robust, dank über 100 hochwertigen Studien mit Millionen Menschen.

Wir müssen unsere Grossstädte evakuieren

Ein brisanter Vergleich: Eine Langzeitbelastung mit einer mittleren Feinstaubkonzentration von 10 µg/m³-PM2,5 verursacht ebenso viele Todesfälle wie eine Strahlendosis von 1 Sv. In Tschernobyl und Fukushima wurde die Bevölkerung bereits bei weniger als einem Zehntel der Dosis evakuiert. Konsequenterweise müssten wir auch unsere grösseren Städte evakuieren, sofort. Eine böse kognitive Dissonanz. Die Reaktion darauf ist wie aus dem Lehrbuch (Kap. 7): Verdrängen, ja nicht darüber reden oder gar Vergleiche anstellen. Und so bleiben die radioaktiven Grenzwerte noch lange unsinnig tief und die Feinstaubgrenzwerte relativ hoch.

Der sichtbare «normale» Staub ist kaum ein Problem, er bleibt in der Schleimhaut der oberen Atemwege stecken und wird durch die Flimmerhärchen hinausbefördert. Der lungengängige Feinstaub ist der Bösewicht, besonders der PM2,5-Anteil. In der Aussenluft lässt er sich kurzfristig wenig beeinflussen. In Innenräumen hingegen kann ein kleiner Feinstaub-Luftfilter helfen. Auch Pflanzen können die

72 PM2,5 bezeichnet Partikel, deren Durchmesser höchstens 2,5 um ist (1 µm = 1/1 000 000 m)
73 https://www.ncbi.nlm.nih.gov/pmc/articles/PMC8140409/

Belastung reduzieren oder eine intelligente Lüftung. So ist frühmorgens die Aussenluft noch relativ sauber – und ganz sauber bei Regen. Aber Vorsicht: Meist ist die Feinstaubkonzentration in Innenräumen besser als in der Aussenluft. Wer es genau wissen will, kauft ein kleines Feinstaubmessgerät, gibt es bereits für 100 $. Nicht erschrecken: Der Rauch einer einzigen Zigarette kann die Feinstaubkonzentration in der ganzen Wohnung für 1–2 Stunden auf über 100 $\mu g/m^3$ katapultieren. Kurzes Lüften ist dann keine schlechte Idee.

In Anbetracht des gesundheitlichen Risikos wäre ein Feinstaubgrenzwert von 1 $\mu g/m^3$-PM2,5 vernünftig. Bei dieser Konzentration sind kaum Schäden zu befürchten, zumindest keine messbaren. Doch was nützt ein solcher Grenzwert, wenn er fortlaufend massiv überschritten wird, oft auch von der Natur (Saharastaub)? Und so bleibt man pragmatisch und reduziert die Grenzwerte nur langfristig, entsprechend den technischen Fortschritten. Bei den radioaktiven Strahlen ist man weniger pragmatisch; auf jeden Fall findet man hier das Musterbeispiel des anderen Extremfalls, der extrem tiefen Grenzwerte. Diese Haltung hat eine interessante Geschichte.

8.2 Die Historie der «radioaktiven» Grenzwerte

Innerhalb weniger Monate nach der Entdeckung der Röntgenstrahlen (1895) experimentierte die ganze Welt damit. Jede Universitätswerkstatt konnte eine einfache Röntgenröhre bauen. Die alten Röhren strahlten heftig in alle Richtungen. Bei längerer Exposition mit üblen, manchmal sogar tödlichen Folgen. Beunruhigt über eine wachsende Zahl von Todesfällen startete 1921 der Arzt Dr. Phahler eine systematische Untersuchung der Röntgenärzte, einschliesslich einer Dosiserfassung mit Film-Dosimetern. Dank solcher Untersuchungen kamen die Forscher in den nachfolgenden Jahren zum Schluss, dass die Dosis ohne negative Folgen (die Toleranzdosis) zwischen 1 und 2 mSv/Tag oder 350–700 mSv/J liegen muss. Man orientierte sich an Berufsleuten, welche jahrelang ohne gesundheitliche Schäden mit solchen Dosen gearbeitet haben.

Grenzwerte im freien Fall

1928 wurde die Vorgängerin der Strahlenschutzkommission ICRP gegründet. Diese empfahl 700 mSv/J, einige Jahre später 350 mSv/J (wohl unter dem Eindruck der Radiummalerinnen). Der Wert sank 1950 auf 150 mSv/J. Zum Vergleich: Der heutige Grenzwert für die Bevölkerung beträgt 1 mSv/J. 1946 wurde der Genetiker H. Muller für die Entdeckung von strahleninduzierten Mutationen bei Fruchtfliegen mit dem Nobelpreis geehrt. Er vertrat, wie bereits erwähnt, die Meinung, dass das Risiko von Mutationen bis hinunter zu kleinsten Dosen besteht; die LNT-Hypothese war geboren. Zwar hatte er Forschungsresultate, welche das Gegenteil bewiesen, unterschlagen[74]. Doch die LNT-Hypothese setzte sich durch, beflügelt von den grössten Ängsten, welche werdende Eltern haben können – den Missgeburten. Und so kam es, dass die ICRP und andere Organisationen den Toleranzwert (Wert ohne einen Schaden) abschafften, zugunsten eines auf der LNT-Hypothese basierenden Grenzwertes. Inzwischen erwiesen sich die Befürchtungen betreffend Mutationen als unbegründet, die Ängste verlagerten sich auf die Krebserkrankungen.

1991 senkte die ICRP den Grenzwert für die Bevölkerung auf 1 mSv/J. Mittlerweile verkaufen die Behörden die LNT-Hypothese als bewiesene Tatsache, zusammen mit dem Glauben, dass selbst die winzigste Dosis schädlich ist und tödlichen Krebs «auslösen» kann. Dieser Glaube kommt einem Blankoscheck für beliebig tiefe Grenz- und Regulierungswerte gleich und damit auch für eine beliebig ausufernde Bürokratie.

Die Natur pfeift auf unsere Grenzwerte

Ein Spielverderber des heutigen Grenzwertes von 1 mSv/J ist die natürliche Strahlung: Sie bestrahlt uns mit durchschnittlich etwa 2,4 mSv/J (in der Schweiz mit 4,2 mSv/J). Spitzenwerte bis gegen 1 Sv/J kommen vereinzelt vor, ohne sichtbare negative Folgen. Ein Grenzwert, der von der Natur ständig überschritten wird, ergibt wenig Sinn. Die Fachleute sind sich völlig einig, dass kein Unterschied zwischen «natürlichen» und «künstlichen» Strahlen besteht. Es gibt somit keinen Grund, natürliche und künstliche Strahlendosen unterschiedlich zu behandeln. Ausser man ist der Meinung, dass künstliche Strahlen des Teufels sind und uns direkt in die Hölle schicken.

Schwer nachvollziehbar sind in diesem Zusammenhang die Evakuierungsgrenzwerte im Falle einer Nuklearkatastrophe; sie liegen zwischen 1 mSv/J und

74 Med Lav 2022; 113 (4): https://www.mattioli1885journals.com/index.php/lamedicinadellavoro/article/view/13381/10890

20 mSv/J. Wendet man diese auf die natürliche Strahlung an, so müsste man umgehend Millionen Menschen evakuieren. Vor allem aus Teilen der Alpen, der Rocky Mountains, des Massiv Central, des Schwarzwaldes, des Erzgebirges, der Stadt Rom, um einige Beispiele zu nennen. Mehr darüber in den folgenden Kapiteln.

Regulierung ab 10 µSv pro Jahr

Heute herrscht eine irrationale Angst vor winzig kleinen Dosen. Dies führt zu einer wenig sinnvollen Überregulierung: Aufgrund der Empfehlungen des Fachverbandes ICRP wird in den meisten Ländern eine zusätzliche Jahresdosis ab 10 µSv gesetzlich reguliert. Ab diesem Wert ist eine Bewilligung erforderlich, allerdings nur, wenn die Strahlung künstlichen Ursprungs ist. In den nationalen Strahlenschutzgesetzen und -verordnungen findet man seitenlange Bussgeldlisten, aber auch Freiheitsstrafen. So droht in der Schweiz eine Gefängnisstrafe von bis zu drei Jahren, wer eine offensichtlich unnötige Bestrahlung verursacht (Art. 43, Strahlenschutzgesetz). Verursacht eine Fluggesellschaft eine unnötige Bestrahlung, wenn sie die Passagiere in 10 km Höhe einer Strahlung von 5–10 µSv/h[75] aussetzt? Je nach Sonnenaktivität und Breitengrad kann sie auf 20 µSv/h steigen. In 5 km Höhe wäre sie kaum 0,5 µSv/h stark.

Wie hoch ist das Risiko einer tödlichen Krebserkrankung bei einer ständigen Bestrahlung mit dem Regulierungswert von 10 µSv/Jahr wirklich? Gross kann es nicht sein, denn diese Dosis wird in ein bis zwei Tagen von der natürlichen Strahlung erreicht. Selbst das Risiko, in der sicheren Schweiz ermordet zu werden, ist rund zehnmal höher, berechnet aufgrund von real existierenden Leichen (kein hypothetisches LNT-Risiko). Fürchten wir uns vor dem Richtigen?

Grenzwert und Risikokommunikation

Eine gute Risikokommunikation basiert auf Vergleichen mit Alltagsrisiken, man kann es nicht genug betonen. Ein Vergleich mit Grenzwerten macht, wie bereits mehrfach erwähnt, oft keinen grossen Sinn. Informativer wäre ein Bezug zum NOAEL (NOAEL, no observed adverse effect level), den grössten Schadstoff- oder Dosiswert, ohne statistisch signifikante negative Effekte zu beobachten. Das Problem: Nur bei wenigen Schadstoffen und schädlichen Einwirkungen verfügen wir über genügend viele qualitativ hochwertige Humanstudien, und selbst bei diesen

75 Ein «normales» Dosimeter misst etwa die Hälfte, die Neutronen entwischen solchen Geräten

streuen die Resultate oft beträchtlich. Mittels Meta-Studien (Durchschnitt vieler Studien) versuchen die Forscher, die Unsicherheiten auszumitteln und so einen realistischen NOAEL-Wert zu bestimmen. Tierversuche sind viel zuverlässiger, dafür ist die Übertragbarkeit der Resultate umstritten. Der NOAEL-Wert bei einer radioaktiven Schockdosis liegt um 250 000 µSv, gemäss den besten Studien aus Hiroshima und Nagasaki. Wir regulieren ab 10 µSv/J.

Grenzwerte sollten vom wahrscheinlichsten NOAEL ausgehen, mit einem Sicherheitsfaktor, der von der Zuverlässigkeit und der Streuung der Studienresultate abhängt und der auch empfindliche Personengruppen wie Kinder berücksichtigt. Zwei zusätzliche Bedingungen sollten auch erfüllt werden: 1. Das Risiko beim Grenzwert sollte nicht sehr viel tiefer liegen als bei anderen alltäglichen Risiken, wir setzen sonst falsche Prioritäten und verschwenden unsere begrenzten Ressourcen. 2. Der Grenzwert sollte nicht tiefer sein als die unvermeidbaren natürlichen Expositionen.

Einige der schönsten Exzesse, verursacht durch Strahlen-Grenzwerte, beschreibe ich nachfolgend.

8.3 Die Halskettenreaktion oder Alibaba und die 40 Beamten

Alibaba, der grosse Konkurrent von Amazon, verkauft so ziemlich alles, was es auf dieser Welt zu kaufen gibt, unter anderem auch ein chinesisches Gesteinspulver, welches Ionen produziert[76]. 2016 begannen die Frauen L.H.K. und M.W. in Zürich Halsketten zu produzieren, welche das oben genannte Pulver enthielten und vertrieben sie in der Schweiz und in Deutschland. Wie sich herausstellte, besitzt dieses Pulver eine relativ hohe natürliche Radioaktivität. Radioaktive Strahlen erzeugen Ionen. Und Ionen können einen positiven Einfluss auf unser Wohlbefinden haben, klinisch nachgewiesen. 2016 wurde eine erste Lieferung aus China problemlos zugestellt. Das Drama nahm seinen Anfang, als im Januar 2018 eine zweite Sendung am deutschen Zoll in Frankfurt durch die erhöhte Radioaktivität auffiel und für den Weitertransport gesperrt wurde. Nach einer Analyse erfolgte zwar die Freigabe (aufgrund des natürlichen Ursprungs der Strahlung), doch sie wurde kurz darauf

76 https://www.alibaba.com/product-detail/Negative-ions-powder-INF-CNAS-certificate_60491558182.html?spm=a2700.7724838.2017115.122.1424c396kPahLx Download 2018-4-20
neu: https://www.alibaba.com/showroom/negative-ion-powder.html

widerrufen. Da die Sendung an eine Schweizer Adresse gerichtet war, informierten die deutschen Behörden die schweizerischen.

Das Bundesamt für Gesundheit (BAG), Abteilung für Strahlenschutz, wurde alarmiert, die Polizei führte Hausdurchsuchungen und Verhöre durch, die Bundesanwaltschaft trat in Aktion. Es folgte ein längerer Briefwechsel zwischen dem BAG, den beiden Frauen, deren Kunden und den deutschen Stellen. Die Öffentlichkeit wurde u.a. durch die Zeitschrift «Blick»[77] und später auch durch das BAG informiert. Das BAG warnte alle Käufer vor dem Tragen der Halsketten und forderte sie auf, diese umgehend dem BAG zu übergeben. Viele haben sich geweigert, die Ketten abzugeben, mit der Begründung, dass sie positiv wirken. Das BAG reagierte gereizt. Alles in allem dürften sich in Deutschland und in der Schweiz bei den Zollämtern, bei den verschiedenen Behörden und bei der Polizei gut 40 Beamte mit dieser «gefährlichen» Substanz beschäftigt haben.

Gefährlich oder nicht gefährlich?

Doch wie gefährlich ist dieses Gesteinspulver? Isst man 5 Gramm, erzeugt dies gemäss BAG eine Dosis von 1 mSv, etwa 1/5 000 einer tödlichen Dosis. Somit muss man 25 kg des Pulvers essen, um sich radiotoxisch ins Jenseits zu befördern[78]. Nicht das Mittel der Wahl, um den Erbonkel zu vergiften. Mit 0,2 g Arsen geht es schneller und sicherer, zur Not genügen auch 20 g Aspirin. Aspirin ist gut 1000-mal toxischer als die Radioaktivität des Gesteinspulvers. Trotzdem: Das Gesteinspulver verletzt die heutigen Grenzwerte um das 13 000-fache! Es muss als Gefahrgut transportiert und korrekt entsorgt werden. Eigentlich müssen wir gewöhnliches Gestein auch so behandeln. Denn dieses enthält auch hochtoxische, krebserregende, teratogene (fruchtschädigende) und mutagene Substanzen, wie Arsen (ca. 5 g/m^3), Beryllium (7 g/m^3), Blei (35 g/m^3) und viele weitere garstige Stoffe. Eine Abschätzung zeigt: In 25 kg normaler Erde stecken im Durchschnitt mindestens zwei tödliche Dosen, doppelt so viele wie im «strahlenden» Gesteinspulver. Könnte es sein, dass wir es mit unseren «radioaktiven» Grenzwerten übertreiben?

77 https://www.blick.ch/news/schweiz/bund-greift-ein-schweizer-firma-verkauft-radioaktiven-schmuck-id8349936.html

78 Nur theoretisch, denn lange vorher stirbt man an chemischen Effekten.

Gefahr durch externe Bestrahlung?

Geht von den strahlenden Halsketten auch dann eine Gefahr aus, wenn man sie nicht isst? Ja, zumindest gemäss BAG, Zitat:

«... allerdings wird durch eine Langzeitbelastung durch das Tragen dieser Schmuckstücke das Risiko von Hautkrebs (Sarkom) ungerechtfertigt erhöht».

Wenn ich nachrechne, komme ich auf effektive 6 µSv/J, und damit zu einer Wahrscheinlichkeit von 0,00003 %/J für einen Hautkrebs. Das BAG hat meine Rechnungen später akzeptiert, schriftlich. Das Risiko in der Schweiz von seinem Lebenspartner umgebracht zu werden, ist etwa dreimal höher. Heiraten ist gefährlich.

Als Vergleichsfan gleich noch andere: Zügelt man vom Erdgeschoss eines Wohnblockes in den sechsten Stock, erleidet man durch die höhere kosmische Strahlung auch eine Zusatzdosis von 6 µSv/J. Und das Bett mit jemandem teilen beglückt beide mit je etwa 50 µSv/J (durch K-40), weit über dem Regulierungswert von 10 µSv/J. Müsste man nicht um Bewilligung nachsuchen? Nein, denn die Normen gelten nicht für natürliche Strahlen, die man nicht beeinflussen kann. Könnte man zwar, mit getrennten Schlafzimmern.

Die Risikoberechnung bei kleinen Dosen steht und fällt mit der LNT-Hypothese. Am 17. Mai 2018 schrieb mir das BAG:

«... das Linear no Threshold Model (LNT) konnte noch nicht widerlegt werden und gilt daher weiterhin als Grundlage für den Strahlenschutz im Niedrigdosisbereich».

Stimmt so nicht. Es wurde oft widerlegt[79], selbst mit den Daten aus Hiroshima und Nagasaki, unserem Goldstandard auf diesem Gebiet. Und weiter schrieb das BAG:

«Der wissenschaftliche Konsens ist so, dass bereits geringe Strahlendosen einen Beitrag zur Erhöhung der Krebswahrscheinlichkeit leisten.»

Die Krebswahrscheinlichkeit von geringen Strahlendosen ist nicht messbar. Man wird nie beweisen können, dass der Regulierungswert von 10 µSv/J schädlich ist. Genauso wenig wie der Schaden durch die Einnahme eines Tropfens Wein einmal im Jahr. In beiden Fällen handelt es sich um etwa 0,002 % der tödlichen Dosis. Zur Ehrenrettung der Strahlenschützer des BAG und anderer nationalen Behörden: Sie befolgen die Empfehlung der internationalen Strahlenschutzkommission (ICRP), genauer gesagt das Strahlenschutzgesetz, welches sich nach diesen Empfehlungen richtet.

---

79 Sanders, C.L. Radiation Hormesis and the Linear-No-Threshold Assumption; Springer: Heidelberg, Germany; New York, NY, USA, 2010

Kein Happy End

Die beiden Frauen hatten nicht die blasseste Ahnung von radioaktiven Strahlen. Und auch nicht, was der schwere Paragrafen-Beschuss der Behörden bedeuten soll. Im Verfügungsschreiben vom 1. März 2018 wurden aufgeführt: Art. 8 StSG (SR 814.50); Art. 25 StSV, Bst. a,b,c; Art. 8 StSG i. V. m.; Art. 25 Bst. a StSG; Art. 44 Abs. 1 Bst. f StSG und Art. 55 Abs. 2 VwVG. Den Frauen war lediglich bewusst, dass die Todesstrafe in der Schweiz abgeschafft wurde.

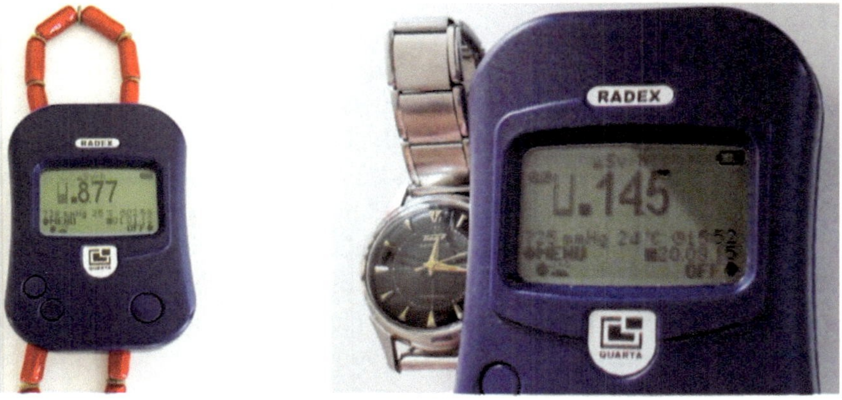

Figur 8-1: Strahlung einer Halskette (8.77 μSv/h) und meiner alten Armbanduhr (14.5 μSv/h)

Einen Anwalt konnten sie sich nicht leisten, und so suchten sie im Internet Hilfe und landeten schliesslich bei mir. Ich mass die Radioaktivität der Halsketten (Figur 8-1), stellte einige Berechnungen dar und verfasste anschliessend eine Art Verteidigungsschrift mit vielen Vergleichen. Die Klage wurde schliesslich zurückgezogen, trotz 13 000-facher Verletzung des Grenzwertes. Wollte man sich nicht lächerlich machen? Trotzdem gab es kein Happy End: Die Frauen erlitten beträchtliche finanzielle Verluste und waren gezwungen, ihr Geschäft aufzugeben.

Die extrem tiefen Grenzwerte verursachen nicht nur bei Halsketten unnötige Verluste. Milliarden Franken, Euros und Dollar könnten im Gesundheitswesen, in Forschung und Industrie und vor allem im Umgang mit der Kernkraft und den radioaktiven Abfällen eingespart werden. Man müsste zu etwas weniger extremen Grenzwerten übergehen. Natürlich müssen diese immer einen vernünftigen Sicherheitsabstand zu den ersten eindeutig nachweisbaren negativen Effekten einhalten.

8.4 Mirage und andere strahlende Flugzeuge

Die Mirage ist ein heute ausser Dienst gestelltes Jagdflugzeug aus den 1960er-Jahre. Am 5. Oktober 2004 war sie eine Schlagzeile in der «Neue Zürcher Zeitung» wert:

«Thoriumhaltige Teile aus Mirage-Flugzeugen»

Ein anderes Blatt (Blick) drückte sich weniger vornehm aus:

«Schweinerei: Radioaktives Armee-Material»

Eine grüne Parlamentarierin richtete einen langen Vorwurfs- und Fragenkatalog (Stil Inquisitionsgericht) an den Schweizerischen Bundesrat, unter dem Titel: «Einbunkern von strahlendem Armee-Müll». Besagte Parlamentarierin ist von Beruf Lehrerin im Gesundheitswesen, also eine Fachperson. Somit kann es keinen Zweifel geben, dass dieser strahlende Müll gefährlich ist.

Aber wie gefährlich? Um die Strahlenbelastung zu berechnen, muss man die Menge der radioaktiven Substanz kennen (in Bq). Die Armee gab mir bereitwillig Auskunft: In jedem Flugzeug findet man 4 kg Thorium, mit 16,5 Millionen Bq. Das Thorium wird als Legierungsbestandteil von Magnesium benutzt, 3 % erhöhten die Hitzebeständigkeit. Isst ein Erwachsener die 4 kg Thorium auf einmal (nicht ganz einfach), würde er eine Strahlendosis von 3,8 Sv erhalten[80]. Damit könnte man ihn vielleicht umbringen (4–5 Sv sind in 50 % der Fälle ohne medizinische Behandlung tödlich). Ein «radioaktiver» Selbstmord wird trotzdem nicht gelingen: Thorium ist ein giftiges Schwermetall, vergleichbar mit Blei. Diese toxische Wirkung ist rund hundertmal stärker als diejenige der Radioaktivität. Lange bevor die Strahlung eine Wirkung entfaltet, ist man «chemisch» tot. Um dies zu umgehen, könnte man die 4 kg Thorium in kleinen Portionen in die Nahrung mischen und viele Menschen damit über eine längere Zeitspanne füttern. Eine Abschätzung (unter Benutzung der LNT-Hypothese) zeigt, dass bei Erwachsenen mit etwa 0,2 Krebstoten zu rechnen ist (vier bei Säuglingen). Allerdings ist die Annahme, dass alles Thorium in die Mägen der Bevölkerung landet, nicht besonders realistisch.

80 Der Dosisfaktor beträgt $2{,}3 \times 10^{-7}$ Sv/Bq

Der «Mirage-Brotaufstrich»

Thorium stellt nur einen kleinen Teil der toxischen Bestandteile einer Mirage dar. Die Armee hat mir auch verraten, was sonst noch in einer Mirage steckt. Damit konnte ich abschätzen, was passiert, wenn man die ganze Mirage durch den Fleischwolf dreht und als Brotaufstrich benutzt: Man könnte weit über 100 000 Menschen vergiften.

Da ich Vergleiche liebe, hier noch einen: Im Durchschnitt enthält Erde etwa 15 g Thorium pro m^3. Das Grundstück eines typischen Einfamilienhauses (1 000 m^2) ist in den ersten 30 cm Erde im Mittel auch mit etwa 4 kg Thorium «verseucht». Kinder spielen darauf und im Gärtchen wachsen Erdbeeren und Gurken. Ohne Schlagzeilen und parlamentarische Intervention.

Der Thorium-Fluch

«In den Triebwerken der historischen Militärflugzeuge des Typs C-3605 ist leicht radioaktives Material entdeckt worden.»

Zu lesen in der Medienmitteilung des Schweizerischen Bundesrates vom 5. Mai 2021. Der Stein des Anstosses: In einem Fliegermuseum wurde ein «strahlendes» Flugzeug entdeckt. Teile der Triebwerksabdeckung bestehen, wie bei der Mirage, aus einer Magnesiumlegierung mit etwas Thorium, insgesamt 1 kg. Ein kleiner Bruchteil im Vergleich zum Thorium im Boden des Museums, aber genügend viel, um das Bundesamt für Gesundheit (BAG) auf den Plan zu rufen.

Am Eingang des Fliegermuseums in Dübendorf/Zürich habe ich eine natürliche Strahlung von 0,15 µSv/h (= 0,15 Millionstel Sv pro Stunde) gemessen, ein normaler Wert. Die C-3605 hängt an der Decke, die Strahlung direkt darunter liegt bei etwa 0,24 µSv/h. Nichts Aufregendes. Vor einem meiner Lieblingslokale (im Stadtzentrum von B.) messe ich gleich viel.

Figur 8-2: Strahlung direkt unter dem Triebwerk der C-3605 (0,24 µSv/h) und im Zentrum von B.

Das Problem des C-3605-Triebwerkes ist nicht die Strahlung, sondern die Strahlenschutzverordnung. Das Thorium im Triebwerk verletzt sie massiv, je nach Kriterium (Strahlung am Triebwerk oder Konzentration des Thoriums) um das 100- bis 1000-fache. Also doch gefährlich? Aber in der oben erwähnten Medienmitteilung wird wiederholt darauf hingewiesen, dass keine Gefährdung für die Gesundheit besteht. Was ist dann der Sinn dieser Grenzwerte? Selbst ein Mechaniker, der stundenlang am Triebwerk herumschraubt, erhält während einer Wanderwoche in den Alpen, im Schwarzwald oder im Piemont eine höhere Dosis. Ganz zu schweigen von einem längeren Flug. Korrekterweise muss man feststellen, dass vom C-3605-Flieger an der Museumsdecke tatsächlich ein Risiko ausgeht. Er könnte von der Decke fallen und jemanden erschlagen. Meine Vermutung: Dieses Risiko ist höher als das Strahlenrisiko.

Der Aufwand für die fachgerechte Entsorgung der paar Triebwerksbleche ist jenseits von Gut und Böse, man muss mit Kosten von rund 250 000.- rechnen, dazu kommen noch die beträchtlichen Aufwendungen des Museums für den Ausbau. Alles für ein Risiko, das keines ist. Aber Gesetz ist Gesetz.

Das Drama geht weiter

Mit einem noch etwas höheren Betrag wurde kurz darauf auch der Mirage-Verein Buochs geschockt. Der Thorium-Fluch lastet auch auf dessen Mirage. Die Erlösung davon koste gemäss BAG 300 000.- Franken. Der kleine Verein kann eine solche Summe nicht stemmen. Am 11. April 2022 nahm ich an einer Sitzung mit dem BAG und allen Beteiligten teil, als Berater des Mirage-Vereins. Das Sitzungszimmer befand sich in Bern, im BAG-Gebäude. In dessen Betonstrukturen könnten sich 40 kg Thorium befinden, 10-mal mehr als in der Mirage. Das Strahlenschutzgesetz enthält einen Verhältnismässigkeitsartikel:

«*Im Strahlenschutz müssen sämtliche Massnahmen nach dem zugrunde liegenden Risiko abgestuft werden* (Art. 8)».

Im «Erläuternden Bericht zur Totalrevision der Strahlenschutzverordnung» (83 Seiten lang, ist anscheinend recht erklärungsbedürftig) wird mehrfach darauf hingewiesen, dass bei den Massnahmen des Strahlenschutzes auf die Verhältnismässigkeit geachtet werden muss. Insbesondere soll man sich auf die hohen Risiken konzentrieren. Auf meine schüchterne Frage nach der Verhältnismässigkeit (4 kg gegen 40 kg, mit einem homöopathisch kleinen, rein hypothetischen Risiko) antwortete der zuständige BAG-Beamte, wie aus der Pistole geschossen: «Gesetz ist Gesetz, wurde vom Bundesrat so beschlossen». Ende der Diskussion.

Ich habe ein gewisses Verständnis, dass die Behörden die LNT-Hypothese zum Dogma erheben. Dies macht die Regulierung einfach, man muss nur die Dosen zusammenzählen. Aber man meint es zu gut, die Grenzwerte liegen absurd tief. Viel falsch kann man dabei nicht machen, denn man ist auf jeden Fall bei den Gutmenschen, bei jenen die sich nach Kräften bemühen, auch das kleinste Risiko zu eliminieren. Was vergessen geht: Übertreibt man masslos bei winzigen, rein hypothetischen Gefahren, nimmt man die Ressourcen zur Reduktion anderer, grösserer und real existierender Gefahren weg. Risiken vergleichen, müsste man können und wollen. Auch die Medien dürften sich etwas mehr um Risikovergleiche bemühen, selbst wenn klar ist, dass die negativen Berichte die meisten Leser anlocken.

Wie wird man das Thorium los?

Was soll man mit der thoriumhaltigen Magnesiumlegierung machen? Man könnte sie in die nächste Magnesiumschmelze werfen und das Thorium unter den Grenzwert verdünnen. Oder noch besser: man bringt es in das Bergwerk zurück, aus welchem es gewonnen wurde. Wenn man es vorgängig mit dem Abfallgestein so verdünnt, dass die ursprüngliche Konzentration im Erz erreicht wird, gibt man der Natur genau das zurück, was man ihr entnommen hat. Gute Ideen, aber verboten. Noch viel einfacher: In eine Sondermülldeponie damit. Das radioaktive Risiko ist viel kleiner als das von anderen entsorgten Chemikalien – und ist natürlich auch verboten. Die vernünftigste Lösung: Man besinnt sich auf Art. 8 (Verhältnismässigkeitsartikel) und verzichtet auf einen generellen Bannfluch. In der Tat wurde 2024 ein Kompromiss erzielt, drei der insgesamt 6 strahlenden Triebwerke in der Schweiz erhalten eine Sonderbewilligung, werden sozusagen unter Denkmalschutz gestellt, die andern sind korrekt zu entsorgen oder – neu – dürfen ins Ausland exportiert werden.

8.5 Muh und Zigaretten

Figur 8-3: Ein altes «strahlendes» Steuergerät

Die Aktivität einer Quelle wird heute in Becquerel angegeben. Man kann auch Kühe nehmen. Das kam so: Eines schönen Tages in den 90er-Jahren wurde die ABB-Konzernzentrale durch ein böses Schreiben aus den Niederlanden aufgeschreckt. Ein altes BBC[81]-Steuergerät (Figur 8-3) in einem Schrotttransport löste an der deutsch-niederländischen Grenze einen Strahlenalarm aus. Im Gerät steckte eine Vakuumröhre mit 70 kBq Radium, natürlich weit über dem Erlaubten. Fritz P., ein lieber Kollege aus der Konzernzentrale, bat mich um eine kurze Beurteilung. Das Problem: Wie macht man niederländischen Beamten klar, was 70 kBq bedeuten?

In Holland wimmelt es von gut ernährten Kühen, und so kam ich auf die Idee, eine solche als neue Einheit zu missbrauchen. Denn eine Kuh besitzt eine natürliche Aktivität von rund 100 000 Bq, zur Hauptsache K-40 und C-14. Als Abkürzung schlug ein anderer lieber Kollege (Beat K.) das Muh vor. 100 000 Bq sind also ein Muh. Besagtes Gerät hat eine Aktivität von 0,7 Muh. Die Kuh-Muhs isst man, das beanstandete Gerät eher nicht. Der Gipfel ist aber, dass eine Milchkuh «leckt», man entnimmt ihr jährlich mutwillig etwa 2,5 Muh. Isst man die 70 kBq Radium des Steuergerätes, hat man nichts zu befürchten[82]. Mit den anderen Bestandteilen des Steuergeräts hingegen könnte man, fein vermalt und eingenommen, mehrere Dutzend Menschen umbringen[83]. Fürchten wir uns vor dem Richtigen?

Eine Zigarette «kostet» 10 Minuten

Ein anderes anschauliches Risikomass liefert eine Zigarette. Dank rund einer Milliarde Raucher weiss man, dass eine gerauchte Zigarette das Leben im Mittel um etwa 10 Min. verkürzt. Man kann dies aus der gesamten Anzahl gerauchter Zigaretten und dem damit verbundenen mittleren Lebensdauerverlust eines Rauchers (5–10 Jahre) abschätzen, unter Anwendung der LNT-Hypothese. Andererseits zeigen die Untersuchungen der Atombombenopfer, dass eine Schockdosis von einem Sv das Leben im Mittel um 1,3 Jahr verkürzt. Bei einer verteilten Dosis geht man von der Hälfte aus. Beim Regulierungswert von 10 µSv/J wird das Leben um knapp 4 Minuten gekürzt, bei 1000 µSv (Jahresgrenzwert) um etwa 6 Stunden. 1000 µSv/J wirken wie das Rauchen von drei Zigaretten pro Monat. 6 Stunden kann man noch verschmerzen, zudem ist der Wert rein hypothetisch (weit weg von jeder statistischen Nachweisbarkeit) und mit grosser Wahrscheinlichkeit bei null (Kapitel 5 und 6). Ganz anders die Luftverschmutzung. Sie pendelt in der sauberen Schweiz

81 BBC war die Vorgängerfirma von ABB

82 Bei den Radiummalerinnen fand man keine gesundheitlichen Auswirkungen bei einer Inkorporation von weniger als 3 MBq. 70 kBq Radium ergeben eine Dosis von etwa 20 mSv.

83 Mit 1 kg Eisen und Kupfer kann man etwa 50 Menschen vergiften.

um den Grenzwert herum, liegt aber im Bereich der statistisch nachweisbaren Todesopfer und verkürzt das Leben aller Einwohner um etwa 6 Monate.

Die nationalen und internationalen Strahlenschutzbehörden basieren ihre Risikoeinschätzungen hauptsächlich auf den Erkenntnissen aus Hiroshima und Nagasaki. In den nächsten zwei Kapiteln befassen wir uns näher mit diesen fürchterlichen Waffen.

8.6 Zusammenfassung

Es gibt Grenzwerte, wie diejenigen für die Feinstaubbelastung, die mitten im nachweislich gefährlichen Bereich liegen. Andere hingegen, wie die für radioaktive Strahlen, liegen absurd weit weg entfernt von ersten Schäden. Das Risiko an Krebs zu sterben ist beim Regulierungswert von 10 µSv/J viel kleiner als ermordet zu werden. Die natürliche Strahlung überschreitet den Strahlengrenzwert von 1 mSv/J (1000 µSv/J) bei weitem. Die extrem tiefen Regulierungs- und Grenzwerte bei den radioaktiven Strahlen haben recht unsinnige Aktionen zur Folge, zu sehr hohen Kosten, nicht nur bei Halsketten und Triebwerken. Vor allem das Gesundheitswesen und die Kernkraft werden zu gewaltigen Mehrkosten verurteilt, ohne jeden Nutzen.

9

Hiroshima und Nagasaki

Die Abwürfe der Atombomben auf Hiroshima und Nagasaki markierten das Ende des Zweiten Weltkrieges; die Zerstörungen haben sich ins kollektive Gedächtnis der Menschheit eingebrannt.

9.1 Die Büchse der Pandora

Die Chemiker Otto Hahn und Fritz Strassmann haben am 17. Dezember 1938 in Berlin, ohne es zu realisieren, die Kernspaltung entdeckt. Sie beschossen Urankerne mit Neutronen und fanden dabei neue Elemente. Zwei Wochen später deutete die Physikerin Lise Meitner, zusammen mit ihrem Neffen Otto Frisch, die Resultate richtig – als Kernspaltung.

Sehr schwere Kerne wie Uran haben grosse Mühe, ihre Kernbauteile zusammenzuhalten, die vielen positiv geladenen Protonen stossen sich gegenseitig ab. Es braucht nur noch einen Anstoss in Form eines Neutrons, um den Kern zu spalten, meist in zwei etwa halb so schwere, hochradioaktive Spaltprodukte, siehe Figur 9-1. Die Spaltung befreit auch 2–3 Neutronen, diese können neue Kerne spalten. Ist genügend viel Masse vorhanden, wächst diese Reaktion lawinenartig an – eine Kettenreaktion entsteht. Bei einer Kugel aus Uran-235 benötigt man dafür etwa 50 kg, bei Pu-239 weniger als 10 kg. Durch Kompression und weitere Tricks kann die kritische Masse stark reduziert werden.

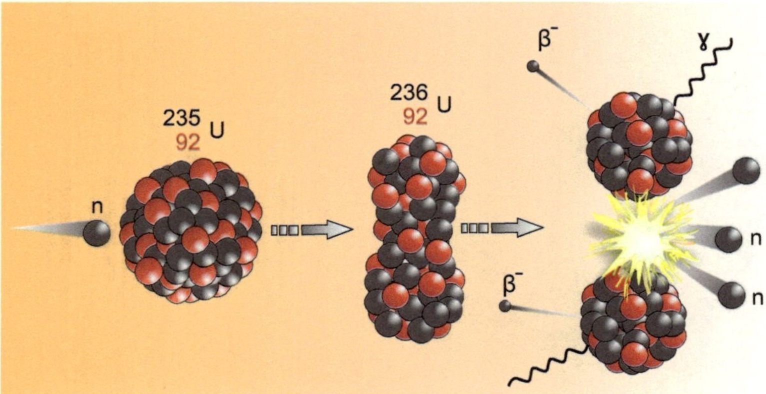

Figur 9-1: Die Kernspaltung am Beispiel von U-235

Meitner und Frisch berechneten, dass bei der Kernspaltung Millionen-mal mehr Energie freigesetzt wird als bei einer chemischen Reaktion. Ihre Publikation vom Februar 1939 elektrisierte die gesamte Physikergemeinschaft. Das Potenzial für eine Bombe zeichnete sich sofort ab. Einer der führenden Kernphysiker, der Ungar Leo Szilard, versuchte seine Kollegen und Kolleginnen zur Geheimhaltung zu verpflichten. Zu spät, die Büchse der Pandora liess sich nicht mehr schliessen. In den nächsten Monaten wurden in mehreren Ländern erfolgreiche Experimente zur Kernspaltung durchgeführt, innerhalb eines Jahres erschienen gut 100 Fachartikel darüber – und mehrere Patente.

Kann man eine Massenvernichtungswaffe patentieren?

Ja, man kann. Oder zumindest man konnte. Bei einem Patent muss immer auch der Nutzen der Erfindung dargelegt werden. Wenn der «Nutzen» darin besteht, dass man sehr viele Menschen auf einen Schlag umbringen kann, ist dies mehr als pervers. Anfang Mai 1939 meldete F. Joliot in Frankreich ein solches Patent an, in mehreren Ländern erfolgten weitere. Die Patente wurden sofort als geheim erklärt. Denn in den meisten grösseren Ländern begann man über Nuklearbomben nachzudenken, so in Frankreich, Deutschland, England, Kanada, Russland, Japan und USA. Anfänglich war Frankreich am weitesten fortgeschritten. Verständlich, denn die Angst vor einer deutschen Wehrmacht, ausgestattet mit Atombomben, war gross. Im Mai 1939 besorgte sich Frankreich 8 Tonnen Uran, plus eine Option für weitere 50 Tonnen. Gleichzeitig beschaffte man sich 167 Liter schweres Wasser (D_2O), geeignet für Natururanreaktoren zum Brüten von Plutonium. Das abrupte Ende kam im Juni 1940, die Wehrmacht marschierte in Paris ein.

Hitler und Mussolini verkannten die Bedeutung der Kernspaltung. Zudem bewirkte der Antisemitismus, dass jüdische Spitzenforscher in Scharen die Nazi-Gebiete verliessen: Einstein, Fermi (mit jüdischer Frau), Teller, Szilard, Meitner, Frisch, von Neumann, Wigner, Bloch und andere. Die Emigranten waren die treibende Kraft hinter der Entwicklung der amerikanischen Atombombe.

Deutschland war in den 1930er-Jahren auf dem Gebiet der Kernphysik führend. Hätte Hitler 1939 einem Atombombenprojekt eine hohe Priorität eingeräumt, wäre Deutschland fähig gewesen, in 4–5 Jahren eine Plutonium-Bombe zu bauen. Doch die Entwicklungen wurden auf kleiner Flamme und an verschiedenen Stellen, unkoordiniert und oft in Konkurrenz zueinander, durchgeführt. Sogar die Reichspost hat ein Entwicklungsprogramm finanziert, geführt vom Universalgenie Manfred von Ardenne. 1945 war man nicht weit weg von einem funktionierenden Reaktor.

Im März 1940 verfassten zwei nach England emigrierte Spitzenforscher, Frisch und Peierls, ein Memorandum, darin wurde der Aufbau und die Wirkung einer Bombe recht genau beschrieben. Doch England hatte ganz andere Sorgen, die Wehrmacht stand am Ärmelkanal. Winston Churchill erklärte im Unterhaus:

«Die Schlacht um Frankreich ist verloren. Ich erwarte, dass jetzt die Schlacht um Grossbritannien beginnen wird.»

1943 wurden die relativ bescheidenen britischen und kanadischen Forschungsprogramme mit dem Manhattan-Projekt der Amerikaner verschmolzen.

9.2 Das Manhattan-Projekt

Die Amerikaner starteten die Bombenentwicklung zunächst sehr verhalten. Europa war weit weg, sie zeigten wenig Lust, sich aktiv in den Krieg einzumischen. Anfang August 1939 schrieb Einstein, angetrieben von Szilard, einen Brief an Roosevelt, er warnte vor einer deutschen Bombe und forderte ein Atombombenprogramm. Die Reaktion: 6000 $ an Szilard für eine kleine Untersuchung. Bis Ende 1941 machte das Projekt nur wenig Fortschritte.

Der 7. Dezember 1941 änderte die Situation schlagartig, Japan überfiel Pearl Harbor und katapultierte Amerika mitten in den Krieg hinein. Die Entwicklung einer Bombe bekam die höchste Priorität und damit unbegrenzte Mittel und die weltbesten Köpfe. Zeitweise arbeiteten bis zu 150 000 Leute am Projekt. Mitte 1942 wurde es als Manhattan-Projekt offiziell gestartet, mit General Groves an der Spitze. Er war einer der besten Projektleiter aller Zeiten, unglaublich effizient. Vor allem die Wahl von Robert Oppenheimer als wissenschaftlichen Leiter war ein Geniestreich. Dieser musste eine grosse, bunt zusammengewürfelte Meute von eigenwilligen Genies aus aller Welt, darunter mehrere Nobelpreisträger, menschlich und fachtechnisch führen. Als Nabelpunkt für die Entwicklung der Bombe wählte Oppenheimer ein einsames Hochplateau in New Mexico, Los Alamos.

Die Blitzgeburt des Kernreaktors und der Atombombe

Fermi, unterstützt von Szilard und anderen Forschern, baute mitten in Chicago den ersten Reaktor der Welt, den CP-1. Am 2. Dezember 1942 wurde eine selbsterhaltende Kettenreaktion erreicht. Die Planung des viel grösseren X-10-Reaktors, einem Plutonium-Brüter, wurde noch vor dem erfolgreichen Testlauf des CP-1 gestartet. Baubeginn war April 1943, sieben Monate später nahm er den Betrieb auf. Kurz darauf begann man mit dem Bau von mehreren richtig grossen 250 MW-Brutreaktoren. Die Bauzeiten betrugen kaum mehr als ein Jahr. Die Sicherheit wurde grossgeschrieben, es gab nie ernsthafte Probleme[84]. Erstaunlich, bei einer völlig neuen Technik, unter extremem Zeitdruck realisiert. Doch bereits beim CP-1 hatte Fermi drei verschiedene Schnellabschaltungen installiert, zwei manuelle und eine vollautomatische. Vorbildlich. Tschernobyl verfügte über keine einzige Schnellabschaltung. Strafbar.

84 Das schlimmste Ereignis: 1948 entwich eine radioaktive Wolke mit rund 2×10^{14} Bq I-131, ca. 1/10 000 der Tschernobyl-Menge

1944 wurden die Bombenpläne immer konkreter. Groves und Oppenheimer beschlossen, gleich zwei verschiedene Typen zu bauen. Einerseits eine Uranbombe, bestehend aus dem leicht spaltbaren U-235, andererseits eine Plutoniumbombe, auf Basis von Pu-239. Für die Uranbombe galt es aus dem Natururan, zu 99,3 % bestehend aus U-238, das chemisch identische Isotop U-235 herauszufischen, ein extrem schwieriges Unterfangen. Zu diesem Zweck requirierte General Groves über Nacht in einem abgelegenen Tal bei Oak Ridge, Tennessee, 240 km^2 Farmland[85] und liess darauf die damals weltgrösste Fabrik aus dem Boden stampfen. Bald beschäftige die Anlage 75 000 Menschen. Hat man genügend U-235 für eine kritische Masse, ist die Konstruktion der Bombe relativ einfach: Man schiesst zwei unterkritische Massen ineinander. So geschehen bei der Hiroshimabombe. Bei einer Plutoniumbombe muss ein Leistungsreaktor zunächst aus U-238 das Pu-239 erbrüten – im Vergleich zur Isotopentrennung einfacher. Wesentlich schwieriger ist die Zündung: Eine extrem schnelle, hochsymmetrische Implosion, durchgeführt mit konventionellem Sprengstoff, komprimiert eine kleine Plutoniumkugel zu einer überkritischen Konzentration.

Anfang 1945 begann Oppenheimer mit dem Bau der Bomben. Am 16. Juli erfolgte der Test einer Plutonium-Bombe in der Wüste von New Mexico. Drei Wochen später fiel eine Uran-Bombe auf Hiroshima. Sie musste nicht getestet werden, die Physik war klar. Drei Tage später vernichtete eine Plutonium-Bombe Teile von Nagasaki.

Die Bezeichnung «Atombombe» stammt übrigens vom Schriftsteller H. G. Wells. Beeindruckt von den rätselhaften Eigenschaften der Radioaktivität schrieb er 1914 einen Zukunftsroman, darin kommt eine schreckliche Bombe, die Atombombe, vor. Da dieser Name heute allgemein verwendet wird, bezeichne ich Nuklearbomben oft auch als Atombomben.

Atombombe «Made in Japan»?

Ähnlich wie in Deutschland wurden auch in Japan die verschiedenen Bombenprojekte schlecht koordiniert. 1941 beauftragte die Regierung zunächst Nishina, einen führenden Kernphysiker und Freund von Bohr und Einstein, mit Untersuchungen. Parallel dazu führte sowohl die Marine als auch die Armee Aktivitäten durch. Nach der Midway-Niederlage veranlasste Admiral Yamamoto eine Intensivierung der Anstrengungen. Man begann Isotopentrennungsanlagen zu entwickeln

85 Er entschädigte die Besitzer relativ grosszügig. Diese mussten dafür ihr Land Hals über Kopf verlassen.

(Gasdiffusion, Zentrifugen) und stellte dafür Uranhexafluorid her. Nach dem Krieg zeigte sich, dass die japanischen Kernphysiker ebenso kompetent waren wie diejenigen anderer Nationen. Lähmend war allerdings der Mangel an Uran. Deutschland war bereit, auszuhelfen. Doch drei japanische U-Boot-Missionen scheiterten, alle Boote wurden von den Alliierten versenkt. Zwei davon befanden sich bereits auf dem Rückweg nach Japan, mit Uran an Bord. Schliesslich versuchte es die deutsche Kriegsmarine mit dem U-234 Langstrecken-U-Boot. Dieses machte sich am 15. April 1945, beladen mit 560 kg Uran, auf den Weg nach Japan. Drei Wochen später, U-234 befand sich mitten im Atlantik, kam die Nachricht vom Kriegsende in Europa. Am 16. Mai ergab sich U-234 dem amerikanischen Zerstörer USS Sutton und wurde anschliessend zur Marinebasis Portsmouth geleitet.

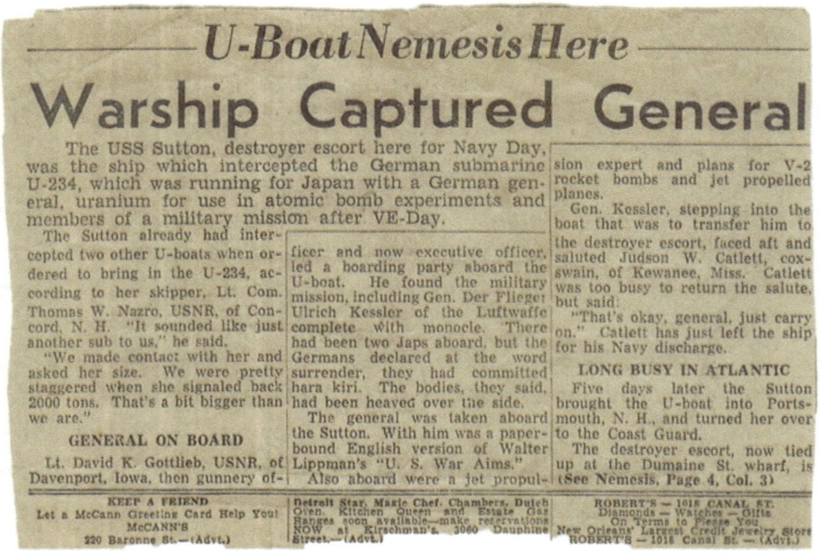

U-Boat Nemesis Here

Warship Captured General

The USS Sutton, destroyer escort here for Navy Day, was the ship which intercepted the German submarine U-234, which was running for Japan with a German general, uranium for use in atomic bomb experiments and members of a military mission after VE-Day.

The Sutton already had intercepted two other U-boats when ordered to bring in the U-234, according to her skipper, Lt. Com. Thomas W. Nazro, USNR, of Concord, N. H. "It sounded like just another sub to us," he said.

"We made contact with her and asked her size. We were pretty staggered when she signaled back 2000 tons. That's a bit bigger than we are."

GENERAL ON BOARD

Lt. David K. Gottlieb, USNR, of Davenport, Iowa, then gunnery officer and now executive officer, led a boarding party aboard the U-boat. He found the military mission, including Gen. Der Flieger Ulrich Kessler of the Luftwaffe complete with monocle. There had been two Japs aboard, but the Germans declared at the word surrender, they had committed hara kiri. The bodies, they said, had been heaved over the side.

The general was taken aboard the Sutton. With him was a paper-bound English version of Walter Lippman's "U. S. War Aims."

Also aboard were a jet propulsion expert and plans for V-2 rocket bombs and jet propelled planes.

Gen. Kessler, stepping into the boat that was to transfer him to the destroyer escort, faced aft and saluted Judson W. Catlett, coxswain, of Kewanee, Miss. Catlett was too busy to return the salute, but said:

"That's okay, general, just carry on." Catlett has just left the ship for his Navy discharge.

LONG BUSY IN ATLANTIC

Five days later the Sutton brought the U-boat into Portsmouth, N. H., and turned her over to the Coast Guard.

The destroyer escort, now tied up at the Dumaine St. wharf, is

(See Nemesis, Page 4, Col. 3)

KEEP A FRIEND
Let a McCann Greeting Card Help You!
McCANN'S
220 Baronne St.—(Advt.)

Detroit Star, Magic Chef, Chambers, Dutch Oven, Kitchen Queen and Estate Gas Ranges soon available—make reservations NOW at Kirschman's, 3060 Dauphine Street.—(Advt.)

ROBERT'S — 1018 CANAL ST.
Diamonds — Watches — Gifts
On Terms to Please You
New Orleans' Largest Credit Jewelry Store
ROBERT'S — 1018 Canal St. — (Advt.)

Figur 9-2: Schlagzeile um U-234

Genüsslich vermerkte die Presse, dass auch ein General (mit Monokel) an Bord war, «*complete with monocle*», und dass sich die beiden japanischen Begleit-Offiziere durch «Hara-Kiri» verabschiedet hatten (Figur 9-2)[86]. Bemerkenswert ist der Satz: «*... uranium for use in atomic bomb experiments*». Captain Jerry Mason, US NAVY (Ret.) hat mir netterweise die vollständige Liste aller Güter von U-234 zukommen lassen. Die meisten waren für das japanische Militär bestimmt, alles wurde penibel

86 Mit freundlicher Genehmigung von J.Mason, www.uboatarchive.net

genau vermessen und registriert, insgesamt 4418 Objekte. Unter anderem sind auch 10 Pakete mit je 56 kg Uran aufgeführt. Was mit diesem Uran genau geschehen ist, weiss man bis heute nicht (oder will es nicht wissen). Ziemlich sicher wurde es in die Isotopentrennanlage von Oak Ridge gebracht. Vielleicht hat die Hiroshima-Bombe auch «deutsches» Uran enthalten, aus zeitlichen Gründen eher unwahrscheinlich. Das Uran hätte dann seinen Bestimmungsort trotzdem erreicht, allerdings in einer fürchterlichen Form.

Nach dem Krieg strebten die meisten Industriestaaten eine atomare Bewaffnung an, selbst die kleine, harmlose Schweiz. 1955 beschaffte sie sich heimlich 10 t Uran. Vorarbeiten für eine Entwicklung starteten. 1958 sprach die Regierung erstmals öffentlich von Atomwaffen. Für die «New York Times» eine Schlagzeile wert:

«Swiss will seek atomic weapons»

1962 wurde eine Volksabstimmung durchgeführt, 65 % der Schweizer befürworteten eine eigene Atombombe. Ein Reaktor, ein Schweizer Eigenbau («Diorit», 20 MW), geeignet zur Produktion von Plutonium aus Natururan, stand ab 1960 zur Verfügung. 20 kg Plutonium in nicht waffenfähiger Form wurden erbrütet. Das Ende kam 1969, die Schweiz unterzeichnete den Atomwaffensperrvertrag.

9.3 Little Boy

Am 6. August 1945, um 8:15 Uhr, fiel «Little Boy», eine Uranbombe mit einer Sprengkraft von 15 000 Tonnen TNT, auf Hiroshima. Die Explosion traf die Bevölkerung völlig unvorbereitet. Zwar lösten die anfliegenden Flugzeuge einen Fliegeralarm aus. Als aber der Radaroperateur realisierte, dass es nur drei Flugzeuge waren, die zudem in grosser Höhe flogen, wurde der Alarm fatalerweise wieder aufgehoben. Niemand suchte Schutzräume oder Unterstände auf oder traf sonstige Schutzmassnahmen.

Die Bombe tötete gleich auf vier Arten: Druckwelle und Feuer kannte man von konventionellen Bomben, neu dazu kamen Hitzestrahlung und radioaktive Strahlung. Letztere forderte mit Abstand die wenigsten Opfer, trotzdem wird sie am meisten gefürchtet. Grosse, eigens dafür gegründete Forschungsinstitute untersuchten die Auswirkungen, umfassend und hochprofessionell. Dessen ungeachtet entstanden bald eine Reihe von Mythen.

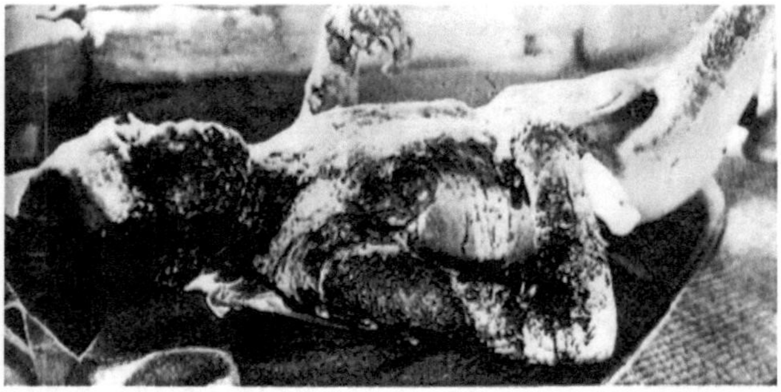

Figur 9-3: Entsetzlichen Brandwunden von Hitzestrahlung und Feuersturm

Die Bombe explodierte 600 m über dem Boden und erzeugte einen extrem heissen Feuerball mit einem Durchmesser von 370 m. Während 1–2 Sekunden sandte dieser eine brutale UV- und Hitzestrahlung aus. Fürchterliche Brandwunden waren die Folge (Figur 9-3), bis zu einer Entfernung von 2 km tödlich (Figur 9-4). Die Oberhaut verfärbte sich dunkelbraun bis schwarz und platzte ab. Tödlich, falls mehr als 20 % der Haut betroffen war. 30–50 % aller Todesfälle sind darauf zurückzuführen.

Immer wieder wird von «verdampften» Menschen berichtet. Doch aufgrund der Naturgesetze ist dies unmöglich. Eine einfache Abschätzung (Anhang 9.8) zeigt, dass die Hitzestrahlung, selbst im Nullpunkt, nur ausreichte, um eine Wasserschicht von maximal 1,8 mm zu verdampfen. Massive Objekte aus Stein, Metall oder Holz wurden nur um einige Grad aufgeheizt. Einzig eine dünne Oberflächenschicht erhitzte sich kurzzeitig sehr stark, Verfärbungen und Schattenbilder waren die Folge.

Der Feuersturm – die Hölle auf Erden

Der rasch expandierende Feuerball erzeugte auch eine gewaltige Druckwelle. Die Stadt bestand grösstenteils aus leicht gebauten Holzhäusern mit Wänden aus einem lehmverschmierten Bambusgeflecht. Im Umkreis von 2 km kollabierten die meisten. Es kam noch schlimmer: In den Trümmern entstanden viele kleinere Brände; diese vereinigten sich in weniger als einer halben Stunde zu einem einzigen, verheerenden Feuersturm. 11 km^2 wurden vollständig zerstört. Einige Monate zuvor wütete in Tokyo ein noch grösseres Höllenfeuer, ausgelöst durch einen grossen

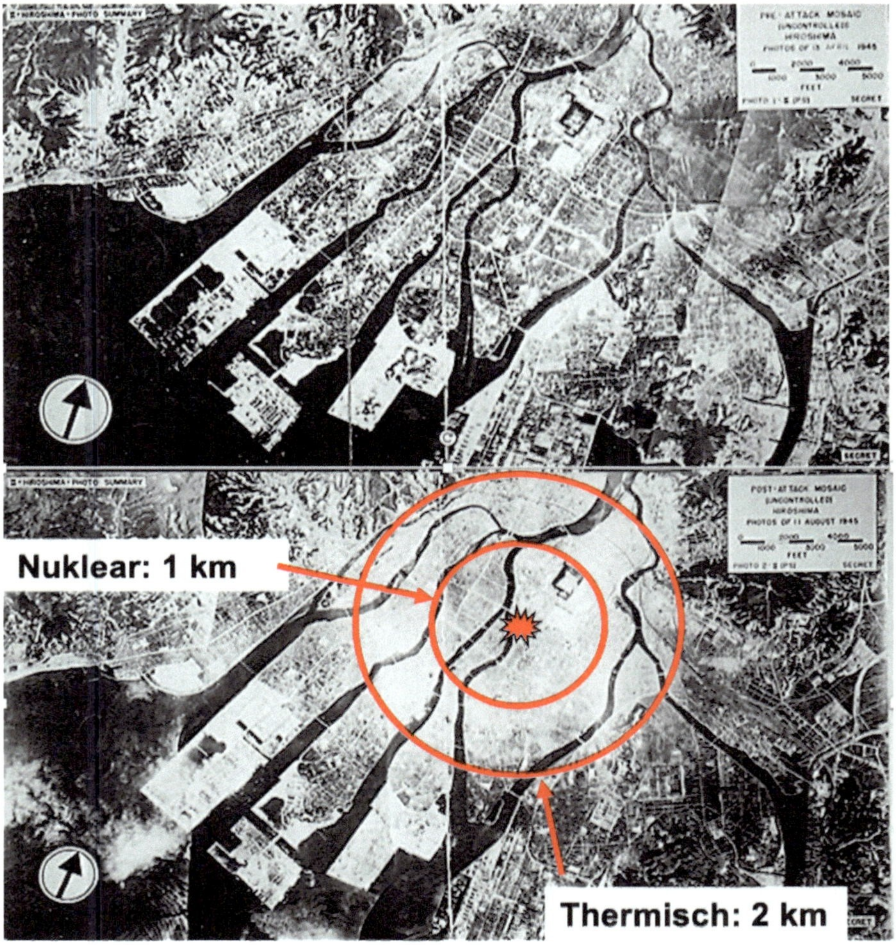

Figur 9-4: Hiroshima, 13. April 1945 (oberes Bild). Unten: Hiroshima, 5 Tage nach Explosion. Eingezeichnet sind die Todesradien für ungeschützte Bewohner.

Brandbombenangriff. 41 km² wurden zerstört, rund 100 000 Einwohner kamen ums Leben. Die apokalyptische Wirkung eines Feuersturmes haben auch die Bewohner von Hamburg anlässlich des britischen Brandbombenangriffes vom 17. Juli 1943 erleben müssen. Trotz Steinbauten, Luftschutzräumen, guten Vorbereitungen und Vorwarnung starben 42 000 Menschen, 13 km² Wohnfläche wurde gründlich zerstört. Die gesamte Bombenenergie entsprach etwa dem Dreifachen der Hiroshimabombe. Eine Tonne Holz setzt beim Verbrennen eine Energie von

5 MWh frei, dies entspricht etwa 4 Tonnen Sprengstoff (TNT). Ein Holzhaus besteht aus mehreren Tonnen Holz. Die freigesetzte Energie des Feuersturms von Hiroshima betrug ein Mehrfaches der Bombenenergie, entsprechend zerstörerisch war seine Wirkung.

Im Gegensatz zu den Holzhäusern liess die Druckwelle massiv gebaute Stein- oder Betonbauten weitgehend intakt, selbst im Epizentrum (Figur 9-5). Dank solcher Bauten überlebten im Umkreis von 500 m um das Epizentrum etwa 900 Bewohner. In einem durchschnittlichen Luftschutzkeller (in der Schweiz in fast jedem Haus vorhanden) hätte man eine gute Chance, eine solche Explosion unbeschadet zu überleben.

Figur 9-5: Zentrum von Hiroshima. Roter Kreis, vom Autor eingezeichnet, zeigt die ungefähre Ausdehnung des darüber entstandenen Feuerballs. Eingerahmtes Gebäude: ca. 80 m vom Hypozentrum entfernt.

9.4 Die Nuklearstrahlung und der schwarze Regen

In den ersten 2–3 Sekunden wurde auch eine extrem starke nukleare Strahlung ausgesandt. Ungeschützt erhielt man bis in etwa 1 km eine tödliche Dosis, bis 1,5 km konnte man strahlenkrank werden. Praktisch die gesamte Strahlenbelastung stammte von dieser Schockstrahlung. Der Fallout (Spaltprodukte und radioaktive Bombenreste) spielte keine grosse Rolle, die Neutronenaktivierung des Bodens auch nicht. Der Feuerball mit dem Fallout erreichte den Boden nicht. Er stieg, getrieben durch die hohen Temperaturen, innert weniger Minuten bis in eine Höhe von 20 km. Dort blieb der Fallout als Gas oder Aerosol für Monate, verteilte sich über grosse Distanzen und zerfiel praktisch vollständig. Die Radioaktivität des Fallouts von Nuklearbomben nimmt aufgrund der physikalischen Gesetze sehr schnell ab, nach 14 Tagen ist sie noch rund 0,01 % derjenigen nach 10 Minuten, nach einem Jahr ist weniger als ein Millionstel vorhanden.

Ein kleiner Teil des Fallouts geriet auch in die unteren Teile der Atmosphäre. Vermischt mit Russteilchen von den Bränden fiel in einigen Gebieten ein «schwarzer Regen». Er strahlte teilweise relativ kräftig, aber kaum genug, um einen akuten Schaden anzurichten. Dies wurde durch unzählige wissenschaftliche Analysen immer wieder von Neuem bestätigt. Bodenproben aus den Regengebieten, drei Tage nach der Explosion gesammelt, werden bis heute aufbewahrt.

Nagasaki wurde drei Tage später von einer noch stärkeren Bombe heimgesucht, sie emittierte etwa 50 % mehr Neutronen. Von den relativ schnell zerfallenden, neutronenaktivierten Substanzen ist heute keine Spur mehr vorhanden, siehe Figur 9-6. Die Bombe verursachte etwas weniger Schäden, sie fiel nicht direkt über dem Stadtzentrum.

Figur 9-6: Die Strahlung in Nagasaki ist heute tiefer als im weltweiten Durchschnitt (Photo vom Autor)

9.5 Opferzahlen, kurz- und mittelfristige Folgen

Zur Zeit der Explosion befanden sich etwa 320 000 Menschen in Hiroshima. Rund ein Drittel blieb unversehrt, ein weiteres Drittel wurde verletzt und zum Teil auch bestrahlt, erholte sich aber. Das letzte Drittel starb an den akuten Wirkungen und den Langzeitfolgen. Todesursachen gemäss den lokalen Gesundheitsbehörden: Brandwunden (60 %), Verletzungen durch Trümmer (30 %), radioaktive Strahlung und andere Ursachen (10 %). Über die Hälfte der Opfer starb noch am Tag der Explosion. In den nächsten Tagen und Wochen war die Mortalitätsrate entsetzlich hoch (kaum medizinische Versorgung), erst nach 2–3 Monaten sank sie auf das Niveau der unversehrten Nachbarstadt Kure. Diese diente bei den ersten Untersuchungen als Vergleich.

Strahlenkrankheit

Ab etwa 20 % der tödlichen Dosis wird man strahlenkrank. Rund 20 000 Überlebende waren davon betroffen. Am schlimmsten waren die Schäden der blutbildenden Zellen. Nach einigen Tagen beginnen Blutgerinnung und Immunsystem zu leiden, man stirbt meist an einer (sonst harmlosen) Infektion und/oder an Blutungen. Von einer nicht tödlichen Dosis erholt man sich in der Regel in 1–2 Monaten. Nach 2–3 Monaten hat sich auch das Immunsystem vollständig regeneriert. Ein Anstieg von Infektionskrankheiten wurde bei den Überlebenden bis heute nicht festgestellt, auch keine von chronischen Krankheiten. Hingegen stiegen die Fälle von grauem Star um einige Prozent an, die von grünem Star sanken leicht. Man fand auch etwas mehr Herz-Kreislauf-Krankheiten, doch die Datenlage ist unsicher. Unübersehbar waren die vielen bösen Narbenbildungen (Keloide), verursacht durch Brandwunden. Gut messbar sind auch die DNA-Schäden, zumindest bei hohen Dosen. Die gute Nachricht: Diese Schäden wurden nicht auf die Nachkommen übertragen, entgegen aller Befürchtungen.

Langzeitwirkungen

Nach der Erholung von einer Strahlenkrankheit folgte praktisch immer eine gesundheitlich normale Lebensphase. Erst im Alter steigt die Krebsrate steiler an als bei nicht Bestrahlten. Die wichtigste Ausnahme: Nach 2–3 Jahren verdoppelte sich die Leukämierate für mehrere Jahre (Figur 9-7). In beiden Städten zusammen dürfte die Bestrahlung für insgesamt 94 Leukämie-Todesfälle verantwortlich sein (hauptsächlich Kinder). Allerdings kann man nicht ausschliessen, dass auch die Unterernährung, die Seuchen, die Verletzungen und Verbrennungen und die traumatischen Erlebnisse die Leukämierate beeinflusste. Zudem schwankten die Fallzahlen sehr stark. Es gab sogar Jahre mit null Fällen, dann schnellten sie plötzlich wieder auf über 10, Ursache unklar. Die Leukämierate schwankte auch örtlich sehr stark, so haben die Bewohner von Nagasaki eine um ein Drittel kleinere Rate als die Bewohner von Hiroshima. Noch krasser sind die Unterschiede bei einer Unterart (ATL, adult T-cell leukemia): In Nagasaki fand man insgesamt 42 Fälle, in Hiroshima nur 5. Solange solche Unterschiede nicht erklärt werden können, ist es schwierig, genaue Angaben über den Anteil der Strahlung zu machen. Sicher ist nur, dass andere Ursachen die Leukämierate stark beeinflussen.

Die Nachkommen

Die schlechte Nachricht: Eine starke Bestrahlung während der Schwangerschaft, zusammen mit den traumatischen Erlebnissen, der Hungersnot und den schlimmen Verletzungen, liess die Fehlgeburtenrate stark ansteigen. Ebenso schlimm: Eine heftige Bestrahlung zwischen der 8. und 15. Schwangerschaftswoche konnte eine Mikrozephalie auslösen, dadurch wurde vor allem die spätere geistige Entwicklung der Kinder negativ beeinflusst. Knapp 5 % der insgesamt 1467 bestrahlten Föten waren davon betroffen. Die gute Nachricht: Wie schon in Kapitel 5 beschrieben, zeigten sich bei den 77 000 Nachkommen der Überlebenden weder eine erhöhte Missbildungsrate noch andere spätere negative Effekten, selbst nicht bei den Kindern der am stärksten bestrahlten, strahlenkranken Eltern.

9.6 Langzeitstudien – Organisation und Probleme

Bereits in den 1920er-Jahren wusste man, dass eine starke Bestrahlung Krebs, Strahlenkrankheiten und genetische Schäden (bei Tieren) auslösen kann. Aber erst durch die Analysen von Hiroshima und Nagasaki konnten die Langzeitwirkungen auch quantitativ erfasst werden, zumindest bei hohen Schockdosen.

Japanische und internationale Untersuchungen

Am 14. September 1945, kaum einen Monat nach den Explosionen, beschloss die japanische Regierung (mit dem Segen der Besatzungsmacht), die Wirkung der Atombomben gründlich zu untersuchen. Allein die medizinische Gruppe umfasste 1683 Mitglieder, dazu kamen die physikalischen, biologischen, geologischen und chemischen Teams. Die Amerikaner starteten am 8. September 1945 ihre eigenen wissenschaftlichen Untersuchungen mit zeitweise über 1000 Mitarbeitern, unterstützt von vielen japanischen Ärzten. Ende 1945 haben die Japaner bereits 80 medizinische Studien verfasst. Die Briten starteten eigene Untersuchungen, zudem gibt es verschiedene unabhängige Berichte. Heute werden die meisten Arbeiten von der «Radiation Effects Research Foundation» (RERF) in Hiroshima und Nagasaki durchgeführt – mit internationaler Beteiligung. Diese Institute sammeln und analysieren alle relevanten Daten der Überlebenden, die Forschungsqualität ist auf höchstem Niveau. Diese Aktivitäten stellen die aufwändigsten medizinischen Untersuchungen aller Zeiten dar und sie dauern immer noch an. Insgesamt dürften mehrere Milliarden $ investiert worden sein und vermutlich wird noch eine weitere Milliarde folgen. Die Resultate und Schlussfolgerungen werden allgemein akzeptiert, auch von kritischen Kreisen. Sie bilden die Grundlage unserer heutigen Risikoabschätzungen.

Die Überlebenden

Etwa 120 000 Überlebende beider Städte wurden für die verschiedenen, bis heute andauernden, äusserst gründlichen Langzeitstudien erfasst. 54 000 davon waren einer stärkeren radioaktiven Strahlung ausgesetzt. Die Zusammensetzung der Überlebenden ist etwas verzerrt. Vor allem fehlen die meisten gesunden Männer im Alter zwischen 18 und 50 Jahren, sie waren in der Armee. Als nicht bestrahlte Referenzgruppe dienten die Menschen in der Umgebung der Städte (2.4 bis 10 km) sowie Bewohner, welche zur Zeit der Explosionen nicht anwesend waren (NIC, «not-in-city») oder durch eine gute Abschirmung (massive Gebäude, Mauer) vor der Strahlung geschützt wurden. Das Problem: Die Krebsraten dieser Referenzgruppen unterscheidet sich um einige %, welche ist nun die «richtige»?

Die japanische Regierung identifizierte insgesamt 650 000 direkt oder indirekt von den Bomben betroffene Menschen («Hibakusha», Opfer der Bombe). Im Wesentlichen sind dies sämtliche Bewohner von Hiroshima und Nagasaki samt der weiteren Umgebung, sowie deren Kinder und die vielen Einsatzkräfte. Zum 31. März 2023 waren noch 113 649 Hibakusha am Leben, darunter knapp 10 000 aus der Gruppe der bestrahlten Personen. Das Durchschnittsalter ist 86 Jahre, nicht wenige sind über 100 Jahre alt, so gesund wie andere Japaner in dieser Altersgruppe. Bei 1 % der Hibakusha wird ein strahlenbedingtes Leiden anerkannt.

Nicht ganz fair ist die etwas einseitige Fokussierung auf die Atombombenopfer. «Normale» Kriegsbehinderte (in Japan über eine Million, weltweit viele Millionen) sollten die gleiche Aufmerksamkeit und Unterstützung erhalten wie die Atombombenopfer. Schliesslich führen schwere körperliche Behinderungen zu beträchtlichen Lebenszeitverkürzungen und, im Gegensatz zu genesenen Strahlenopfern, zu einer verminderten Lebensqualität. Bei Querschnittslähmungen muss mit einer bis zu 20 Jahren reduzierten Lebensspanne gerechnet werden.

Langzeiteffekte, was wissen wir heute?

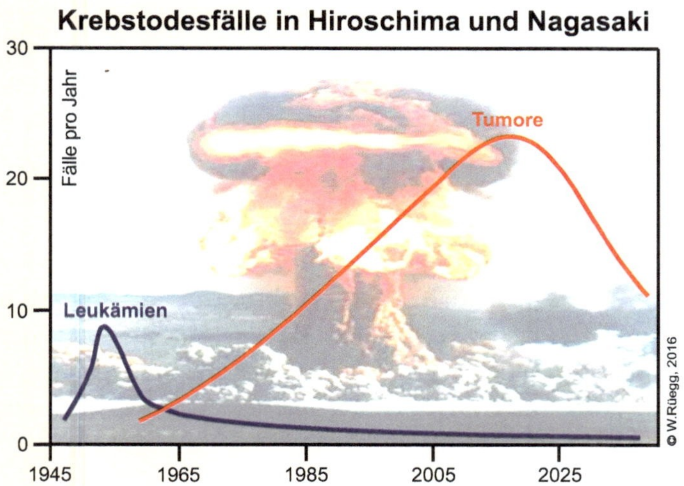

Figur 9-7: Durch die Strahlung verursachten Todesfälle

Es ist recht schwierig, die Langzeitfolgen einer Bestrahlung zu bestimmen. Die Gründe haben wir im Kapitel 5 aufgeführt. Eines der Probleme ist die Referenzgruppe: Je nach Ort und Zeitpunkt der Erhebung variiert die «normale» Krebsrate wesentlich stärker als die Wirkung von kleinen und selbst mittleren Dosen. Und die einzelnen Krebsarten, z. B. Leukämien, variieren noch viel mehr, nicht selten um mehrere Faktoren. Aus diesen Gründen erachten die RERF-Forscher nur die Resultate von hohen Strahlendosen (ab 1 Sv, etwa 20 % der tödlichen Dosis) als wirklich zuverlässig.

Das Krebsrisiko

Die durch die Strahlung verursachten Krebstodesfälle unter den 54 000 Bestrahlten erreichen erst nach 2010 , mit 20–30 Fällen pro Jahr, ihr Maximum, siehe Figur 9-7. Figur 5-1 im Kapitel 5 zeigt den Zusammenhang von Dosis und Krebsrisiko. Insgesamt werden die Spätfolgen der beiden Bomben gegen 1500 Opfer fordern, etwa 3 % aller bestrahlter Überlebenden. Im Klartext heisst das, dass 97 % der betroffenen Überlebenden sich gesundheitlich nicht von den Bewohnern einer anderen japanischen Stadt unterscheiden. Gemäss den neusten Statistiken[87] erhöht sich das Krebsrisiko pro Sv im Alter um etwa 7 % (Männer) bzw. 10 % (Frauen). Die bestrahlten Überlebenden sterben im Mittel etwa 4 Monate früher als die nicht bestrahlten. Raucher sterben im Mittel 5–10 Jahre früher, die sozial untersten Schichten verlieren gegen 10 Lebensjahre gegenüber den obersten Schichten, in praktisch allen Ländern. Der Lebensstil (Rauchen, Ernährung, Bewegung usw.) und die Umwelteinflüsse haben einen wesentlich grösseren Einfluss auf die Gesundheit der Überlebenden als die Strahlung[88].

Die heilige Kuh aller Strahlenschutzbehörden ist die LNT-Hypothese: Es gibt keine ungefährliche Dosis und das Risiko steigt linear mit der Dosis an. Die LNT-Kronzeugen sind die Resultate aus Hiroshima und Nagasaki. Doch es zeigt sich immer mehr, dass diese der LNT-Hypothese widersprechen. Im unteren Dosisbereich, bis einige 100 mSv, unterscheidet sich die Krebsrate kaum von der «normalen», eine Schwelle könnte bei etwa 0,25 Gy oder Sv liegen. Anschliessend steigt sie an, parabelförmig (nicht linear), um dann bei Dosen über etwa 1,5 Gy eher horizontal zu verlaufen.

Ein kleiner Rückblick

1927 gelang dem Genetiker Herman Muller der Nachweis, dass hohe Strahlendosen bei Fruchtfliegen die natürliche Mutationsrate erhöhen können. Die Experimente waren schwierig. Zu hohe Dosen führen schnell zu Sterilität, bei zu kleinen verschwinden die Effekte. Selbst wenn man die «richtige» Dosis trifft, erhöht sich die

87 A.V. Brenner et al, Radiation Research, 197(5):491-508 (2022)

88 https://bmcpublichealth.biomedcentral.com/articles/10.1186/1471-2458-7-49 Jim T Smith, BMC Public Health 2007 7:49.

Mutationsrate nur wenig über die natürliche Rate von 0,35 %, man muss mit mehreren 10 000 Tieren experimentieren. Bei Mäusen ist der Nachweis noch schwieriger zu erbringen. Für seine Forschungen wurde Muller mit dem Nobelpreis für Medizin geehrt. Dies geschah 1946, nicht ganz zufällig, ein Jahr nach den ersten nuklearen Explosionen. Seine ausschweifende Nobelpreis-Rede[89] dürfte die erlauchte Gesellschaft eher gelangweilt haben. Doch ein Satz ist bemerkenswert:

«... radiation acts in inhibiting growth, in causing sterilization, in producing necrosis and burns, in causing recession of malignant tissue, and perhaps also, on occasion at least, in inducing the initiation of such tissue».

Neben den verschiedenen akuten Schäden lässt die Strahlung Krebsgeschwüre schrumpfen und könnte vielleicht auch, zumindest gelegentlich, solche auslösen. Krebs war (und ist) ein seltener Effekt der radioaktiven Strahlung. Die grosse Sorge galt den genetischen Effekten, insbesondere den Missgeburten. Diese lösen die grössten Ängste aus, welche eine Mutter haben kann. Bis heute sind solche Ängste tief in der Öffentlichkeit verankert, allen wissenschaftlichen Erkenntnissen zum Trotz. Denn in den 1960er-Jahren sickerte langsam durch, dass selbst die Kinder der am stärksten bestrahlten, schwer strahlenkranken Überlebenden von Hiroshima und Nagasaki keine Erhöhung der Missgeburtenrate zeigen.

Man realisierte, dass die Schutzmechanismen (vor allem die DNA-Reparaturen und das Immunsystem) extrem gut funktionieren. So gut, dass nach einer Bestrahlung auch gleich einige natürliche Mutationen repariert werden (Kap. 6). Auf jeden Fall zeigten die Kinder der sehr stark bestrahlten Eltern von Hiroshima und Nagasaki eher weniger(!) Mutationen als die Kinder von nicht bestrahlten Eltern[90]. Doch diese Resultate finden kaum je den Weg in die Öffentlichkeit. Und so bleiben uns die irrationalen Ängste vor den mutagenen Gefahren der Strahlen noch lange erhalten.

9.7 Zusammenfassung

Die 1939 entdeckte Kernspaltung elektrisierte die gesamte Welt. Innerhalb wenigen Monaten wurde in vielen Staaten über den Bau einer Atombombe nachgedacht. Konkrete Entwicklungsarbeiten fanden in Frankreich, England, Deutschland, Japan, Russland und vor allem in den Vereinigten Staaten statt. Dank der enormen

89 http://www.nobelprize.org/nobel_prizes/medicine/laureates/1946/muller-lecture.html

90 https://www.ncbi.nlm.nih.gov/pmc/articles/PMC1469615/ https://www.jstor.org/stable/3581196 https://www.rerf.or.jp/en/programs/roadmap_e/health_effects-en/geneefx-en/chromeab/

Wirtschaftskraft, der konzentrierten Anstrengung und den vielen geflüchteten europäischen Spitzenforschern gelang es in 3 Jahren eine einsatzfähige Bombe zu entwickeln.

Die Bomben über Hiroshima und Nagasaki töteten etwa ein Drittel der Bevölkerung. Hitzestrahlung und Feuersturm forderten die meisten Opfer, die radioaktive Strahlung die wenigsten. Trotzdem wird sie am meisten gefürchtet. Über die Langzeitfolgen von hohen Schockdosen wissen wir dank der grössten medizinischen Untersuchung aller Zeiten recht gut Bescheid. Die Resultate bilden die Hauptquelle unseres Wissens über die Risiken einer Bestrahlung. Bei kleinen Dosen muss man spekulieren, die LNT-Hypothese ist das einfachste und beliebteste Modell. Sie hat aber gemäss den neusten und bisher besten Studien einen schweren Dämpfer bekommen.

9.8 Anhang: Der Verdampfungsmythos von Hiroshima

Die Bombenenergie betrug höchstens 16 kT TNT = 16×1000×1000×1,2kWh=19,2 Millionen kWh. Davon sind 30 % thermisch, also 5,76 Millionen kWh oder fast 21 Billionen Joule. Diese Energie verteilte sich kugelförmig. Da die Bombe in etwa 600 Meter Höhe explodierte, war die Energie pro Flächeneinheit direkt darunter (Hypozentrum): $E = 5{,}76$ Millionen kWh / $4 \times 60\,000^2 = 0{,}000127$ kWh/Quadratzentimeter oder 457 Joule pro Quadratzentimeter.

Um ein g Wasser um ein Grad zu erhitzen, muss eine Energie von etwa 4,19 Joule zugeführt werden (spezifische Wärme von Wasser). Um 1 g Wasser bei 100 °C zu verdampfen, benötigt man etwa 2260 Joule (Verdampfungswärme). Somit braucht man um Wasser von 30°C auf 100°C zu erhitzen etwa 290 Joule, zusammen mit der Verdampfung also rund 2 600 Joule/g. Die 457 Joule pro cm^2 aus der Bombe reichen nur aus, um eine 1,8 mm dicke Wasserschicht (0,18 g/cm^2) zu verdampfen. Niemand «verdampft». Die Brandwunden wären aber tödlich. Die Druckwelle direkt unter dem Nullpunkt zerreisst einen Körper in tausend Stücke, und die nukleare Strahlung erreicht absolut tödliche Werte. Man stirbt, ungeschützt, eines mehrfachen Todes. Um einen Körper vollständig zu verdampfen, müsste er sich mitten im Feuerball befinden, nicht weiter als 20–30 m von der Bombe entfernt. Ein Mythos, dass im Feuerball «alles» verdampft.

10

Nuklearer Weltkrieg – Ende der Menschheit?

Bitte an alle Politiker:
Lesen sie dieses Kapitel nicht, gehen sie gleich zum nächsten über!

10.1 Atombomben, gestern und heute[91]

Die ersten Atombomben basierend auf der Spaltung von U-235 oder Pu-239 hatten eine verheerende Wirkung gegenüber «weichen» Zielen wie Städten. Doch zur Zerstörung von massiven militärischen Anlagen eigneten sie sich nicht, wie die kaum beschädigten Steinbauten in Hiroshima zeigen. Erst mit den viel stärkeren Fusionsbomben («Wasserstoffbomben») konnte dies erreicht werden. Um sie zu zünden, sind Temperaturen von über 100 Millionen Grad notwendig – was nur mit einer «normalen» Atombombe als Zünder zu erreichen ist. Wasserstoffbomben erzeugen grosse Mengen von schnellen Neutronen. Diese können benutzt werden, um zusätzliches Uran zu spalten. Die Sprengkraft wird dadurch massiv erhöht, aber auch die Menge an gefährlichen Spaltprodukten.

Monsterbomben

Die USA nahmen 1954 die ersten Wasserstoffbomben in Dienst, die MK-14 und die TX15. Ungetüme von 14 bis 20 Tonnen Gewicht, mit einer Sprengkraft um 7 Millionen Tonnen TNT (7 MT). Die damalige schlechte Treffsicherheit versuchte man mit Monsterbomben auszugleichen. Von der grössten, der W41, wurden 500 Stück hergestellt, mit einer Sprengkraft zwischen 10 und 24 MT. In den 1960er-Jahren nahmen die USA die meisten grossen Bomben aus dem Dienst und ersetzten sie durch kleinere. Die Fortschritte bei der Treffsicherheit machten dies möglich. Der andere Grund: Um massive Bunker zu zerstören, benötigt man eine Oberflächendetonation von mehreren MT. Oder wenige 100 kT, wenn Spezialbomben zuerst einige Meter Beton oder Erde durchdringen und dann explodieren. MT-Bomben wurden überflüssig.

Die heutigen strategischen Bomben sind einige 100 kg schwer, die meisten mit einer Sprengkraft zwischen 100 kT bis 500 kT – apokalyptisch gegen weiche Ziele wie Bevölkerungszentren. Doch zuoberst auf den Ziellisten stehen nicht sie, sondern die gegnerischen Systeme für einen nuklearen Gegenschlag. In zweiter Priorität folgen militärischen Anlagen, dann die Industrie- und Infrastrukturbauten und erst zum Schluss die Städte. In den 1980er-Jahren umfassten die Listen über 10 000 Ziele, sowohl in den USA als auch in der Sowjetunion. Einsatzbereit waren 1985 etwa 23 000 strategische Bomben mit einer Sprengkraft von 14 000 MT.

91 Teilweise ein Auszug aus meinem NZZ-Artikel: https://www.nzz.ch/meinung/atombomben-ukraine-konflikt-gefahr-einer-nuklearen-katastrophe-ld.1677491 4/14

Radioaktivität, das grosse Schreckgespenst

Bei den strategischen MT-Wasserstoffbomben der alten Generation stammte ein wesentlicher Teil der Explosionsenergie aus der zusätzlichen Spaltung von Uran- oder Plutoniumkernen, dabei entsteht viel hochradioaktiver Fallout. Verheerend wirkt sich dies bei Explosionen am oder im Boden aus, gegen befestigte militärische Ziele. Bei einer 1 MT-Bombe verdampfen dabei mehrere 100 000 Tonnen Erde. Im Feuerball vermischen sie sich mit den radioaktiven Substanzen und steigen als «Atombombenpilz» in die höheren Zonen der Atmosphäre auf. Dort kondensiert die Materie und prasselt in den nächsten Stunden in Form von Sand – gut sichtbar – als «Fallout» auf die Erde nieder. Der lebensbedrohende Teil der Falloutzone hat bei gleichbleibendem Wind die Form einer Zigarre; die Spitze kann bei einer 1 MT-Bombe, je nach Windstärke, über 200 km weit reichen. Quer oder gar entgegen zur Windrichtung hat man wenig zu befürchten, ausser im Radius von einigen km um den Explosionsort.

Der gefährliche Fallout

Beginnt ein Sandregen, sollte man innerhalb von wenigen Minuten Schutz suchen, um nicht das Risiko einer Strahlenkrankheit, Beta-Verbrennungen (bei Sand/Staub auf der Haut) oder sogar einer tödlichen Dosis einzugehen. Den besten Schutz gewährt ein Luftschutzraum. Unterirdische Keller oder die Innenräume eines grossen Gebäudes sind zur Not auch geeignet. Abhängig vom Fallout kann es notwendig sein, mehrere Tage oder Wochen im Schutzraum zu bleiben. Die Strahlung nimmt sehr schnell ab. Nach zwei Tagen ist sie auf 1 % der Intensität wie nach einer Stunde gefallen. Ein erster kurzer Aufenthalt ausserhalb des Schutzraumes ist möglich (Nahrungsbeschaffung, Orientierung), selbst in Gebieten mit viel Fallout. Nach zwei Wochen ist die Strahlenintensität auf 0,1 % gesunken, nach einem Jahr auf 1/200 000. Um es nochmals zu sagen: Gefährliche Falloutmengen sind gut sichtbar, sie bedecken als dünne Sand- oder Staubschicht alle Oberflächen. Wenn sich auch auf glatten Oberflächen, wie zum Beispiel einem Autodach, kein Staub zeigt, besteht kaum Gefahr.

Wasserstoffbomben über Grossstädte

Bei einem Einsatz einer grossen Wasserstoffbombe über einer Stadt spielt die radioaktive Strahlung keine grosse Rolle. Um eine möglichst grosse Fläche zu zerstören, würden solche Bomben hoch über dem Boden gezündet. Bei einer 1 MT-Bombe, gezündet in 3 km Höhe, hat die nukleare Strahlung Mühe, den Boden zu erreichen. Noch wichtiger ist, dass ohne Bodenkontakt des Feuerballs kein nennenswerter lokaler oder regionaler Fallout entsteht. Einzig Regen könnte eine gefährliche Konzentration am Boden erzeugen. Dafür sind die anderen Wirkungen verheerend: Weitgehende Zerstörung aller Gebäude im Umkreis 3 km, nur wenige Bewohner überleben. Bis in 6 km Entfernung erleiden Backsteinhäuser mittelschwere Schäden. Am weitesten wirkt die Hitzestrahlung. Sie kann bis in 12 km Verbrennungen dritten Grades erzeugen. Werden grosse Regionen von vielen Explosionen heimgesucht, bricht die Zivilisation für Monate zusammen, die vollständige Erholung braucht Jahre. Hungersnöte, Seuchen, Krankheiten und Unruhen können mehr Menschen töten als die Bombe selber.

Druckwelle und die lebensrettende Reaktion

Eine Nuklearexplosion erzeugt eine extreme Helligkeit, bei grossen Bomben mehrere Sekunden lang. Das Allerdümmste, was man dann machen kann, ist ans Fenster zu rennen um Ausschau zu halten. Denn nach einigen Sekunden kommt die Druckwelle an. In 10 km Entfernung dauert es etwa 25 Sekunden, eine gefühlte Ewigkeit. Bei grossen Bomben verwandelt sich das Fensterglas selbst in dieser Entfernung in Geschosse von über 200 km/h; tiefe, oft lebensbedrohende Schnittwunden sind die Folge. Die Regel, in Deckung zu gehen und sich vom Fenster fernzuhalten, gilt bei allen grellen Lichterscheinungen. Eine solche kann auch durch einen Asteroiden ausgelöst werden. So geschehen 2013 über der Stadt Tscheljabinsk/Russland. Die Explosion in 30 km Höhe hatte eine Stärke von 500 kT. Sie erzeugte zwar keine Todesfälle (dank der grossen Explosionshöhe), aber 1500 Menschen wurden durch die nachfolgende Druckwelle verletzt, die meisten durch Glassplitter.

Der nukleare Winter

Das Schreckgespenst eines nuklearen Winters tauchte in den 1980er-Jahren auf. Bei einem grossen Nuklearkrieg könnten durch die Explosionen und den nachfolgenden Bränden bis zu mehreren 100 Millionen Tonnen Staub und Asche in die oberen Schichten der Stratosphäre geschleudert werden. Die Modellrechnungen prophezeiten einen globalen Temperatursturz von 25 °C, für drei Monate würde die Temperatur unter 0 °C bleiben. Milliarden würden erfrieren oder verhungern, zumindest gemäss Carl Sagen, einem bekannten amerikanischen Astronomen. Saddam Hussein steckte 1991 etwa 700 Ölfelder in Brand. Basierend auf Modellrechnungen prognostizierte Sagan einen globalen Temperaturrückgang wie beim Tambora-Ausbruch in Java, 1815. Dieser verursachte ein «Jahr ohne Sommer», mit weltweiten Missernten und Hungertoten, auch in Europa. 1991 geschah nichts dergleichen, obwohl über 160 Millionen Tonnen Öl verbrannten. Waldbrände verbrennen jährlich 2–4 Milliarden Tonnen Holz, ohne direkte globale Folgen. Der springende Punkt: Um einen globalen nuklearen Winter zu verursachen, müssen die Staub- und Ascheteilchen über 20 km hochsteigen. Bei Bränden ist dies nicht der Fall, auch wenn sie von Nuklearexplosionen verursacht werden. Die Russ- und Ascheteilchen haben kein Bedürfnis, die unteren Schichten der Atmosphäre zu verlassen und werden bald ausgewaschen oder sedimentiert. Nicht so bei einem Vulkanausbruch. 1991 schleuderte der Pinatubo 10 Milliarden Tonnen Erde und Asche bis 34 km hoch in die Stratosphäre. Die Folge: Für 1–2 Jahre ging die globale Temperatur um etwa 0,5°C zurück. Kein nuklearer Winter, obwohl etwa 20-mal mehr Material ausgestossen wurde als in den Nuklearwinter-Modellen der 1980er-Jahre.

«Saubere» Bomben?

Alle heutigen Nuklearbomben sind Fusionsbomben (Wasserstoffbomben), auch die kleinen taktischen für Einsätze auf dem Schlachtfeld. Die Fusionsreaktionen produzieren keine radioaktiven Stoffe. Doch zum Zünden und für sehr grosse Kaliber benötigt man Uran oder Plutonium, deren Spaltprodukte sind hochradioaktiv. Seit den 1960er-Jahren ist es möglich, relativ «saubere» Bomben mit nur wenigen % Spaltanteil zu bauen. Eine moderne 100 kT-Bombe produziert nur noch einige 100 Gramm Spaltprodukte, weniger als die Hiroshima-Bombe (15 kT). Es ist unklar, in welchem Ausmass ein heutiger Nuklearkrieg «sauber» wäre. Zudem kann bei modernen Bomben das Kaliber und damit auch der Verschmutzungsgrad, vor dem Einsatz eingestellt werden. Die Ziele sind auch unklar: Die Militärs bevorzugen die gegnerischen militärischen Anlagen, die Politiker vielleicht eher die Bevölkerungszentren.

10.2 Die nützlichste Lüge aller Zeiten

Während des Kalten Krieges bestand die Gefahr einer gegenseitigen mehrfachen totalen Vernichtung, die «Mutually Assured Destruction» oder MAD, gleichbedeutend mit dem Ende der Menschheit. Wirklich? Die weltweiten radioaktiven

Folgen der damals vorhandenen 14 000 MT können wir anhand der atmosphärischen Testexplosionen abschätzen. Der Fallout der 520 Testexplosionen mit insgesamt recht dreckigen 540 MT verteilte sich weltweit und bestrahlte die Menschen im Laufe ihres Lebens mit durchschnittlich etwa 1,5 mSv. 14 000 MT dürften eine Lebensdosis von etwa 40 mSv verursachen, wenig im Vergleich zur natürlichen Lebensdosis von durchschnittlich 200 mSv, mit Variationen zwischen 100 mSv und mehreren Sv. Selbst mit 100-mal mehr Bomben ist eine «radioaktive» Vernichtung der gesamten Menschheit ausgeschlossen.

Die grösste menschgemachte Katastrophe

Ein grossflächiger Nuklearkrieg könnte sich – gemessen in absoluten Zahlen – zur grössten menschengemachten Katastrophe aller Zeiten entwickeln. Im Extremfall hätten die 14 000 MT des Kalten Krieges, falls vorwiegend gegen Bevölkerungszentren gerichtet, 1–2 Millionen km^2 völlig zerstört, was mehreren % der Flächen der Sowjetunion, der USA und/oder Europa entspricht. Je nach Vorbereitung/Warnung/Schutz/Abwehr wären in den Agglomerationen bis einige hundert Millionen Menschen gestorben, aber nur wenige aufgrund der Radioaktivität. Allerdings hatten die militärischen Bodenziele eine viel höhere Priorität. Bei Bodenexplosionen entsteht viel gefährlicher Fallout, im Extremfall könnten akut lebensbedrohende Zonen von insgesamt etwa 20 Millionen km^2 entstehen, etwa 4 % der Landfläche der Erde. Trotzdem würde der Fallout nicht die meisten Opfer fordern, vor allem nicht bei einem rechtzeitigen Aufenthalt von einigen Tagen bis einigen Wochen in Kellern, Schutzräumen oder in grossen Gebäuden. Die Strahlung nimmt, wie bereits erwähnt, rasch ab, nach 1–2 Monaten ist nur noch 0,01 % vorhanden. Die Menschen haben wichtigere Probleme zu lösen. Denn die Zivilisation würde in den betroffenen Regionen für viele Monate, vielleicht sogar für 1–2 Jahre zusammenbrechen und mehr Todesopfer fordern als die Strahlung.

10.3 Die heutige Bedrohung

Nach 1985 sank die Zahl der strategischen Nuklearbomben dramatisch – eine Folge der Abrüstungsverträge. Zudem wurden die Bomben kleiner und «sauberer». 2024 verfügen die USA und Russland noch über je etwa 1500 einsatzbereite strategische Bomben (1985: 23 000), mit total etwa 1000 MT Sprengkraft (1985: 14 000 MT).

Dennoch hätten auch «nur» 1000 MT eine apokalyptische Wirkung in den betroffenen Regionen, sie könnten rund 200 000 km^2 weitgehend zerstören und – bei bodennahen Explosionen mit «schmutzigen» Bomben – für viele Tage einen lebensbedrohenden Fallout verursachen. Global würde die Radioaktivität keine grösseren Auswirkungen haben. Der Vergleich mit den oberirdischen Testexplosionen mit total recht «dreckigen» 540 MT (etwa die Hälfte des heutigen Arsenals) zeigt dies deutlich.

Lokale und globale Konflikte

Wie wahrscheinlich ist es, dass ein lokaler Konflikt in einen nuklearen Krieg mündet? In schwierigen Situationen könnte eine Atommacht versucht sein, taktische Nuklearwaffen gegen feindliche Streitkräfte und Versorgungslinien einzusetzen. Dies besonders dann, wenn man wie Russland über ein Arsenal von 2000 taktischen Bomben verfügt, die meisten zwischen 10 kT und 100 kT. Dieses Arsenal wird ausgebaut, vor allem die Trägersysteme. Denn Russland benötigt es als Ausgleich für die Überlegenheit der konventionellen NATO-Streitkräfte. Die NATO selber hat seit Ende des Kalten Krieges ihr Arsenal von 7000 solcher Bomben praktisch vollständig abgebaut (bis auf vielleicht 150 Fliegerbomben vom B61-Typ), zugunsten von konventionellen Präzisionswaffen.

Allerdings: Mit «nur» 2000 taktischen Bomben kann Russland die westlichen Streitkräfte aus 30 Staaten nicht kriegsentscheidend treffen. Diese sind auf tausende von Stützpunkten verteilt. Um einen mittelgrossen Stützpunkt mit vielen Bunkern und 1–2 Landebahnen nachhaltig zu zerstören, benötigt man eine zweistellige Anzahl Nuklearbomben. Selbst eine grosse 300 kT-Bombe, einige Meter tief im Boden gezündet, kann nur im Radius von etwa 100 m einen unterirdischen Bunker zerstören. Auf grossflächigen Schlachtfeldern sind kleine, taktische Nuklearwaffen auch nicht sehr effizient. Eine 10 kT-Bombe kann Panzer nur in einem Umkreis von rund 500 m zerstören.

Die Abschreckung

Strategische Nuklearwaffen dienen vorrangig der Abschreckung. Die Situation ist einigermassen ausgeglichen. Die USA und Russland haben je etwa 1500 Bomben einsatzbereit, China schliesst langsam aber sicher auf. Trotzdem hat Russland keine Chance, die atomare Rückschlagkapazität der NATO-Staaten USA, Frankreich und Grossbritannien durch einen Erstschlag auszuschalten, das Gleiche gilt umgekehrt. Praktisch unzerstörbar sind die in den Weltmeeren patrouillierenden U-Boote mit über 1000 strategischen Nuklearwaffen.

Die heutige LOW-Strategie («Launch on Warning») ist für einen Angreifer selbstmörderisch. Sobald die vielen satelliten- und bodengestützten Frühwarnsysteme übereinstimmend den Start feindlicher Langstreckenraketen feststellen, erfolgt der Gegenschlag mit eigenen Raketen, noch bevor die gegnerischen einschlagen. Die gegenseitige Zerstörung von grossen Landflächen ist garantiert.

Warum dürfen Politiker dieses Kapitel nicht lesen?

Weil sie weiterhin glauben sollen, dass ein nuklear geführter Weltkrieg das Ende der Menschheit bedeutet, einschliesslich ihres eigenen. Dieser Glaube hat einen dritten Weltkrieg verhindert. Die nukleare Abschreckung funktioniert gut, weshalb eine vollständige Abschaffung der Atomwaffen keine gute Idee ist. In einer Welt ohne Atomwaffen würde die Schwelle für einen grossen Krieg dramatisch sinken. Man kann auch mit konventionellen Mitteln Millionen Menschen umbringen, im Zweiten Weltkrieg zwischen 50 und 70 Millionen. Es geht noch einfacher: Die mongolischen Heere haben es im Mittelalter geschafft, mit Pfeil, Bogen, Schwert und Feuer einen noch wesentlich grösseren Teil der Menschheit umzubringen, die Schätzungen reichen von 20 Millionen bis 70 Millionen, bei einer Erdbevölkerung von kaum 400 Millionen.

Atombomben – Retter der Menschheit?

Es gibt noch einen Grund, Atombomben nicht völlig abzuschaffen: Asteroiden und Kometen. Kometen können aus dem Nichts auftauchen, und Asteroiden auf scheinbar harmlosen Bahnen können durch einen Zusammenstoss mit einem anderen Genossen auf Erdkurs geraten. Um einen Brocken von mehr als einigen 100 m Grösse von seinem Kollisionskurs mit der Erde abzudrängen, sind Nuklearexplosionen die einzig realistische Option, besonders bei kurzen Vorwarnzeiten. Daher wird in den USA darüber nachgedacht, das Arsenal an B83-Bomben aufzubewahren. Die B83-Bombe ist die stärkste im amerikanischen Arsenal, sie sollte eigentlich bis 2025 aus dem Dienst genommen werden. Sie wiegt 1,1 Tonnen und hat eine Sprengkraft von 1,2 MT, ideal für die Asteroiden-Abwehr. Vielleicht retten Atombomben einmal die Menschheit.

Kernkraftwerke produzieren noch grössere Mengen radioaktiver Stoffe als Atombomben. Wir besprechen dies in den nächsten drei Kapiteln.

10.4 Zusammenfassung

Die strategischen Bomben des Kalten Krieges konnten grosse Mengen radioaktiver Stoffe erzeugen. Doch selbst wenn alle explodiert wären, ist man über 100-mal von einer radioaktiven Vernichtung der Menschheit entfernt. Ein Vergleich mit den Testexplosionen zeigt dies deutlich. Beim Einsatz gegen Städte spielt die Radioaktivität praktisch keine Rolle. Die anderen Waffenwirkungen hingegen, Druck und Hitzestrahlung, wirken fürchterlich. Radioaktiver Fallout in grösseren Mengen entsteht beim Einsatz gegen befestigte militärische Anlagen. Dank den Abrüstungsverträgen ist die Anzahl Bomben dramatisch gesunken. Eine vollständige Abschaffung ist jedoch nicht zu empfehlen. Zum einen verhindern sie einen neuen Weltkrieg, zum anderen stellen sie unser einziges Mittel dar, um uns gegen grössere Asteroiden oder Kometen zu wehren.

11

Abfälle

Die hochradioaktiven Abfälle von Kernkraftwerken gelten als die gefährlichsten Stoffe, welche die Menschheit produziert. Aber wie gefährlich sind sie, etwa im Vergleich zu «normalen» Abfällen?

11.1 Abfälle und Risiko

Zwei Faktoren beeinflussen das gesundheitliche Risiko von Abfällen: Toxizität (Giftigkeit), und Expositionswahrscheinlichkeit. Als Mass für die Toxizität eignet sich die tödliche Dosis. Die Expositionswahrscheinlichkeit, d. h. die Wahrscheinlichkeit, dass wir dem Giftstoff ausgesetzt werden, ist sehr viel schwieriger zu bestimmen. Wir beschränken uns primär auf die Giftmengen, angegeben in Anzahl tödlicher Dosen.

Der nukleare Brennstoff

Abgebrannter nuklearer Brennstoff besteht zu 95 % aus relativ harmlosem Natururan (U-238), der Rest aus stark strahlenden Spalt- und Brutprodukten. Vor der Endlagerung lässt man die Brennelemente gut 50 Jahre lang abklingen. Für die nächsten 200-300 Jahre sind die Spaltprodukte, allen voran Cs-137 und Sr-90, am gefährlichsten. Sie strahlen stark (Gamma- und Beta-Stahlen), sind wasserlöslich und wanderfreudig und werden vom Körper gerne aufgenommen. Doch nach 300 Jahren sind sie weitgehend verschwunden, und mit ihnen auch der grösste Teil der externen Strahlung. Ein Aufenthalt von einer Stunde, ein Meter neben einer Tonne Abfälle (ohne jede Abschirmung), würde keine messbare Wirkung erzeugen. Denn dann dominieren die Alphastrahler, prominentestes Mitglied ist Pu-239 (etwa 1 % der Brennelemente). Die Strahlung von Pu-239 haben wir im Kapitel 7 kennengelernt (Spiegel-Artikel).

Das Risiko

Die Experten sind sich einig, dass das grösste Risiko von einer Einnahme ausgeht. Anfänglich liegt die tödliche Dosis um 50 mg[92], vergleichbar mit Strychnin. Allerdings sind die strahlenden Substanzen in einer extrem wasserunlöslichen Glas- oder Keramikmasse eingebettet. Isst man Abfälle, selbst fein vermahlte, scheidet der Körper in 2-3 Tagen praktisch alles wieder aus. Realistisch (grüne Werte in Tabelle 11-1) dürfte die tödliche Dosis nach 50 Jahren bei etwa 1 g liegen, auch kernkraftkritische Quellen zitieren diesen Wert. Nach 1000 Jahren sind die Abfälle ähnlich toxisch wie Kupfer oder Aspirin, nach 10 000 Jahren kann man sie kaum noch als gefährlich bezeichnen. Natürlich enthalten sie auch nach einer Million Jahren, stark verdünnt, noch ein paar tödliche Dosen, ein Chemiker könnte sie daraus extrahieren. Einfacher würde es mit normaler Erde gehen, sie enthält gut 100 tödliche Dosen pro m^3, vor allem Arsen und Beryllium.

Um auf der supervorsichtigen Seite zu sein, verwende ich für alle nachfolgenden Vergleiche die roten, unrealistischen Werte, man kann sie als den schlimmsten aller schlimmen Fälle ansehen (alle radioaktiven Substanzen sind aus der Glas- oder Keramikmasse ausgetreten).

92 Sehr gründliche Analyse: https://www.mdpi.com/1996-1073/14/11/3094#

Alter / Giftstoff	50 Jahre		1000 Jahre		100 000 Jahre	
Brennstoff (UO_2-Keramik)	50 mg–1 g		0.25 g–10 g		15 g–300 g	
Verglaste rad. Abfälle*	50 mg–1 g		1 g–20 g		200 g–4 kg	
Chemische Gifte	Ricin, VX:	1 mg	Blaussäure:	0.2 g	Eisen:	10 g
	Beryllium:	30 mg	Thallium:	1 g	Aspirin:	15 g
	Strychnin:	50 mg	Tailings max:	3 g	Kochsalz:	200 g
	Nicotin:	50 mg	Pb, Cu, U:	10 g	Tailings Ø:	300 g
	Arsenik:	100 mg	Coffein:	15 g	Zucker:	2 kg

* Berechnet/überprüft mit Angaben von CEA/2004, KIT, NAGRA und vers. wiss. Publikationen
Rot (worst case): extrahierte Spaltprodukte und Aktiniden wie U, Pu..., ausserhalb Glas/Keramik-Matrix
Grün (best case): Werte innerhalb Glas- oder Keramik-Matrix (realistisch bei Ingestion von Abfällen)

Tabelle 11-1: Tödliche Dosis von radioaktiven Abfällen verglichen mit chemischen Stoffen. Angegeben ist LD50, die semiletale Dosis, 50 % sterben bei Einnahme.

Die 450 Kernkraftwerke dieser Welt erzeugen jährlich netto rund 10 000 t abgebrannten Kernbrennstoff. Leider wird nur etwa ein Drittel wiederaufbereitet. Dabei entfernt man das Plutonium und verwendet es in neuen Brennelementen. Doch die Spaltprodukte (etwa 4 %) müssen – verglast – sicher gelagert werden. Eine grobe Abschätzung zeigt, dass die Kraftwerke jährlich etwa 100 Milliarden (10^{11}) tödliche Dosen erzeugen, siehe Anhang 11.9. Rein theoretisch könnte man die Menschheit damit 12-mal umbringen – eine enorme Giftmenge. Aber die grösste?

11.2 Arsen und andere Giftstoffe

Arsen ist zuoberst auf der Prioritätsliste der gefährlichsten Gifte[93], gefolgt von Blei und Quecksilber. Die semiletale Dosis (LD50) von Arsen in seiner normalerweise vorliegenden Form (As_2O_3) beträgt bei einem Erwachsenen etwa 100 mg. Arsen wirkt ähnlich wie radioaktive Strahlen, es ist akut toxisch, greift die DNA an, ist fruchtschädigend und krebserregend. Über 100 Millionen Menschen, besonders in Bangladesch, China, Chile und Thailand, sind davon betroffen, vor allem durch das Arsen im Trinkwasser. Bei chronischer Aufnahme muss man im Laufe der Jahre das 10- bis 100-fache einer tödlichen Einzeldosis einnehmen, um mit hoher Wahrscheinlichkeit daran zu sterben. Krebs ist die häufigste Todesursache. Bei den

93 https://www.atsdr.cdc.gov/spl/ Amerikanisches Gesundheitsministerium

radioaktiven Substanzen liegen ähnliche Verhältnisse vor. Die epidemiologische Datenlage ist bei chronischer Exposition recht mager, siehe Kap. 5. Für alle nachfolgenden Vergleiche verwende ich deshalb die besser bekannten, akut toxischen tödlichen Dosen. Man kann diese Zahlen als theoretische Obergrenze betrachten.

Jedes Jahr erzeugt die Menschheit, ohne die Bergbauabfälle mitzurechnen, rund 150 000 Tonnen Arsen. Diese Menge entspricht etwa 700 Milliarden Todesdosen und übertrifft damit die nuklearen Abfälle (100 Milliarden Todesdosen). Hauptverursacher sind Kohlekraftwerke und die Industrie. Der Grossteil des Arsens gelangt in unsere Umwelt, nur ein kleiner Teil kommt in ein Endlager.

Leider ist Arsen nicht radioaktiv, es zerfällt nicht, auch nach einer Milliarde Jahre ist es unverändert toxisch (so lange könnte die Erde noch bewohnbar sein). Eine sichere Endlagerung, mit den gleichen Kriterien wie bei den radioaktiven Abfällen, ist unmöglich. Die gleichen Abschätzungen und Überlegungen wie bei Arsen kann man für viele weitere Substanzen machen: Blei, Cadmium, Quecksilber, Chlor, Phosphor, nur um einige zu nennen. Im Weltmassstab ist bei den Abfällen der Bergbau der Rekordhalter, gefolgt von der Kohlekraft und dem Sondermüll, siehe Tabelle 11-2. Die nuklearen Abfälle sind abgeschlagen, besonders bei den Todesfällen (letzte Kolonne) spielen sie keine Rolle.

Abfall/Produkt	Millionen t/Jahr	†-Dosis*	Milliarden †-Dosen/J	Echte †/Jahr
Bergbau/Tailings (As, Cd, Pb, Be …)	90 000	300 g**	>100 000	?
Kohle-KW (Asche: As, Be, Pb, U, …)	600	vers.	10 000	1 000 000
Sondermüll («hazardous waste»)	400	100 g	2 000	1 000 000
Ammoniak	140	25 g	3 000	?
Arsen	0.15	100 mg	700	>100 000?
Blei	8	20 g	400	900 000
Hochradioaktive Abfälle (Welt)	0.01	50 mg***	100	≈0
Hochradioaktive Abfälle (Schweiz)	0.0001	50 mg***	1	≈0
Sondermüll (Schweiz)	2	100 g	10	≈0

* Benutzter Wert für LD50 bei Ingestion (Dosis mit 50 % Todesfällen).
** nur Elemente/Schwermetalle (z. B. As) in den Tailings, ohne Säuren und Laugen.
*** Nach 50 J Zwischenlagerung, Worst Case (radioaktive Substanzen aus Glas/Keramik-Matrix extrahiert), Schockdosis (LD50: 5 Sv).

Tabelle 11-2: Jährlich produzierte Abfälle und toxische Produkte

11.3 Unsere chemischen Abfälle

Selbst die kleine, saubere Schweiz erzeugt jährlich rund 2 Millionen t Sondermüll. Einige % davon müssen endgelagert werden, theoretisch für die Ewigkeit. Die Abschätzung des toxischen Potenzials des Sondermülls ist schwierig. Ich habe mich mit der ehemals grössten Sondermülldeponie der Schweiz auf eine mittlere semiletale Dosis von 100 g geeinigt. Somit muss man mit jährlich bis zu 10 Milliarden tödlichen Dosen rechnen. Mehr als in den radioaktiven Abfällen aus den vier Kernkraftwerken der Schweiz.

Der Müll der Welt

Die Welt produziert jährlich rund 400 Millionen t «hazardous waste», gefährlicher Sondermüll, mit einer Giftmenge, die 20-mal grösser sein dürfte als die aller radioaktiven Abfälle. Leider lässt sich nur ein Teil des Sondermülls unschädlich machen oder rezyklieren, mit dem Rest müssen wir leben. Die Folge: etwa eine Million Todesfälle, jährlich (gemäss WHO und anderen Quellen). Es gibt zwar einige Endlager, aber nur für einen kleinen Teil der Abfälle. Das Weltgrösste befindet sich in Herfa-Neurode, Deutschland, in sehr stabilen geologischen Verhältnissen. Hier lagern etwa 3.5 Mio. t Giftmüll. Zitat[94]:

«600 Meter unter der Erde lagert in einer alten Kaligrube genug Arsen, um alles Leben auf der Erde auszulöschen. Und Arsen ist nur eines der Gifte in Herfa-Neurode, der grössten Untertagedeponie der Welt: Quecksilberhaltiges, Furane, Dioxine, alles, was für die Oberwelt zu gefährlich ist, wird in Fässern und Kunststoffpaketen verpackt und in die Tiefe befördert.»

Figur 11-1: Weltgrösstes Chemie-Endlager: Sondermülldeponie Herfa-Neurode (Hessen), Photo mit freundlicher Genehmigung von K+S AG

94 http://www.dradio.de/dlf/sendungen/wib/1183411/ Besucht 2022-10-22

Wenn ein Schacht voll ist, wird er zugemauert, siehe Figur 11-1. Selbst kurzlebige, schwachradioaktive Abfälle nicht zugelassen. Dabei wären diese, verglichen mit anderen Abfällen, relativ harmlos. Nüchtern betrachtet, spräche auch nichts dagegen, hochradioaktive Abfälle, in dickwandige Stahlbehälter verpackt, dort zu lagern. In der trockenen Luft (Luftfeuchte 25-35 %) halten diese mit Sicherheit fast unendlich viel länger als die dünnwandigen Giftfässer. Und in nicht allzu langer Zeit werden die radioaktiven Stoffe ungefährlicher sein als viele chemischen Abfälle, siehe Tabelle 11-1. Die externe Strahlung ist kein grosses Problem, siehe Figur 11-2, aufgenommen in der gebunkerten Lagerhalle des schweizerischen Zwischenlagers, bewacht wie das Gold in Fort Knox. Der Strahlenpegel beträgt etwa 15 µSv/h (einschliesslich Neutronenanteil), vergleichbar mit der Strahlung in einem Flugzeug in 10 km Höhe.

Figur 11-2: Externe Strahlung von hochradioaktiven Abfällen in einigen m Abstand von den Lagerbehälter. Bild vom Autor, im schweizerischen Zwischenlager, mit Genehmigung.

Die Beichte und ein sehr, sehr peinlicher Vorfall

An dieser Stelle muss ich ein Geständnis ablegen: Auch ich habe radioaktive Abfälle produziert. Während meiner Diplomarbeit[95] am Saphir-Reaktor in Würenlingen/Schweiz musste ich insgesamt 400 heftig strahlende Chlor-38-Quellen mit über 10 GBq herstellen. Dazu schob ich eine Chlorverbindung durch einen Kanal direkt ins Herz des Reaktors, durch Neutronenaktivierung entstand das radioaktive Cl-38. Nach 1-2 Stunden Messzeit warf ich die halbwegs abgeklungenen

95 Wer es genau wissen will: Messung der Beta-Gamma-Zirkularpolarisationskorrelation am 2-(ß)2+(γ)0+- Zerfall von Cl-38. Ziel: Bestätigung der Paritätsverletzung («Gott ist Linkshänder») bei der schwachen Wechselwirkung.

Quellen in den gelben Kübel (Figur 11-3, links unten), zusammen mit anderem kontaminiertem Material. In irgendeinem Fass im Zwischenlager dürften sich noch Reste von «meinen» Abfällen befinden.

Etwas anderes muss ich auch gestehen: Diese Arbeit verhalf mir zu einer Mitgliedschaft bei Greenpeace. Das kam so: In den langen Nachtschichten, mit viel Wartezeit zwischen den Quellenwechseln, war mir ziemlich langweilig. Ich wanderte in der halbdunklen, menschenleeren Reaktorhalle herum und bemerkte alle paar Meter rote Knöpfe an der Wand. Wohl das Licht. Als ich einen davon drückte, gingen tatsächlich alle Lichter an – aber auch alle Sirenen! Ich hatte die Notabschaltung des Reaktors ausgelöst. Sehr, sehr, sehr peinlich, ein ziemliches Theater folgte. Der Reaktor musste für zwei Tage ausgeschaltet bleiben. Grund: Die Xenon-Vergiftung, im Gegensatz zu Tschernobyl hat man in der Vorlesung über Reaktorphysik nicht geschlafen.

Viele Jahre später erwähnte ich in einem Vortrag, dass ich eigentlich Ehrenmitglied von Greenpeace sein müsste, habe ich doch eigenhändig einen Reaktor abgestellt. Als ich bald darauf von Greenpeace als neues Mitglied begrüsst wurde (für ein Jahr) wunderte ich mich schon etwas. Viele Jahre später gestand ein lieber Arbeitskollege, Bruno S. (immer für einen Spass aufgelegt), dass er mich angemeldet hatte. Danke Bruno.

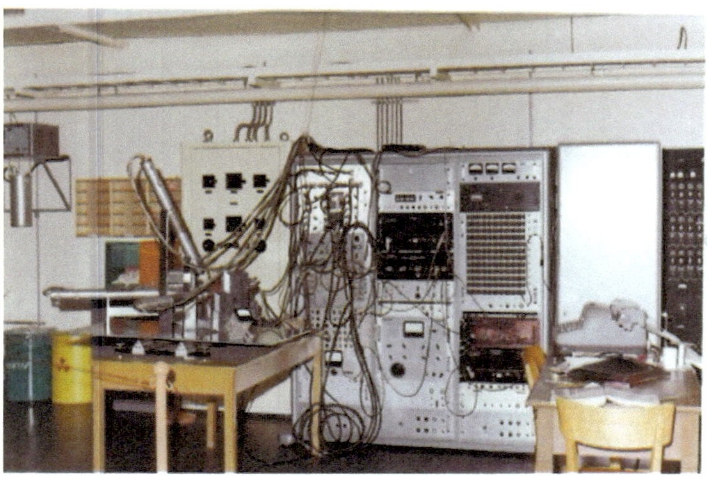

Figur 11-3: Meine Apparatur am Saphir-Reaktor in Würenlingen/Schweiz

Bergbau

Der Bergbau produziert mit Abstand die grössten Abfallmengen. Rekordhalter ist der Kupferabbau mit jährlich etwa 40 Milliarden Tonnen. Kupfererze enthalten typisch 0,5 % Kupfer, der Rest ist Abfall. Die Erze werden in riesigen Mühlen zu feinem Sand vermahlt und anschliessend in starken Säuren oder Laugen aufgelöst. Das Metall wird durch chemische Prozesse herausgelöst, übrig bleiben grosse Mengen toxischer Schlämme, «Tailings» genannt, siehe Figur 11-4.

Figur 11-4: Tailings aus einer tasmanischen Kupfermine (Bild: Alamy).

Die Tailings enthalten viele Giftstoffe, vor allem Arsen und verschiedene Schwermetalle. Im Mittel befindet sich eine tödliche Dosis (LD50) in 300 g Schlamm, mit Spitzenwerten von 3 g. Die Schlämme von Uranminen sind ähnlich toxisch (die radioaktiven Stoffe mitberücksichtigt). Für den Betrieb eines 1 GW-Kernreaktors müssen jährlich etwa 170 t Uran abgebaut werden. Die dadurch verursachten Bergbauabfälle enthalten etwa 140 Millionen Giftdosen (Anhang 11.9). Die radioaktiven Restsubstanzen sind gegenüber den anderen toxischen Stoffen (Arsen usw.) vergleichsweise unbedeutend. Einzig das Radon, welches beim Zerfall von Uran entsteht, ist direkt über den Abfällen von gewisser Bedeutung.

Uran könnte man auch ohne Abfälle gewinnen, aus dem Meer, kleine Testanlagen wurden schon gebaut. Meerwasser enthält 3.3 Tonnen Uran/km^3, in den Ozeanen wäre genug Uran vorhanden für mehrere Zehntausend Jahre Kernkraft.

11.4 Energie und Abfälle

Jede Art von Stromerzeugung erzeugt Abfälle, Spitzenreiter ist die Kohlekraft. Im Jahre 2023 erreichte der Kohleverbrauch mit 8.5 Milliarden Tonnen einen neuen Rekordwert. Dabei fielen 20-30 Milliarden Tonnen Abfälle an. Die Verbrennung von Kohle verursacht gemäss WHO 1 Million Todesfälle/J. Die anderen Techniken sind aber auch keine Musterknaben.

Die Photovoltaik - sauber?

Die Abfallmengen bei der Stromerzeugung werden vom Rohstoffverbrauch für Bau und Betrieb einer Anlage bestimmt. Überraschenderweise schneidet die Photovoltaik in dieser Hinsicht nicht besonders gut ab[96]. Um dieselbe Menge Strom wie ein 1-Gigawatt-Kraftwerk[97] zu erzeugen, benötigen wir in mittleren Breiten etwa eine Million Dachanlagen zu je 50 Quadratmeter, eine Million Wechselrichter und viele Millionen Meter dicker Stromkabel. Die Folge: Ein Rohstoffbedarf, der je nach Material bis hundertmal höher ist als bei einem konventionellen Kraftwerk. Der Kupferbedarf ist etwa fünfzigmal höher. Auf ein einzelnes Solarmodul entfallen über 1 kg – und etwa 200 kg Tailings (Bergbauschlämme), siehe Anhang 11.10.

Streng nach dem Verursacherprinzip, müsste zu jedem Solarmodul ein 200 kg-Fass mit toxischen Abfall-Schlämmen zur Entsorgung mitgeliefert werden (Figur 11-5). Auch die Kernkraft verursacht Bergbauschlämme, allerdings wesentlich weniger, zudem bleibt über die Hälfte des Erzes Dank dem In-situ-Leaching-Verfahren im Berg. Ganz sauber wäre, wie bereits erwähnt, die Gewinnung von Uran aus dem Meerwasser.

96 Mein Artikel in der NZZ 31. 1. 2023 beschreibt die Problematik ausführlicher

97 1 GW = 1 GigaWatt. Ein Kraftwerk mit dieser Dauerleistung liefert elektrischen Strom für etwa eine Million Menschen (inklusive Industrie, Transport und Gewerbe), oder für etwa 3 Millionen Haushalte.

Figur 11-5: Zu jedem Solarmodul sollte auch ein 200-kg Fass mit toxischen Bergbauschlämmen mitgeliefert werden (Verursacherprinzip)

Leider sind die Bergbauabfälle nicht radioaktiv

2023 verursachte die Photovoltaik rund 100 Millionen Tonnen Kupfer-Tailings, mit 150 Milliarden Todesdosen. Leider zerfallen Bergbau-Abfälle nicht, und so bleiben sie bis in alle Ewigkeit toxisch. Für die sichere Endlagerung von Milliarden Tonnen dieser Schlämme ist keine Lösung in Sicht. Verglichen damit ist die Endlagerung hochradioaktiver Abfälle geradezu einfach. Die Mengen sind vergleichsweise winzig, der Zeithorizont überschaubar.

In Ökobilanzen schneidet die Photovoltaik schlechter ab als die Kernkraft. Besonders erstaunlich: Vergleicht man die «solaren» Bergbauabfälle mit den nuklearen Abfällen (inkl. Uranbergbau), so zeigt eine grobe Abschätzung (Anhang 11.10), dass die Giftmengen, umgerechnet auf den produzierten Strom, ähnlich gross sind – pro Gigawattstunde (GWh) rund 50 000 tödliche Dosen. Der Unterschied: Nach einigen 100 Jahren ist bei den nuklearen Abfällen nur noch ein Bruchteil vorhanden – Dank dem radioaktiven Zerfall.

Thema Lagerung

Besonders grosse Unterschiede zeigen sich bei der Lagerung der Abfälle: Die radioaktiven Substanzen sind in wasserunlöslicher Keramik oder Glas eingesperrt, das Ganze verpackt in dickwandigen Stahlbehältern. Später bringen wir sie viele hundert Meter unter die Erde – im eigenen Land. Oder, viel besser, wir benutzen sie als Brennstoff in dafür geeigneten Reaktoren und vernichten sie dabei weitgehend. Die Bergbauabfälle hingegen werden in offenen Staubecken gelagert. Oder, viel schlimmer, in Flüsse «entsorgt», siehe Figur 11-4. Alles weit weg von uns, meist in einem fernen Kontinent. Und so können wir die Photovoltaik bei uns als «sauber» deklarieren. Ethisch problematisch, denn die Bergbauabfälle belasten die lokale Bevölkerung, Todeszahlen sind unbekannt – man will es lieber nicht wissen. Das gleiche gilt natürlich auch für die Abfälle der Uranbergwerke.

11.5 Gifte in der Erde und Uralt-Reaktoren

In einem Kubikkilometer Gestein befinden sich im Mittel 5000 Tonnen (t) Arsen (As), 7000 t Beryllium (Be), 35000 t Blei und viele weitere toxische Substanzen. Alleine mit As und Be könnten über 100 Milliarden tödliche Dosen hergestellt werden.

Beispiel Schweiz: Die Kernkraftwerke mit einer Gesamtleistung von etwa 3 GW erzeugen während ihrer Lebensdauer nukleare Abfälle mit anfänglich etwa 50 Milliarden Giftdosen. Das dafür vorgesehene Tiefenlager dürfte eine Fläche von rund 1 km^2 haben, in einer Tiefe von 800 m. In der Gesteinsschicht über dem Lager finden sich mehr tödliche Giftdosen als in den radioaktiven Abfällen. Nachrechnen erlaubt. Jeder Vergleich hinkt, und man kann sicher gute und weniger gute Gründe finden, warum dieser besonders stark hinkt. Trotzdem finde ich es erstaunlich, dass relativ wenig Erdreich ähnlich viele Giftdosen enthält wie ein Endlager. Nebenbei bemerkt: Im Boden befinden sich auch gewaltige Mengen radioaktiver Substanzen natürlichen Ursprungs, pro km^3 unter anderem 20000 t Uran und Thorium mit bösen Töchtern (Radium, Polonium), ohne dass sich jemand gross darüber aufregt.

Die radioaktiven Abfälle enthalten eine riesige Giftmenge, man muss sie sorgfältig behandeln. Aber im Vergleich zu den Giftstoffen in unserem Sondermüll, in den Bergwerkabfällen und in der Erde sind die nuklearen Giftmengen nichts Besonderes.

Figur 11-6: Naturreaktor mit Endlager in Oklo, Gabun[98]

Figur 11-6 zeigt etwas Erstaunliches: das Herz eines antiken Kernreaktors. Er spaltete einige 100-mal soviel Uran wie die Hiroshimabombe. Doch der Reihe nach:

Dieser Naturreaktor befindet sich in Gabun, Westafrika, mitten in einer Uran-Lagerstätte. Da das leicht spaltbare U-235 schneller zerfällt als U-238, war vor etwa 1,8 Milliarden Jahren der Anteil von U-235 wesentlich höher als heute, etwa 3 %, gerade richtig für einen Siedewasserreaktor. Für eine Kettenreaktion benötigt man noch Wasser (als Moderator). Auch kein Problem, die Lagerstädte befand sich in wasserdurchlässigem Sandstein. Die Folge: An mehreren Stellen starteten Naturreaktoren. Diese hatten einen Durchmesser von einigen m und regulierten sich von selbst: Nach etwa 30 Minuten Betrieb stieg die Temperatur auf 250–450 °C, alles Wasser verdampfte, die Kettenreaktion brach zusammen. Nach 2–3 Stunden Abkühlung trat wieder Wasser ein und der Reaktor startete von Neuem. Insgesamt fanden Millionen solcher Zyklen statt. Im Laufe der Zeit wurden 5–6 t U-235 gespalten und 1–2 t Plutonium erbrütet. Was geschah mit dem Abfall? Er wanderte, zumindest Teile davon.

98 US-Department of Energy, Bild in public domain

Das Endlager der Natur

Die gute Nachricht: Die schweren Elemente Uran, Neptunium und Plutonium blieben in der Reaktorzone, trotz der ständigen Spülungen mit siedendem Wasser. Die Spaltprodukte hingegen, vor allem die Edelgase, das Iod und das Cäsium, haben sich aus dem Staub gemacht. Heute, eingesperrt in wasserunlöslicher Keramik, eingeschlossen in dickwandigen Stahlbehälter und umgeben von einer wasserundurchlässigen Tonschicht wäre ihnen das nicht gelungen. Und schon gar nicht während ihrer relativ kurzen Lebenszeit.

Langfristig gesehen, stellen die Aktiniden, allen voran das Plutonium, bei der Lagerung von hochradioaktiven Abfällen das grösste toxische Problem dar. Wenn diese Stoffe es in 1.8 Milliarden Jahren nicht geschafft haben sich zu bewegen (trotz ständiger Wasserspülung), so dürfen wir die geplanten Tiefenlager als 110 % sicher betrachten.

Müssen wir unsere Endlager für lange Zeiträume kennzeichnen? Sicher nicht. Wenn das technisch-wissenschaftliche Wissen darüber verloren ging, wurde die Menschheit durch eine globale Katastrophe – ein Asteroid oder ein Supervulkan – in die Steinzeit zurückkatapultiert. Die Überlebenden haben ganz andere Probleme als sich mit Endlagern zu beschäftigen. Wenn schon müssten wir alle chemisch-toxischen Deponien und Lagerstätten kennzeichnen (z. B. Herfa-Neurode), diese stellen langfristig ein sehr viel höheres Gefahrenpotenzial dar. Unendlich viel sinnvoller wäre es, einen Wissensschatz anzulegen, sodass die Menschen schneller wieder zum heutigen, vergleichsweise paradiesischen Lebensstandard kommen.

11.6 Was sollen wir machen?

Heute herrscht die Meinung vor, dass die hochradioaktiven Abfälle so extrem gefährlich sind, dass nur die sicherste, aufwändigste und teuerste Endlagerung infrage kommt. Und alles nur im eigenen Land, selbst wenn ein Zusammengehen von mehreren Ländern die Kosten auf einen Bruchteil schrumpfen liessen. Immerhin handelt es sich, je nach Land, um zwei- bis dreistellige Milliardenbeträge. Bei allen anderen hochtoxischen Abfällen «darf» oder muss man: Nicht alle Länder verfügen über ein chemisches Endlager oder über Rezyklieranlagen.

Wie soll man mit den radioaktiven Abfällen umgehen? Man sollte folgende Aspekte berücksichtigen:

1. In wenigen Jahren werden die ersten kommerziellen Leistungsreaktoren der neuen Generation die Marktreife erreicht haben, Prototypen sind im Bau. Einige dieser Typen können unsere nuklearen Abfälle direkt als Brennstoff benutzen.
2. Wollen wir wirklich wertvolle Roh- und Energiestoffe vergraben? Ein Kernkraftwerk erzeugt im Laufe seines Lebens «Abfälle» mit einem Marktwert (2008) von etwa einer Milliarde $[99]. Unter anderem eine ganze Reihe seltener Elemente (z. B. das extrem teure Rhodium).
3. Auf Grund der Aspekte 1. und 2. sollten wir zwar Planungsarbeiten durchführen, aber mit der eigentlichen Tiefenlagerung zuwarten. Das Geld dafür auf die Seite legen, die nächsten Generationen können entscheiden, ob es nicht sinnvoller ausgegeben werden kann. Wenn die bisherige Lagerung an der Oberfläche als zu unsicher empfunden wird, kann eine Lagerung in unterirdischen Festungen (in den Alpenländern hat es viele davon) oder alten Bergwerken stattfinden.
4. Aus heutiger Sicht muss auf jeden Fall ein kleiner Teil der Abfälle (etwa 4 %, die Spaltprodukte) gut 300 Jahre lang von der Biosphäre ferngehalten werden. Entweder werden sie in ein Tiefenlager gebracht, oder man lässt sie in einem der unter 3. aufgeführten Orte abklingen. Eine Alternative wäre eine Injektion in stabile Gesteinsschichten, mehrere km unter der Oberfläche. Technisch kein Problem, die Mengen sind klein (jährlich weniger als einen Kubikmeter netto pro 1 GW-Kraftwerk). Die Ölindustrie hat viel Erfahrung mit solchen Bohrungen. In der Sowjetunion wurde diese Endlagerungsart schon praktiziert.

11.7 Psychologie

Nach 300 Jahren sind die gefährlichsten Bestandteile von hochradioaktiven Abfällen, das Cäsium und das Strontium, verschwunden, nach weiteren 10 000 Jahren dürfen wir sie als relativ harmlos einstufen. Trotzdem wirft man ihnen vor, über sehr lange Zeiträume toxisch zu bleiben. Immerhin zerfallen sie, im Gegensatz zum ewig toxischen Arsen und anderen chemischen Giften.

Es ist schon erstaunlich, wie der Vorteil, welche radioaktive Abfälle besitzen, in einen Nachteil umgewandelt werden kann – ein Propaganda-Geniestreich. Dazu

99 https://www.nist.gov/system/files/documents/2017/05/09/164_commercial_value_used_nuclear_fuel_reprocessed.pdf

passt eine wissenschaftlich durchgeführte repräsentative Umfrage der ETH-Zürich, publiziert 2021[100], befragt wurden 3082 Schweizer. Eine Mehrheit gab an, über toxischen Sondermüll mehr zu wissen als über radioaktive Abfälle. Gleichzeitig sprach eine klare Mehrheit den radioaktiven Abfällen eine weit höhere und länger (!) wirkende Gefahr zu als dem Sondermüll. Vor allem fanden die Befragten, dass der Sondermüll langfristig viel besser beherrschbar sei. Dunning-Kruger und der Bestätigungsfehler (Kapitel 7) lassen grüssen.

Die Grundfrage, ob das Problem der radioaktiven Abfälle lösbar ist, hat zwei mögliche Antworten:

1. Das Problem ist unlösbar:
   «Atommüll ist das gefährlichste Abfallprodukt der Industriegesellschaft des 20. Jahrhunderts und das langlebigste Erbe unserer Zivilisation. Für Tausende von Jahren sind radioaktive Abfälle eine ständige Bedrohung für Mensch und Umwelt ...»
   «Bereits seit beinahe 50 Jahren versucht die Atomindustrie, eine Lösung zu finden. Vergeblich – es gibt keine Lösung, die solch gefährliches Material über solch lange Zeiträume dauerhaft wegschliessen kann.»[101]

2. Die Gegenthese:
   Die sichere Entsorgung der toxischen Abfälle unserer Zivilisation stellt heute ein technisch und ökonomisch unlösbares Problem dar:
   – zu gross sind die Mengen (Milliarden t/J)
   – zu verteilt sind die Stoffe (Luft, Wasser, Boden)
   – zu lange die Zeiträume (Milliarden Jahre)

   Ein Entsorgungsproblem ist aber lösbar:
   Bei den nuklearen Abfällen ist ein sicheres Fernhalten von der Biosphäre technisch und ökonomisch möglich.

100 Journal of Hazardous Materials, Sharp discrepancies between nuclear and conventional toxic waste: Technical analysis and public perception Volume 414, 15. July 2021.
101 Zitat aus: http://info.greenpeace.ch/de/atom/atommuell/index (Besucht 2007)

11.8 Zusammenfassung und Schlusswort

Hochradioaktive Abfälle sind anfänglich sehr toxisch, vergleichbar mit Strychnin (tödliche Dosis 50 mg). Die gefährlichsten Bestandteile, die Spaltprodukte, sind nach 300 Jahren fast vollständig verschwunden. Transurane wie Plutonium sind anschliessend am gefährlichsten. Nach etwa 10 000 Jahren sind die Abfälle kaum toxischer als Kupfer oder Blei.

Auch in Ländern mit einem hohen Kernenergieanteil enthält der Sondermüll mindestens gleich viele tödliche Dosen wie die radioaktiven Abfälle, zerfällt jedoch nicht. Ein Solarmodul benötigt etwa 1 kg Kupfer. Im Bergwerk erzeugt ein kg Kupfer rund 200 kg toxische Schlämme, die mehrere hundert tödliche Dosen enthalten (Arsen, Blei, Cadmium und andere Schwermetalle). Pro erzeugter GWh muss man mit etwa 50 000 Todesdosen rechnen (Kupfer-Bergbau, dazu kommen noch alle anderen Materialien). Überraschenderweise etwa gleich viel wie die Kernkraft mit ihren Abfällen zu verantworten hat. Doch diese werden immer weniger, sie zerfallen.

Ein Kubikkilometer Erde enthält mehrere 1000 Tonnen Arsen, Beryllium und andere Gifte, mit gut 100 Milliarden Todesdosen. In einem typischen Endlager, in einigen 100 m Tiefe, werden anfänglich ähnlich viele radioaktive Todesdosen gelagert sein. Die Kernkraft erzeugt gewaltige Giftmengen, die mit grossem Respekt behandelt werden müssen. Doch das grössere Problem stellen unsere anderen Abfälle dar, für deren langfristige Entsorgung ist heute keine Lösung in Sicht.

11.9 Anhang: Hochradioaktive Abfälle

Ein modernes 1-GW-Kernkraftwerk verbraucht pro Jahr etwa 25 t leicht angereichertes Uranoxid (UO_2). Rund eine Tonne davon besteht aus dem gut spaltbaren U-235, der andere Teil aus U-238. 80 % des U-235 wird beim Betrieb gespalten, daraus entstehen die hochradioaktiven Spaltprodukte (ca. 800 kg), Cs-137 und Sr-90 dominieren. Daneben erbrütet der Reaktor aus U-238 etwa 200 kg Plutonium (Pu-239) und einige weitere Transurane, extrem schwere Elemente «jenseits» von Uran.

Die tödliche Dosis der Abfälle liegt anfänglich bei etwa 100 mg ($2 \times LD_{50}$, siehe Tabelle 11-1). Ein 1 GW-Kraftwerk produziert jährlich etwa 25 t Abfälle mit etwa 250 Millionen Giftdosen. Bei einer Jahresproduktion von 8 TWh Strom entfallen auf 1 GWh etwa 30 000 Giftdosen. Alle Kernkraftwerke der Welt zusammen produzieren jährlich rund 100 Milliarden tödliche Dosen.

Dazu kommt der Beitrag vom Uranbergbau. Für den Betrieb eines 1 GW-Kernreaktors müssen jährlich etwa 170 t Uran abgebaut werden. Bei durchschnittlich 0,2 % Uran im Erz entstehen etwa 70 000 t Tailings (eigentlich weniger als die Hälfte, durch in-situ-Leaching). Eine wissenschaftliche Untersuchung über die Zusammensetzung dieser Tailings und deren Emissionen wurde durchgeführt[102], auch Greenpeace zitiert sie. Damit kommt man auf beachtliche 140 Millionen Todesdosen pro Jahr (1 GW-Kraftwerk) oder 18 000 pro GWh. Zusammen mit den Brennelementen erhalten wir etwa 50 000 tödliche Dosen pro GWh. Ohne Vergleiche mit anderen Giftmengen ist diese Zahl ohne Aussagekraft.

11.10 Anhang: Photovoltaische Giftdosen

Ein installiertes Photovoltaik-Modul von 1,5 m^2 besitzt eine Spitzenleistung von typisch 300 W, unter guten Bedingungen (optimale Ausrichtung) etwa 350 W. Bei einer Ausnutzung von 10 % (inkl. Alterung, Verschmutzung) erzeugt es während seiner Lebensdauer von rund 25 Jahren 6,6 MWh. Ein solches Solarmodul benötigt etwa 1,5 kg Kupfer[103] (mit Kabel und Anteil Wechselrichter). Abgerundet auf 1 kg, entstehen bei 0,5 % Kupfer im Erz über 200 kg toxische Schlämme (Tailings), oder 30 000 kg/GWh. Die tödliche Dosis (LD50) solcher Abfälle beträgt im Durchschnitt etwa 300 g[104]. Somit erhalten wir 50 000 tödliche Dosen/GWh, etwa gleich viel wie bei der nuklearen Stromerzeugung. Und Kupfer ist nur eines von vielen Materialien in einer Solaranlage.

Man kann auch 30 Jahre Lebensdauer annehmen und die Module im sonnenreichen Wüstengürtel der Erde aufstellen, dann reduzieren sich die tödlichen Dosen pro GWh um einen Faktor 2 bis 3. Andererseits sollte man auch den Netzausbau und die Ersatzenergiequellen in Rechnung stellen. Eine Wasserstoffspeicherung kann die Bilanz um einen Faktor 2–3 verschlechtern, ebenso wie andere Speichersysteme wie Batterien.

Man kann es drehen und wenden wie man will, die Photovoltaik setzt Giftmengen frei, welche von der gleichen Grössenordnung sind wie bei der Kernenergie.

102 http://www.doka.ch/PSIuraniumtailingsDoka.pdf. Im Auftrag des Bundesamtes für Umweltschutz

103 Mit den Angaben in http://en.wikipedia.org/wiki/Copper_in_renewable_energy ergeben sich 1,5 kg Cu pro 300 Wp. Besucht 2023-10-20

104 http://www.doka.ch/BuntmetalltailingsDoka.pdf, Untersuchungen im Auftrag des Schweizerischen Bundesamtes für Umweltschutz.

12

Tschernobyl – 50 Tote oder 6 Millionen?

Bei keiner anderen Grosskatastrophe ist man sich so uneinig über die Anzahl der Todesopfer. Sind 50 Menschen umgekommen oder 6 Millionen? Was ist bei Tschernobyl so besonders?

12.1 Hergang und Folgen der Katastrophe

Der erste Grossreaktor der Welt, ein Plutoniumbrüter, wurde 1944 in Hanford, USA, in Betrieb genommen. Der Tschernobyl-Reaktor war dem alten Hanford-Reaktor sehr ähnlich: Graphitmoderiert, wassergekühlt, mit auswechselbaren Brennelementen (einzelne Druckrohre), kein Druckgefäss, kein Containment. Insgesamt mit 190 t Uran und 1700 t Graphit ausgestattet (Hanford: 200 t Uran, 1200 t Graphit). Diese Typen sind nicht ganz unproblematisch: Man kann unstabile Betriebszustände provozieren, die zu schnellen, nicht mehr kontrollierbaren Leistungsexkursion führen können. Die russischen Konstrukteure waren sich dieser Schwächen bewusst, sie haben die Betriebsvorschriften entsprechend angepasst. Durch eine Kette von Fehlentscheidungen, kombiniert mit den Schwächen eines solchen Reaktors, ist es trotzdem zur Katastrophe gekommen. Die nachfolgende Auflistung beschreibt 11 Sündenfälle. Wenn nur ein einziger nicht passiert wäre, hätte die Katastrophe nicht stattgefunden oder sie wäre vergleichsweise harmlos ausgefallen.

1. *Fehlende Sicherheitskultur.* Dieser Reaktortyp erlitt bereits zweimal eine partielle Kernschmelze, mit Todesopfern und Austritt radioaktiver Substanzen. Doch diese Ereignisse wurden streng geheim gehalten. Ein Erfahrungsaustausch hätte wohl die grosse Katastrophe verhindert.
2. *Falscher Zeitpunkt für den Test.* Noch vor der kommerziellen Inbetriebnahme (1983) sahen die Konstrukteure einen Sicherheitstest vor. Bei einem neuen Reaktor, mit praktisch keinem radioaktiven Inventar, kaum gefährlich. Der zweitbeste Zeitpunkt wäre nach einem der üblichen Revisionsunterbrüche von 1–2 Monaten. Dann ist die Radioaktivität auf etwa 1 % abgeklungen (die Nachwärme ebenfalls). Leider wurde beschlossen, den verhängnisvollen Sicherheitstest am Ende einer längeren Betriebsphase durchzuführen, mit dem maximalen möglichen radioaktiven Inventar. Einen dümmeren Zeitpunkt gab es nicht.
3. *Falsche Mannschaft.* Der Test war für die Tagschicht des 25. April 1986 vorgesehen, unmittelbar vor dem Revisionsunterbruch, mit einer auf 25 % reduzierten Leistung. Um 13:05 musste der Reaktor aufgrund erhöhter Stromnachfrage weiterhin Energie liefern. Erst um 23:10 erfolgte die Freigabe zur Leistungsabsenkung. Um 24:00 fand ein Schichtwechsel statt, die neue Mannschaft erwartete einen abgestellten Reaktor und eine ruhige Nacht. Sie war schnell überfordert.
4. *Fehlmanipulation bei Leistungsabsenkung.* Durch eine Fehlmanipulation (oder Fehler in der Elektronik) sank die Leistung auf 1 % (statt auf geplante 25 %). Das

Drama beginnt: Bei einer solch kleinen Leistung «vergiftet» sich ein Reaktor mit Xenon-135, ein starker Neutronenabsorber. Lernt man in jeder Vorlesung über Reaktorphysik. Ähnlich wie bei einem Automotor muss für einen stabilen Betrieb eine gewisse Mindestleistung erreicht werden. Die russischen Konstrukteure haben dem mit entsprechenden Vorschriften Rechnung getragen: Fällt die Leistung unter 20 %, muss der Reaktor abgeschaltet werden, für mindestens 2 Tage.

5. *Verletzung von Betriebsvorschriften.* Statt den Reaktor durch das Einfahren aller Steuerstäbe abzustellen, versuchten die Operateure, die Leistung zu erhöhen. Da das entstehende Xenon stark bremsend wirkte, musste man immer mehr Stäbe aus dem Reaktor entfernen. Am Schluss waren von 211 Stäben nur noch 6–8 im Reaktor, eine Missachtung der Vorschriften, die ein Minimum von 28 Stäben vorsahen. Um 01:20 wurde mit Ach und Krach eine Leistung von 7 % erreicht. Ein sehr kritischer Zustand, Vollgas und Vollbremsung gleichzeitig.
6. *Hochseilakt ohne Netz.* Um den Test unter solchen Bedingungen durchführen zu können, hat man die automatische Notabschaltung ausgeschaltet. Erstaunlich, dass die Operateure ein vitales Sicherheitssystem lahmlegen können. In einem Auto kann der Fahrer das Bremssystem auch nicht einfach ausschalten.
7. *Positiver Dampfblasenkoeffizient.* Als um 01:23:04 der eigentliche Test eingeleitet wurde (Abschaltung der Turbine), begann die Leistung aufgrund des konstruktionsbedingten positiven Dampfblasenkoeffizienten, einer Konzeptschwäche, plötzlich anzusteigen. Die Notabschaltung wurde manuell ausgelöst.
8. *Keine schnelle Notabschaltung vorhanden.* Selbstverständlich sind alle Reaktoren mit einer schnellen Notabschaltung ausgerüstet. Würde man meinen. Die Betonung liegt auf «schnell», d. h. innert 1–3 Sekunden und vollautomatisch (nicht abschaltbar!) ausgelöst. Eine solche hätte die Katastrophe verhindert. Beim Tschernobyl-Reaktor benötigen die ausgefahrenen Kontrollstäbe 15–20 Sekunden, bis sie voll eingefahren sind und die Kettenreaktion unterbinden. Bei einem solch «heiklen» Reaktortyp keine schnelle Notabschaltung vorzusehen, ist, um es höflich auszudrücken, sehr gewagt.
9. *Kontrollstäbe mit Spitzen aus Graphit.* Um ein Maximum an Leistung herauszuholen, hatten die Kontrollstäbe eine Spitze aus Graphit. Die vollständig aus dem Reaktorkern herausgezogenen Stäbe tauchen zuerst mit ihrer Graphitspitze in den Reaktorkern ein. Das zusätzliche Graphit wirkte als Moderator und verursacht als Erstes eine zusätzliche Leistungssteigerung: Man tritt notfallmässig auf die Bremse, aber zuerst schaltet sich der Turbo ein.

Die Explosionen

Innerhalb von vier Sekunden stieg die Leistung auf das Hundertfache (!) der Nennleistung, der Uranbrennstoff heizte sich auf über 3000°C auf, die Brennelementrohre barsten (Bild 1 und 2 in Figur 12-1). Das Kühlwasser verdampfte explosionsartig, der ganze Reaktorkern (3000 Tonnen) wurde wie eine Rakete 30–40 m hoch aus dem Reaktorschacht herauskatapultiert (Bilder 3 bis 6). Die Leistungsexkursion setzte eine Energie von 20 bis 30 t TNT frei, ein Lastwagen voll Sprengstoff. Noch stärker war die nach wenigen Sekunden erfolgte zweite Explosion, verursacht durch das entstehende Knallgas, Bild 7. Das leicht gebaute Dach des Reaktorgebäudes wird zerstört; rotglühendes, brennendes Graphit, zusammen mit dem extrem heissen Brennstoff, wird herausgeschleudert. Die Strahlung des Brennstoffes ist in den ersten Stunden aus kurzer Distanz (einige Meter) innert Minuten tödlich. Die 1700 t brennendes Graphit erzeugen Gase, die nach wenigen Atemzügen tödlich sein können. So oder so, das Löschen war ein Selbstmordkommando.

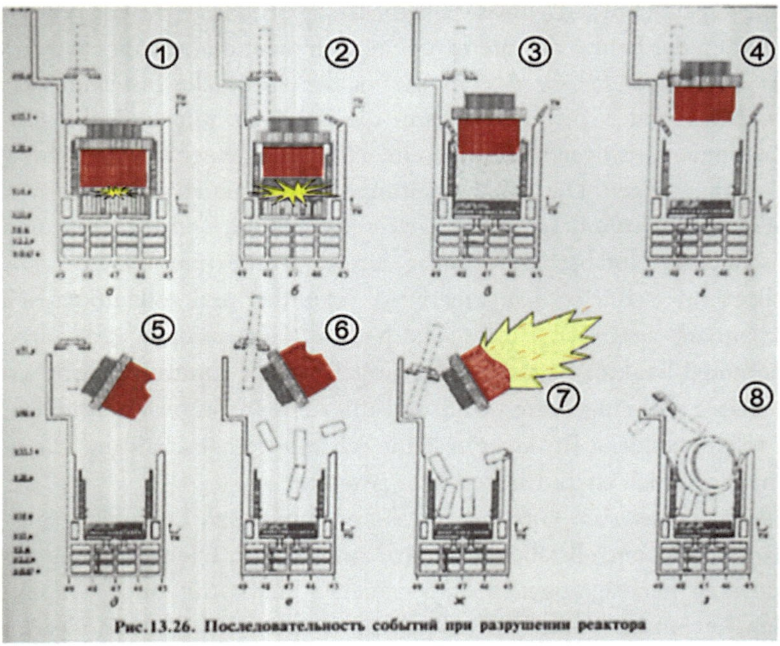

Figur 12-1: Verlauf der Explosion (Bild vom Autor bei einem Vortrag in Tschernobyl aufgenommen, mit Bewilligung, 2015). Rot: Brennelemente.

10. *Kein Druckgefäss, kein Containment.* Ein Druckgefäss zusammen mit einer Einbunkerung (ein Containment) hätte vielleicht der Explosion standgehalten. Wenn nicht, wären trotzdem weniger Stoffe in die Umgebung geschleudert worden.
11. *Graphit-moderierter Reaktor.* Das rotglühende Graphit, vermischt mit dem extrem heissen Brennstoff, brannte 10 Tage lang. Ein solcher Brand ist unlöschbar. Grosse Mengen radioaktiver Substanzen wurden als Gas oder als feine Partikel freigesetzt, hoch aufgewirbelt und dann über grosse Distanzen verfrachtet. Ohne ein solches Feuer findet keine grossräumige Verteilung der Spaltprodukte statt. Schweres Wasser statt Graphit (wie bei den CANDU-Reaktoren) ist keine schlechte Idee.
    Verschlimmert wurde die Lage durch die Geheimhaltungspolitik der sowjetischen Behörden. So hätte eine einfache Warnung vor dem Konsum von Frischmilch praktisch alle Kinder vor einem Schilddrüsentumor bewahrt.

«Konstruktionsfehler»?

Der Reaktor hatte keine »Konstruktionsfehler», wohl aber Designschwächen. Zudem war bei den Reaktoren der 50er- bis 70er-Jahre die Sicherheit kein zentrales Thema (wie auch bei den Fukushima-Reaktoren, ebenfalls Produkte dieser Zeit). Die Reaktoren jener Zeit hatten eine Kernschmelzwahrscheinlichkeit von etwa 0,1 % pro Jahr. In der Tat gab es im Westen etwa 10 Kernschmelzen, aber nur bei einer entwichenen nennenswerte Mengen radioaktiver Stoffe (Windscale, 1957). Die nächste Generation (II), ab 1970, weist eine Kernschmelzrate von etwa 0,01 % pro Jahr auf (ohne Nachrüstung). Dank eines Containments ist die Wahrscheinlichkeit einer grösseren Abgabe von Radioaktivität nochmals 10- bis 100-mal kleiner. Die meisten heute betriebenen Kraftwerke gehören dieser Generation an. Die aktuell gebauten Werke (Generation III) sind noch einmal gut 10-mal sicherer, und die Wahrscheinlichkeit einer Freisetzung von Strahlung wurde zusätzlich um einen Faktor 10 reduziert (Wahrscheinlichkeit dafür ist 10^{-8} bis 10^{-9}/J).

In Tschernobyl wurden die unbeschädigten Reaktoren der Blöcke 1, 2 und 3 nach dem Unglück weiterbetrieben, aber umgehend mit vielen zusätzlichen Sicherheitsmassnahmen aufgerüstet, für etwa 400 Millionen $. Wie auch die anderen zwölf «Tschernobyl»-Reaktoren im Sowjetreich. Unter anderem bekamen sie eine «richtige» Schnellabschaltung, zudem verunmöglichen verschiedene Umbauten eine explosive Leistungsexkursion. Ein neues «Tschernobyl» mit einem massiven Austritt von radioaktiven Substanzen kann aus physikalischen Gründen ausgeschlossen werden, eine «normale» Kernschmelze aber nicht. Stand Februar 2024 sind in Russland noch 7 «Tschernobyl»-Reaktoren im Betrieb, grössere Probleme gab es nie.

Die Folgen der Katastrophe

Nach der Katastrophe von Tschernobyl fehlte es sowohl an politischem Willen (Geheimhaltungskultur in der Sowjetunion) als auch an den notwendigen Milliarden, um systematische Untersuchungen wie nach den Atombombenabwürfen in Japan durchzuführen. Das Resultat: Ein Chaos von mehreren 100 000 Berichten[105], Studien, Verlautbarungen usw., von völlig unsinnig bis hochwissenschaftlich. Und so ist es auch nicht verwunderlich, dass die Opferzahlen zwischen 50 und 6 Millionen schwanken, ein Faktor von 100 000. Immerhin ist man sich bei einigen Fakten halbwegs einig, und zwar bei: 1. Gründe und Ablauf der Katastrophe. 2. Menge und örtliche Verteilung der Verstrahlung (in Bq). 3. Dosisbelastung der verschiedenen Gruppen (in Sv). 4. Auswirkungen bei hohen Dosen (akute Todesfälle, Schilddrüsentumore)[106].

Einig ist man sich auch, dass in einem Gebiet von mehreren km^2 direkt neben dem Reaktor die Strahlung bei einem längeren Aufenthalt tödlich war. In diesem Gebiet sind auch die Nadelbäume gestorben («roter Wald»). Die Strahlung klang recht schnell ab, heute beträgt sie nur noch 1/1000 bis 1/100 000 der damaligen. Das Gebiet ist heute ein Naturparadies.

Völlig uneinig ist man sich bei den Langzeitwirkungen von kleinen und kleinsten Dosen, auf Millionen von Bewohnern verteilt. Der Grund dafür: Bei solchen Dosen werden allfällige Effekte von den natürlichen gesundheitlichen Variationen überdeckt (Kapitel 5).

12.2 Meine Reise ins Innerste von Tschernobyl

2015 konnte ich als Mitglied einer 12-köpfigen informellen Expertengruppe für eine Woche Tschernobyl und Umgebung besuchen. Wir haben Hunderttausende von Messwerten aufgenommen und konnten uns ein recht gutes Bild der aktuellen Strahlensituation machen. Mein Reisebericht kann bei «Nuklearia» eingesehen

105 Google Scholar: 396'000 Berichte (Stand 2023)

106 Gute Zusammenfassung: https://iopscience.iop.org/article/10.1088/0952-4746/26/2/001

werden[107] oder im sehr informativen Buch[108] von Martin Schlumpf. Nachfolgend eine Zusammenfassung:

In der Stadt Pripyat, 3–4 km vom Unglücksreaktor entfernt, herrschte in den ersten Tagen nach der Explosion eine Strahlung von einigen 100 µSv/h bis zu einigen 1000 µSv/h. 2015 massen wir über den asphaltierten Flächen 0,2–0,3 µSv/h, ein Wert, der auch in anderen Städten (z. B. Rom, Hongkong) natürlich vorkommt. Bei viel Moos oder über Naturboden stieg er auf 1–3 µSv/h (Moos liebt Cäsium-137). Im Innern von Gebäuden lagen die Strahlungswerte, mit wenigen Ausnahmen, zwischen 0,1–0,2 µSv/h, Werte wie überall auf der Welt. Die durchschnittliche Strahlung während meines gesamten Aufenthalts in Pripyat betrug 1,0 µSv/h (Mittelwert, alle 10 sec. eine Messung). Dies entspricht einer externen Jahresdosis von 8,8 mSv. Allerdings bewegten wir uns zum grössten Teil ausserhalb der Gebäude, suchten bewusst nach «heissen» Stellen und legten die Messgeräte darüber. Ein heutiger Bewohner dürfte kaum über 5 mSv/J kommen, selbst wenn er sich vorwiegend im Freien aufhält. Der weltweite Durchschnitt der natürlichen Strahlung liegt zwischen 2 und 3 mSv/J, doch viele Gebiete (z. B. in den Alpen, im Erzgebirge, in Süditalien, in den Rocky Mountains) glänzen mit mehr als 5 mSv/J. Eliminiert man alle Moosbeete, kann man in Pripyat mit etwa 3 mSv /J externer Dosis rechnen (total etwa 5 mSv/J).

Für zehntausend Jahre unbewohnbar?

Aus der Tatsache, dass die Sperrzone immer noch eine Sperrzone ist, wird geschlossen, dass der Aufenthalt gefährlich sein muss. Die Zone sei für hunderte, tausende oder gar zehntausende Jahre unbewohnbar. Man argumentiert mit den sehr langen Halbwertszeiten gewisser Falloutelemente (vor allem Plutonium), obwohl diese langlebigen Elemente:

1. nur einen sehr kleinen Bruchteil des Fallouts ausmachen (2023: Pu-239 ca. 0,08 %)
2. nur schwach strahlen (je länger die Halbwertszeit, desto schwächer die Strahlung, ein Naturgesetz)
3. von den natürlich vorhandenen langlebigen radioaktiven Elementen, wie Uran, Thorium und ihren Töchtern mengenmässig (und auch radiotoxisch) in den Schatten gestellt werden. Durchschnittlich findet man etwa 20 g Uran und Thorium pro m^3 Erde. Viele natürliche Radionuklide, wie Radium, Radon oder Polonium, sind gefährlicher als Plutonium. Ihre Alpha-Energie ist höher.

107 https://nuklearia.de/2018/04/25/reise-ins-innere-von-tschernobyl/ Besucht 2023-11-02
108 Martin Schlumpf, «Atomkraft, ein Tabu?» ISDN 978-3-907339-36-7

Wie dem auch sei, es ist eine leicht zu überprüfende Tatsache, dass heute die Strahlung des Fallouts auf einen winzigen Bruchteil der Ursprünglichen gesunken ist, typisch auf 1/10 000 oder weniger. In weiten Teilen der Sperrzone dominiert die natürliche Strahlung. Nur in der näheren Umgebung des Unglücksreaktors gibt es noch vereinzelt Stellen mit hoher Strahlungsintensität (höher als die höchsten natürlichen Werte in bewohnten Gebieten, 10 µSv/h). Vor allem der «Friedhof», mit verlassenen Fahrzeugen und Geräten aller Art, strahlt noch ordentlich[109].

Direkt an der Wand des Sarkophags des Unglücksreaktors (Block 4) misst man etwa 100 µSv/h, einige 10 m entfernt noch 10 µSv/h. Aber vor dem Block 1 haben wir völlig harmlose Pegel registriert, siehe Figur 12-2.

Figur 12-2: Strahlung bei Block 1, mitten in der «Todeszone». Bilder vom Autor

Erstaunlich ist die Strahlensituation in Tschernobyl-Town, südlich des Reaktors, siehe Figur 12-3. Sie liegt eher unter dem Wert anderer Städte der Welt.

109 Guter Überblick (Aktivitätskonzentrationen der vers. Radioisotope, 2022): https://www.nature.com/articles/s41598-022-22842-5

Figur 12-3: Strahlung im Zentrum von Tschernobyl-Town

Die Strahlung im Kontrollraum von Reaktor 4 stieg während der Katastrophe bis auf 50 000 µSv/h, nach einem Tag wird man strahlenkrank. Heute beträgt sie noch relativ harmlose 5 µSv/h, siehe Fig 12-4. Diese Rate wird beim Fliegen in 10 km Höhe oft überschritten.

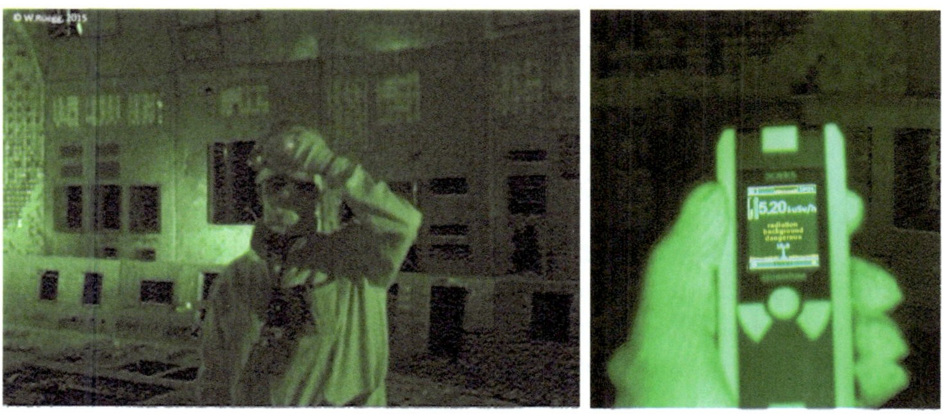

Figur 12-4: Autor im Kontrollraum Block 4. Strahlung liegt um 5 µSv/h. Doppelter Schutzanzug ist Pflicht, ziemlich überflüssig, ausser man liest viel Dreck auf.

Die akuten Folgen

Etwa 1000 Feuerwehrleute erlitten in den ersten chaotischen Tagen Dosen zwischen 1 und 20 Sv. 136 dieser Einsatzkräfte wurden schwer strahlenkrank. Bis Ende 1986 starben 28, trotz intensiver medizinischer Betreuung. Weitere 19 verstarben bis 2004, wohl nicht aufgrund der Strahlung. Denn diese Anzahl entspricht den erwarteten natürlichen Todesfällen.

Zwischen 600 000 – 800 000 «Liquidatoren» waren jahrelang mit Aufräumarbeiten, Dekontaminationen und dem Bau des Sarkophags beschäftigt. Die akkumulierte Dosis liegt bei einem Teil dieser Gruppe im Durchschnitt um 100 mSv. Nach den Erfahrungen von Hiroshima/Nagasaki erwartet man keine messbaren Effekte. Und so sind auch die vielen Berichte und Untersuchungen über den Gesundheitszustand der Liquidatoren sehr widersprüchlich.

Letzteres gilt auch für die am stärksten betroffene Bevölkerung, Bewohner von ländlichen Gebieten mit grosser Armut und schlechter medizinischer Versorgung. Unbestritten ist, dass sich der Gesundheitszustand dieser Menschen seit der Katastrophe erheblich verschlechterte. Der gleichzeitig erfolgte Niedergang der Sowjetunion in den 80er- und 90er-Jahren verursachte eine dramatische Abnahme der Lebenserwartung im ganzen Sowjetreich, besonders bei den Männern, von etwa 64 Jahren (1987) auf 58 Jahre (1994). Krebserkrankungen, Herz-Kreislaufprobleme sowie Infektionskrankheiten aller Art stiegen an.

Es ist schwierig bis unmöglich, den Einfluss der Strahlenbelastung in den verstrahlten Gebieten von den «normalen» Variationen und Einflussgrössen zu trennen. Der TORCH-Report der Grünen im Europäischen Parlament[110] nennt für 7,4 Millionen betroffenen Bewohner eine mittlere zusätzliche Lebensdosis von 29 mSv, ⅔ davon von externen Strahlen, 1/3 von inkorporierten Lebensmitteln. Die UNSCEAR kommt auf weniger als die Hälfte der Bestrahlung. Egal, verglichen mit der natürlichen Belastung von durchschnittlich rund 200 mSv Lebensdosis sind dies kleine Werte, man erwartet keine Effekte. Der grüne TORCH-Report akzeptiert, dass keine Erhöhung der Missgeburtenrate feststellbar ist. Es macht wenig Sinn, schreckliche Fotos von missgebildeten Kindern aus den bestrahlten Gebieten von Tschernobyl zu zeigen; solche Bilder kann man auch in unseren Spitälern machen. Einigermassen einig ist man sich bei den mehreren Tausend Schilddrüsentumoren von Kindern. Bisher starben 10 Kinder an diesem Tumor oder an Komplikationen. Eine einfache Warnung vor dem Konsum von Frischmilch hätte die Mehrzahl dieser Tumore verhindert.

110 http://www.greens-efa.org/cms/topics/dokbin/118/118499.the_other_report_on_chernobyl_torch@en.pdf, Kritik dazu: http://www.llrc.org/health/subtopic/anoracfinal.pdf

12.3 Die Umsiedlungen und das Problem der kleinen Dosen

Ein schwieriges Thema sind die Umsiedlungen. Die Evakuierungen in den am stärksten betroffenen Gebieten waren sicher notwendig, vor allem betrifft dies die Stadt Pripyat, 3–4 km vom Reaktor entfernt. Die Strahlung war so hoch, dass sie bei längerem Aufenthalt im Freien zu ersten Langzeitschäden (höhere Krebsrate im Alter) führen kann. Der Nutzen der Evakuierungen in den anderen Gebieten ist aber umstritten. Prof. Z. Jaworowski, ehemaliger President of UNSCEAR (UN Scientific Committee on the Effects of Atomic Radiation), stellte fest:

»The most nonsensical action, however, was the evacuation of 336 000 people.»

Die unsinnigste Aktion war die Evakuierung von 336 000 Bewohnern.

Wann soll man evakuieren?

Als Umsiedlungskriterium hat man eine Lebensdosisgrenze von 350 mSv festgelegt (eigentlich hat man eine Bodenkontamination von 555 kBq/m^2 Cs-137 gewählt, daraus kann die Lebensdosis abgeschätzt werden). Das Dilemma: Diese Dosis wird in vielen Gebieten der Erde von der natürlichen Strahlung übertroffen.

Das Gegenargument: Ohne Evakuierungen würden gemäss der LNT-Hypothese etwa 1500 Krebsfälle zusätzlich ausbrechen[111]. 1500 Krebsfälle sind für Politiker und Gesundheitsbehörden ein untragbares Risiko, selbst wenn man sich darüber streiten kann, ob es in diesem unteren Dosisbereich überhaupt ein Risiko gibt (Kap. 5). Man kann sich auch darüber streiten, ob die Entwurzelung von 336 000 Menschen nicht zu einer noch höheren Anzahl vorzeitiger Todesfälle führt. Auf jeden Fall scheinen die wenigen verbliebenen Bewohner eine längere Lebensspanne aufzuweisen als die Evakuierten.

Vergleich mit anderen radiologischen Katastrophen

Tabelle 12-1 vergleicht die Mengen radioaktiver Substanzen aus verschiedenen Quellen. Die Anzahl Strahlenkranker und die der Akut-Toten (durch die Strahlung) sind wenig umstritten. In Hiroshima verursachte die extrem starke Primärstrahlung praktisch alle Strahlen-Opfer (5–10 % aller Todesfälle), der Fallout war vergleichsweise unbedeutend. Die Angabe der Toten bei Hiroshima/Nagasaki be-

111 Berechnet aus E. Cardis et al 2006 J. Radiol. Prot. 26 127 und UNSCEAR-Berichten

ruht auf sorgfältigen statistischen Auswertungen. Alle anderen Angaben betreffen kleine Dosen und sind hypothetisch, statistisch nicht nachweisbar. Die Kollektivdosis in kSv-P ist die Summe der Einzeldosen der gesamten betroffenen Bevölkerung, akkumuliert über das ganze Leben. Man beachte die gewaltige Anzahl LNT-Toten bei der natürlichen Strahlung. Nach Tschernobyl wurden weltweit Milliarden Menschen mit kleinsten Dosen bestrahlt, mit LNT kann man daraus auf mehrere 10 000 Opfer schliessen. Doch dann muss man sich mit der Frage auseinandersetzen, ob die natürliche Strahlung (mit gleichen Massstäben gemessen) im gleichen Zeitraum wirklich rund 70 Millionen Opfer verursacht.

	Tschernobyl	Weltweiter Test-Fallout	Hiroshima/ Nagasaki	Natur, Erde 10 m tief
Hauptwirkung	Cs-137	Cs-137/Sr-90	Primärstr.	U-/Th+/K-40
Menge (PBq)	70–85	1000/600	0,2 (Cs-137)	1500 000
Strahlenkrank	134	100?	30 000	0
Akut Tote	30–50	1+?	20 000–30 000	0
Dosis kSv-P	200–900	5000	15 (Überlebende)	1400 000
LNT-Tote	10 000–45 000	250 000	1500	70 000 000

Tabelle 12-1: Radioaktive Substanzen von verschiedenen Quellen und deren Auswirkung auf die Menschen.

12.4 Zusammenfassung

Die Katastrophe ist durch das Zusammentreffen von mehreren menschlichen Fehlurteilen mit einem «heiklen» Reaktortyp ausgelöst worden. Die anfänglich sehr hohen Strahlenwerte sind heute auf etwa 1/10 000 gesunken. In weiten Teilen der verbotenen «Todeszone» ist die Strahlung auf harmlose Werte gesunken, vergleichbar mit der natürlichen Strahlung. Einzig in der Umgebung des Unglücksreaktors hat es vereinzelte Stellen mit hoher Strahlung. Die Folgen von hohen Strahlendosen sind unbestritten (Einsatzkräfte der ersten Tage, Schilddrüsen bei Kindern). Auswirkungen der kleinen Dosen auf die Bevölkerung (viel kleiner als die natürliche Strahlung) sind schwerlich nachweisbar; sie gehen in den natürlichen Variationen der Gesundheit unter.

13

Die Reaktorkatastrophe von Fukushima

Wie bei der Tschernobyl-Katastrophe führte eine lange Kette, bestehend aus Designschwächen, unterlassenen Nachrüstungen, Sündenfällen und unglücklichen Umständen, zur Fukushima-Reaktorkatastrophe. Die Strahlung verursachte keine grösseren gesundheitlichen Auswirkungen.

13.1 Die Katastrophe

Am 11. März 2011 erschütterte ein Erdbeben der Stärke 9, das stärkste je in Japan gemessene, die Ostküste. Auf einen Schlag fiel der Boden um einen Meter nach unten und verschob sich um 5 Meter horizontal. Kein «normales» Gebäude kann dem standhalten. Insgesamt 14 Leistungsreaktoren waren betroffen, ohne ernsthafte Schäden. Doch kurz darauf erfolgte die zweite Katastrophe, ein Monstertsunami. Er überflutete über 500 km^2 Küstenfläche. Die Folge: 19 000 Tote 250 000 ganz oder teilweise zerstörte Häuser, 750 000 beschädigte Häuser, 500 000 Obdachlose und 25 Millionen Tonnen Schutt. Schlimmer hat es Japan seit dem Zweiten Weltkrieg nie getroffen. Und dann gerieten gleichzeitig drei Reaktoren in einen kritischen Zustand. Sowohl das gesamte Reaktorgelände als auch die Zufahrtsstrassen waren von Tsunamitrümmern übersäht und unpassierbar.

Eine schlechte und eine gute Nachricht

Die schlechte Nachricht zuerst: Die drei ältesten Reaktoren (Modelle aus den 1960er-Jahren, fertiggestellt in den 70er-Jahren) überlebten den Tsunami nicht. Die gute Nachricht: Alle elf anderen später gebauten Anlagen überstanden sowohl das extreme Erdbeben als auch den Megatsunami praktisch unbeschadet, einen brutaleren Stresstest gibt es nicht. Die Gründe und die Abläufe der Katastrophe sind inzwischen gut bekannt. Ich verweise auf die ausgezeichneten Berichte von Simon Aegerter und Johannis Nöggerath, im Buch *«Atomkraft – Das Tabu»* von Martin Schlumpf[112]. Im Folgenden konzentriere ich mich auf die Auswirkungen des Fallouts.

13.2 Emissionen

Cs-137 ist mit Abstand für den grössten Teil der Dosisbelastungen verantwortlich. Plutonium-Fallout konnte nur in winzigen Spuren nachgewiesen werden. Der Grund liegt im extrem hohen Schmelzpunkt von Plutonium. Im Gegensatz zu Tschernobyl wurde diese Temperatur bei den Kernschmelzen von Fukushima bei Weitem nicht erreicht.

112 ISBN 978-3-907399-36-7

Durch die Tschernobyl-Katastrophe wurde 5- bis 10-mal mehr radioaktives Cäsium in die Umwelt entlassen als durch die drei Fukushima-Reaktoren, durch die Kernwaffentests sogar 100-mal mehr (Tabelle 13-1). Die Atombomben auf Japan setzten nur etwa ein Fünfzigstel der Fukushima-Menge frei, die Bomben töteten auf andere Weise (Kapitel 9), die Primärstrahlung ist für 5–10 % der Todesfälle verantwortlich. Die Kollektivdosis in kSv-P ist die Summe der Einzeldosen der gesamten Bevölkerung, akkumuliert über das ganze Leben. Pro 20 Sv-P rechnen die Gesundheitsbehörden, unter Verwendung der LNT-Hypothese, mit einem zusätzlichen Krebsfall. Diese Hypothese führt zu weltweit 70 Millionen Krebsfällen durch die natürliche Strahlung, was eher fragwürdig ist.

	Fukushima	Tschernobyl	Weltweiter Test-Fallout	Hiroshima/ Nagasaki	Natur, Erde 10 m tief
Hauptwirkung	Cs-137	Cs-137	Cs-137/Sr-90	Primärstr.	U+/Th+/K-40
Menge (PBq)	8-14	70-85	1000/600	0,2 (Cs-137)	1500 000
Strahlenkrank	0	134	100?	30 000	0
Akut Tote	0	30-50	1+?	20 000-30 000	0
Dosis kSv-P	44	200-900	5000	15 (Überlebende)	1400 000

Tabelle 13-1: Mengen und Auswirkungen radioaktiver Substanzen/Strahlen von verschiedenen Quellen

Die Natur und der Fallout

Im umfassenden UNSCEAR Bericht[113] wird darauf hingewiesen, dass man die künstliche Radioaktivität mit der natürlichen vergleichen soll. Nur so können die Zahlen eingeordnet werden. In der Tat: Die ersten 30 cm des Bodens in Japan enthalten über 100-mal mehr natürliche Radioaktivität als der Fukushima-Fallout. Das Natururan produziert auch Radon, pro Jahr etwa 50 GBq/km^2. Auf die Fläche Japans umgerechnet ergeben sich rund 20 PBq, Jahr für Jahr. Mehr als die Reaktorkatastrophe an Cs-137 in die Umgebung entlassen hat. Und die kosmische Strahlung «erzeugt» weltweit, in Bq gemessen, die 100-fache Fukushima-Menge, unter anderem auch viel mehr Tritium. Die natürliche Radioaktivität des Nord-Pazifiks übersteigt die aus Fukushima entlassenen Mengen grob um das 100 000-fache. Alle diese natürlichen radioaktiven Substanzen und Emissionen sind fein verteilt über die ganze Erde und deshalb – auch weil sie von Mutter Natur kommen – nicht auf dem Radar der Öffentlichkeit. Aber gemäss LNT-Hypothese ist ihre Wirkung auf

113 https://www.unscear.org/docs/publications/2020/UNSCEAR_2020_AnnexB_AdvanceCopy.pdf

die Erdbevölkerung viel, viel schlimmer als Tschernobyl, Fukushima und alle Testexplosionen zusammen.

Natürlich sagt die Aktivität, gemessen in Bq, nichts Genaues über die gesundheitlichen Folgen aus. Sie bietet jedoch einen ersten Anhaltspunkt. Die radioaktiven Substanzen im Boden sind eher gefährlicher als der Cs-137-Fallout, die kosmogen erzeugten eher weniger gefährlich.

Die Nahrung

Ein grosser Teil des Cs-137 landete im Pazifischen Ozean. 2011 überschritten 41 % der vor der Küste gefangenen Meerestiere den Grenzwert von 100 Bq/kg. Nach 2015 fand man praktisch keine Überschreitungen mehr. Die ins Meer gelangten radioaktiven Substanzen wurden durch die riesigen Wassermengen des Ozeans schnell auf winzige Werte verdünnt, weit unter der natürlichen Radioaktivität des Meerwassers.

Die relativ grossen Fallout-Mengen haben die Behörden veranlasst, die lokal erzeugten Nahrungsmittel penibel genau zu prüfen. Der Grenzwert für Cs-137 wurde auf sehr tiefe 100 Bq/kg gelegt. Für Milchprodukte, Trinkwasser und Kleinkinder gelten noch tiefere Werte. Anfänglich fand man einige Übertretungen, nach 2015 aber keine einzige mehr (ausgenommen bei Wildtieren). Die tiefen Werte rühren zum Teil von den Dekontaminationsmassnahmen her, aber auch vom Eintrag von Kalium in die Böden. Kalium, der chemische Bruder von Cäsium, verdrängt dieses. Die Grenzwerte für Cs-137 der EU, der USA und der CODEX (UN/FAO, WHO) liegen übrigens bis zu 100-mal über den japanischen. Immer noch ein winziges Risiko, siehe das Beispiel im ersten Kapitel.

13.3 Evakuierungen und Strahlenbelastungen

Die Präfektur Fukushima musste gleich zwei Grosskatastrophen bewältigen: Durch den Tsunami wurden 500 000 Küstenbewohner obdachlos. Die Lage verschärfte sich zusätzlich, als kurz darauf wegen der Nuklearkatastrophe nochmals rund 90 000 Bewohner evakuiert wurden. Etwa 60 000 weitere sind aus Angst vor der Strahlung freiwillig weggezogen. Das gesamte von der Radioaktivität betroffene Gebiet umfasste etwa 1200 km². Heute (2023) gelten noch 320 km² als kritisch («difficult to return»), etwa 30 000 Bewohner sind immer noch evakuiert.

TEPCO, der für die Fukushima-Reaktoren verantwortliche Energiekonzern, hat bis 2023 über 70 Milliarden $ an die Betroffenen ausbezahlt[114]. Die gesamten Aufräum- und Entsorgungsarbeiten werden gut 100 Milliarden $ kosten. 2023 nahm TEPCO umgerechnet rund 60 Milliarden US$ ein. Trotz vielen Investitionen in erneuerbare Energien und neuen Kerntechniken betrug der Bruttogewinn 2023 etwa 6,5 Milliarden $. TEPCO kann heute dank seiner Grösse (besitzt Kraftwerke mit insgesamt 18 GW und viele andere Beteiligungen) die Kosten der Katastrophe stemmen (2023 etwa 4 Milliarden $) und trotzdem schwarze Zahlen schreiben.

Die Strahlen

Die höchsten Strahlendosen akkumulierten die Arbeiter in den betroffenen Werken. Im ersten Jahr nach der Katastrophe waren über 20 000 mit den Not- und Aufräumarbeiten beschäftigt; die Zahl sank kontinuierlich auf heute rund 10 000. Die Strahlendosen lagen durchschnittlich bei einigen mSv/J, viel zu klein, um feststellbare Effekte (höhere Krebsrate) zu erzeugen, selbst bei einigen Fällen von mehreren 100 mSv.

Wenige Monate nach der Katastrophe beauftragte die Generalversammlung der UNO (Resolution 66/70) die UNSCEAR, eine umfassende wissenschaftliche Untersuchung über die Folgen der Nuklearkatastrophe durchzuführen. Über 80 Experten aus 18 Ländern, zusammen mit 5 internationalen Organisationen, machten sich ans Werk. Sie berücksichtigten eine riesige Datenmenge aus allen verfügbaren Quellen, inklusive Messungen durch NGOs. Im April 2014 wurde die Studie veröffentlicht[115]. Das Hauptresultat: Die Strahlenbelastung der evakuierten Bevölkerung ist vernachlässigbar; sie liegt weit unter den Schwankungen der normalen Untergrundstrahlung. Die Experten haben alle Belastungswege sorgfältig berücksichtigt: Bestrahlungen durch die radioaktiven Substanzen in der Luft und auf dem Boden und durch verstrahlte Lebensmittel; sie werteten alle seriösen Studien aus. Zusätzlich wurden viele Bewohner mit einem Dosimeter ausgestattet und Ganzkörpermessungen durchgeführt.

---

114 https://www.tepco.co.jp/en/hd/responsibility/revitalization/pdf/comp_result-e.pdf Besucht 2023-11-09

115 UNSCEAR 2013, Vol. 1. ISBN 978-92-1-142291-7. Ergänzt 2020: https://www.unscear.org/docs/publications/2020/UNSCEAR_2020_AnnexB_AdvanceCopy.pdf

Verschwörungstheorien

Mehrere kernkraftkritische Organisationen, wie die IPPNW oder Greenpeace, lehnen die UNSCEAR- und WHO-Untersuchungen rundweg ab (wie auch die Tschernobyl-Untersuchungen) und erheben schwere Vorwürfe: Lügen, Vertuschungen, von der «Atomlobby» bestochen oder unter Druck gesetzt. Sehr unwahrscheinlich, dass dies im grossen Umfang geschieht, immerhin stammen die vielen Experten aus politisch völlig unterschiedlich gestrickten Ländern, auch von solchen, die klar gegen Kernkraft sind. In den kernkraftkritischen Berichten, z. B. der IPPNW[116], fällt auch auf, dass überhaupt keine Vergleiche mit anderen Risiken (z. B. mit der natürlichen Radioaktivität) angestellt werden. Ja, es gibt viele Arbeiten, welche die Aussagen der IPPNW belegen, aber es gibt auch (fast) beliebig viele hochwertige Studien, die zu anderen Schlüssen kommen. Unseriös, wenn man systematisch nur erstere berücksichtigt und letztere ebenso systematisch ignoriert oder mit allerlei Verschwörungstheorien für ungültig erklärt.

Und ohne Evakuierungen?

Aus dem UNSCEAR-Bericht kann man abschätzen, dass in den stark betroffenen Zonen nicht evakuierte Bewohner eine zusätzliche Lebensdosis von durchschnittlich etwa 150 mSv erhalten hätten. Zusammen mit der «normalen» Untergrundstrahlung von etwa 200 mSv ergeben sich Lebensdosen von 350 mSv. Schlimm? Kaum, denn zufällig ist dies gerade die durchschnittliche natürliche Strahlenbelastung in der Schweiz (dank etwas mehr Uran im Boden als im Durchschnitt).

Andererseits: Die LNT-Risikomodelle prophezeien bei unterlassener Evakuierung bis zu 1000 zusätzliche Krebsopfer. Keine Gesundheitsbehörde und kein Politiker kann es heute wagen, ein solches Risiko auf sich nehmen. Und so evakuiert man vorsorglich – und ignoriert die weiter unten beschriebenen negativen Folgen. So lässt auch die UNSCEAR eine leise Kritik an den Evakuierungen durchblicken. Es wird festgehalten, dass die Strahlung selber keine messbaren Folgen haben wird, dass hingegen die überhasteten Evakuierungen zu Todesfällen geführt haben, besonders unter alten und kranken Menschen. Die verschiedenen Angaben schwanken von einigen 100 bis zu über 1000.

Die grössten gesundheitlichen Probleme dürften die psychosomatischen Folgen der Evakuierung darstellen. Man verliert auf einen Schlag sein Zuhause, die ver-

116 Z. B. https://ippnw.de/commonFiles/pdfs/Atomenergie/Tschernobyl/Report_TF_3005_en_17_screen.pdf Besucht 2023-11-14

traute Umgebung, den Arbeitsplatz, die Freunde – und steht vor einer unsicheren Zukunft. Dazu kommen noch die Ängste vor den Folgen der Strahlung.

Situation 2023

Die Strahlung im Umkreis von ein paar km um das Kraftwerk erreichte anfänglich Werte über 100 µSv/h. Heute findet man nur noch ganz vereinzelt Messpunkte mit über 5 µSv/h[117] (Figur 13-1, Stand 2023). Die Strahlenbelastung eines Bewohners, der sich nicht vorwiegend im Freien aufhält, beträgt nur etwa 20–50 % davon. Denn innerhalb von Gebäuden sinkt der Strahlungspegel stark ab (u.a. durch Abschirmung der Wände).

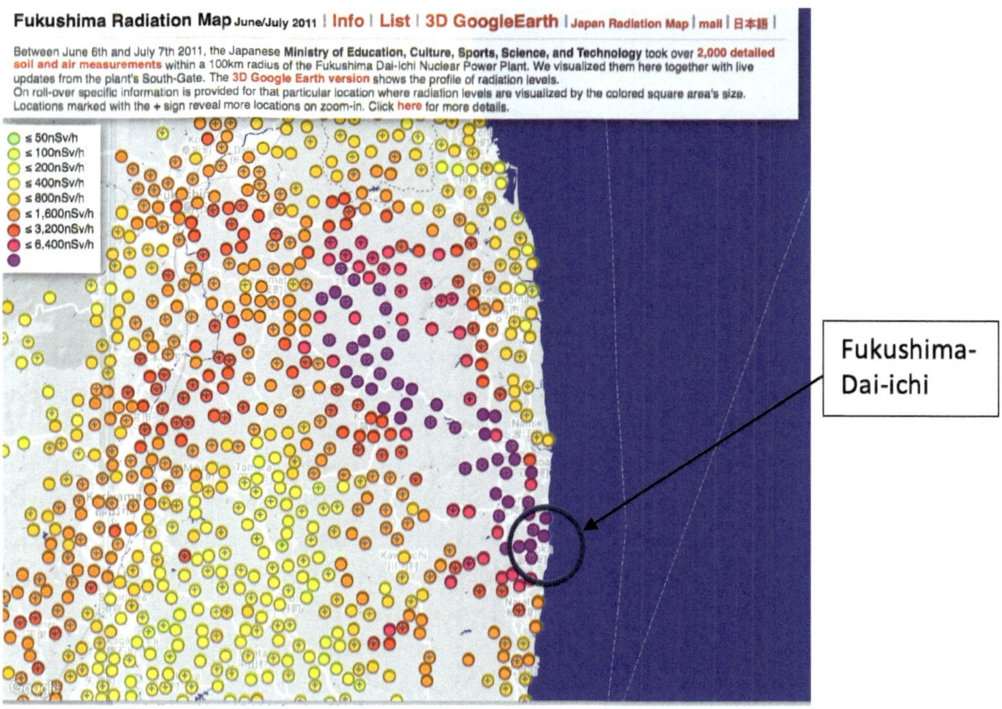

Figur 13-1: Strahlenwerte Juni 2011 (oben) und November 2023 (nächste Seite oben)[118]. Kreis: 5km-Radius

117 https://jciv.iidj.net/map/ Besucht 2023-11-12
118 Japan Radiation Map, ©IIDj, Institute for Information Design Japan (2011,2023), mit freundlicher Genehmigung

Situation Nov. 2023

13.4 Das Evakuierungsdilemma

Bei Nuklearkatastrophen stellt sich die Frage nach dem Kriterium der Evakuierung. Die Internationale Strahlenschutzkommission (ICRP) empfiehlt je nach Situation eine Evakuierung bei einer Dosis zwischen 1 und 20 mSv pro Jahr.

Die Faustregel bei Reaktorkatastrophen lautet: Die Strahlendosis im ersten Jahr mit 3 multipliziert ergibt die gesamte Dosis bei lebenslänglichem Aufenthalt (Erfahrungen von Tschernobyl). In Fukushima könnte der Faktor etwas kleiner sein, die WHO rechnet mit einem Faktor von 2. Die von der ICRP verlangte zwingende Evakuierung bei 20 mSv/J würde mit einem Faktor 3 zu einer zusätzlichen Lebensdosis von 60 mSv führen, weit unterhalb der Bandbreite der natürlichen Strahlenbelastungen. Um es nochmals zu sagen: Es gibt keinen Unterschied in der Wirkung zwischen künstlichen und natürlichen Strahlen.

Das grosse Dilemma: Selbst die durchschnittliche Lebensdosis im Evakuierungsgebiet (150 mSv, mit natürlicher Strahlung etwa 350 mSv) wird in vielen bewohnten Regionen auf diesem Planeten von der natürlichen Strahlung überschritten. Ganz zu schweigen von der Evakuierungslimite von 60 mSv (totale zusätzliche Lebensdosis). Im Weltmittel beträgt die natürliche Lebensdosis etwa 200 mSv (2.4 mSv/J).

In Teilen der Alpen überschreitet die durchschnittliche Lebensdosis 400 mSv. Wie auch in Teilen von Piemont, Süditalien, Schwarzwald, Erzgebirge, Massif Central, Rocky Mountains und anderen Gebieten der Welt. Eigentlich müsste man umgehend Millionen von Menschen aus solchen Regionen evakuieren. Für dieses Dilemma gibt es eine einfache Lösung: Das Evakuierungskriterium um einen Faktor 5 bis 10 erhöhen. Evakuierungen sind brutale Eingriffe ins Leben eines Menschen. Sie haben ohne Zweifel gesundheitliche Folgen. Unter 100 mSv/J sollte bei einer Nuklearkatastrophe nicht evakuiert werden. Zusätzlich sollte auch das Feinstaub-Dilemma berücksichtigt werden.

13.5 Das Feinstaub- und das Polonium-Dilemma

Die Fukushima-Reaktoren liegen in einer ländlichen Küstengegend mit recht kleiner Luftverschmutzung. Wird man in die Stadt Fukushima oder gar in eine Grossstadt evakuiert, so kommt man vom Regen in die Traufe. Eine Dauerbelastung mit zusätzlichen 10 µg/m^3 PM2.5 führt gemäss WHO zu einem Anstieg der Langzeitmortalität um 6–8 %[119]. Dies entspricht einer Strahlendosis von über 1 Sv. In Ballungszentren werden 10 µg/m^3 oft überschritten, in asiatischen Megastädten auch 100 µg/m^3.

Es grenzt an Menschenverachtung oder zumindest an fahrlässige Ignoranz, Evakuierungen bei Dosen von 20 mSv/J durchzuführen und die Menschen dann in eine Gegend mit einer höheren Feinstaubbelastung zu verpflanzen. Wir können es auch umgekehrt formulieren: Wendet man beim Feinstaub die gleichen Risikokriterien an wie bei der radioaktiven Strahlung (zwingende Evakuierung bei 20 mSv/J, Lebensdosis von 60 mSv), müssten wir praktisch alle Agglomerationen dieser Welt räumen.

Polonium und Meerestiere

Mit Polonium-210 (Po-210) wurde 2006 der russische Ex-Agent Litwinenko ermordet, vielleicht auch der Palästinenserpräsident Arafat. Po-210 ist ein starker Alpha-Strahler, bei Einnahme extrem radiotoxisch, viel stärker als Plutonium. Po-210 kann man in einem Kernreaktor herstellen, es kommt auch in der Natur vor, als

119 Mehr über Feinstaub im Kapitel 8

eines der Folgeprodukte beim Zerfall von Naturuuran. Fische und Meeresfrüchte, sowie gewisse Pilze und Pflanzen (z. B. Tabak) reichern es stark an. Für Erwachsene wirkt es etwa 100-mal, für Kleinkinder sogar 1000-mal toxischer als Cs-137. Meerestiere enthalten typisch 10 Bq/kg Po-210, dies entspricht 1000 bis 10 000 Bq/kg Cs-137. Rekordwerte findet man in Muscheln und Krustentieren, über 200 Bq/kg wurden schon gemessen, äquivalent einem Horrorwert von 20 000–200 000 Bq/kg Cs-137. Der Grenzwert bei Meerestieren liegt in Japan bei 100 Bq/kg Cs-137, in anderen Ländern meist zwischen 600 und 1200 Bq/kg. Die Schlussfolgerung: Der Konsum von Fischen und von Meeresfrüchten müsste verboten oder zumindest streng überwacht werden. Etwa so, wie wir in Pilzen und im Wildfleisch das Cs-137 aus Tschernobyl überwachen. So ist in der EU der Verzehr von Wildfleisch mit über 600 Bq/kg Cs-137 verboten, es muss fachgerecht entsorgt werden. Nicht aber ein Crevetten-Cocktail, mit ein paar Bq Po-210.

Das Dilemma: Der Konsum von Meerestieren gilt als ausgesprochen gesund, eine grosse Anzahl von Studien belegt dies. Die WHO empfiehlt mindestens 360 g pro Woche zu essen, und setzt uns damit einem Risiko entsprechend mehreren tausend Bq Cs-137 aus. Die Japaner konsumieren ein Mehrfaches der WHO-Empfehlung – und haben die höchste Lebenserwartung. Also Meerestiere doch nicht verbieten? Ein Verbot würde gerade in Japan zu einer Mangelversorgung an Jod (wichtig für die Schilddrüse) und Omega-3-Fettsäuren führen (erhöht unter anderem das kardiovaskuläre Risiko und behindert die Gehirnfunktionen, besonders bei Kindern).

Die Schlussfolgerung: Die Cs-137-Grenzwerte sind viel zu tief. Doch Grenzwerte zu lockern, ist in unserer Angstgesellschaft fast nicht möglich. Und so werden wir mit diesem Dilemma noch lange leben müssen.

13.6 Zusammenfassung

Die Fukushima-Reaktorkatastrophe hat gezeigt, dass Reaktoren der zweiten Generation (ab 1970) einen Megatsunami und ein Supererdbeben unbeschadet überstehen können. Die Kernschmelzen fanden in Reaktorkonzepten aus den 60er-Jahren statt. Die in die Umwelt entlassene Radioaktivität betrug nur einen Bruchteil derjenigen von Tschernobyl. UNO-Organisationen führten genaue Untersuchungen über die Folgen durch. Die Strahlung wird keine feststellbaren negativen Effekte haben. Die Evakuierungen wurden aufgrund übervorsichtiger Grenzwerte durchgeführt. Selbst ohne Evakuierungen wäre es kaum zu gesundheitlich negativen Effekten gekommen.

Die drei grossen Dilemmas: 1. Die heutigen Evakuierungslimiten würden, auf die natürliche Strahlenbelastung angewendet, in praktisch allen Ländern die Evakuierung grosser Gebiete erzwingen. 2. Die Feinstaubbelastung liegt risikomässig in allen Agglomerationen weit über den «radioaktiven» Evakuierungsnormen. 3. Der Konsum von Meerestieren müsste verboten oder zumindest streng überwacht werden. Das in allen Meerestieren vorkommende Polonium überschreitet meistens die entsprechenden Risikowerte für Cs-137.

14
Chemie – Fluch oder Segen?

Wir verpesten die Felder mit Pestiziden aller Art. Auch die Natur produziert solche Gifte, und erst noch in noch viel grösseren Mengen. Schlimm?

14.1 Schlachtfeld Natur

Was gibt es Schöneres, als im Frühling das Erwachen der Natur zu beobachten? Bald blühen in den Gärten und auf den sattgrünen Wiesen unzählige Blumen in allen Farben und Formen. Vögel fliegen vergnügt herum und Insekten schwirren von Blüte zu Blüte. Und wie alles riecht und duftet. Was für eine Idylle!

Doch der Schein trügt. In Wirklichkeit tobt ein brutaler Kampf um Leben und Tod. Die Pflanzen müssen sich mit allen Mitteln gegen ihre Fressfeinde wehren.

Und davon hat es beliebig viele. Angefangen von Mikroorganismen, wie Schimmelpilze, die am liebsten jeden Apfel in einen faulenden, braunen Klumpen verwandeln möchten, bis hin zu grösseren Tieren, welche es auf Blätter, Blüten, Samen, Wurzeln und Früchte abgesehen haben. Nicht immer geht es für die höheren Pflanzen gut aus. Zwischen 1845 und 1849 vernichtete ein Pilz in Irland praktisch alle Kartoffeln. Diesen, bzw. der Evolution, war es nicht gelungen, genügend schnell ein geeignetes tödliches Fungizid zu entwickeln. Und eine chemische Industrie, die das hätte machen können, gab es noch nicht. Und so verhungerte eine Million Iren, zwei Millionen retteten sich durch Auswandern.

Die Massenvernichtungswaffen der Natur

Die Hauptwaffe der Pflanzen sind Gifte, vergleichbar mit unseren chemischen Kampfstoffen. Nur, dass wir im direkten Vergleich Stümper sind. Die Natur hat Chemikalien entwickelt, die weit toxischer sind als alles, was wir in den Giftwaffenlabors synthetisiert haben. Mit 10 kg Botulinumtoxin könnte man theoretisch die gesamte Menschheit umbringen. Besonders beliebt bei Pflanzen sind Gifte aus der riesigen Gruppe der Alkaloide. Prominente Mitglieder sind Nikotin, Solanin, Atropin, Koffein, Curare, Morphin, Tannin, Mutterkornalkaloide und Pyrethrum[120]. Eine weitere grosse Gruppe stellen die Glykoside dar, besonders die zyanogenen Glykoside (produzieren die hochgiftige Blausäure). Sehr bösartig sind die Organohalogene[121], wir Menschen haben sie auch übernommen (z. B. als DDT oder FCKW). Die Natur hat auch intelligente «zielsuchende» RNA-Waffen entwickelt, wirken auf genetischer Ebene. Damit wehren sich alle Lebewesen gegen Viren. Auch wir beginnen sie im grossen Stil zu benutzen, z. B. gegen Covid-Viren, aber auch als Ersatz von klassischen Pestiziden. Einfacher, aber weniger zielsicher: Einlagerung giftiger Stoffe, wie Cadmium, Zink, Chrom, Blei, Arsen, Kupfer oder Thallium.

Die Forderung von Obst und Gemüse ohne Giftstoffe ist ein Witz, die Natur würde in schallendes Gelächter ausbrechen, wenn sie könnte. Denn restlos alles, was wir an pflanzlicher Nahrung zu uns nehmen, enthält natürliche Giftstoffe in ordentlichen Mengen. Hätte der Chemiekonzern Bayer den Apfel erfunden, würde

120 Wird als «natürliches» Insektizid, Pyrethrin, gehandelt (z. B. aus Chrysanthemenblüten). Tötet wahllos alle Insekten, auch nützliche, sehr giftig für Fische, kaum für Menschen.

121 https://www.researchgate.net/publication/303364432_Naturliche_Organohalogenverbindungen_in_der_Umwelt#fullTextFileContent

er augenblicklich verboten werden. Denn die Apfelkerne enthalten unter anderem Cyanide, und in der Apfelhaut wimmelt es nur so von verschiedensten Pestiziden.

14.2 Bruce Ames und die Krebsdatenbank

Professor Bruce Ames ist einer der Krebspäpste auf diesem Planeten, Erfinder des «Ames-Tests»[122]. Ich durfte ihn vor etwa 15 Jahren besuchen, in seinem Haus in der Universitätsstadt Berkeley, Kalifornien. Ein äusserst liebenswürdiger, hochinteressanter Gesprächspartner. Ein Diskussionspunkt war die Frage, ob im Prinzip alle Substanzen in genügend hohen Dosen krebserregend wirken. Der tiefere Grund für die Frage war die riesige Datenbank, welche er, Lois Swirsky Gold und andere Forscher und Forscherinnen aufgebaut haben. Tabelle 14-1 zeigt einen kleinen Ausschnitt davon[123]. Die Datenbank enthält die Resultate von gut 6500 wissenschaftlichen Arbeiten über die Krebshäufigkeit bei chronischer (oft lebenslanger) Einnahme von künstlichen und natürlichen Chemikalien. Bei den natürlichen Chemikalien handelte es sich hauptsächlich um von Pflanzen produzierte Pestizide. Die Tests fanden vorwiegend an Mäusen und Ratten statt, mit recht hohen Dosen, oft knapp unter der Grenze der ersten toxischen Wirkungen.

Die Resultate sind schockierend:

- Gut die Hälfte aller getesteten Chemikalien, egal ob natürlichen oder künstlichen Ursprungs, ist krebserregend – zumindest in hohen Dosen.
- Die Hälfte aller von Früchten und Gemüsen produzieren Pestizide ist krebserregend – in hohen Dosen.
- Es gibt keinen signifikanten toxischen Unterschied zwischen synthetischen und natürlichen Pestiziden.
- Von den streng regulierten synthetischen Pestiziden geht eine viel kleinere Gefahr aus als von den natürlichen: siehe Figur 14-1.

122 Ein Schnelltest, um festzustellen, ob eine Substanz mutagen ist (d. h. DNA-Schäden erzeugt).
123 https://files.toxplanet.com/cpdb/pdfs/ChemicalTable.pdf https://files.toxplanet.com/cpdb/index.html

Table A. Rats and Mice

		Salmo-nella	Harmonic mean of TD_{50} (mg/kg/day)		Rat positivity and target sites		Mouse positivity and target sites	
Chemical name	CAS		Rat	Mouse	Male	Female	Male	Female
A-α-C	26148-68-5	+	.	49.8^{m}	.	.	liv vsc	liv vsc
Acesulfame-K	55589-62-3	.	.	–	.	.	–	–
Acetaldehyde ^{s}	75-07-0	–	153^{m}	.	nas	nas	.	.
Acetaldehyde methylformyl-hydrazone	16568-02-8	–	.	2.51^{m}	.	.	lun pre	cli lun sto
Acetaldoxime	107-29-9	–	–	.	–	.	.	.
Acetamide	60-35-5	–	180^{m}	3010	liv	liv	hmo	–
Acetaminophen	103-90-2	–	495^{m}	1620^{m}	liv ubl	liv ubl	liv	liv
Acetohexamide	968-81-0	–	–	–	–	–	–	–
Acetone[4-(5-nitro-2-furyl)-2-thiazolyl]hydrazone	18523-69-8	.	6.05	.	.	sto	.	.
Acetonitrile	75-05-8	–	–	–	–	–	–	–
Acetoxime	127-06-0	.	12.1	.	liv	–	.	.
1´-Acetoxysafrole	34627-78-6	+	25^{m}	–	sto	.	–	.
N-Acetyl-4-(hydroxymethyl) phenylhydrazine	65734-38-5	.	.	241^{m}	.	.	lun vsc	lun vsc
1-Acetyl-2-isonicotinoylhydra-zine	1078-38-2	.	.	330^{m}	.	.	lun	lun
3-Acetyl-6-methyl-2,4-pyrandi-one	520-45-6	.	.	–	.	.	–	–
1-Acetyl-2-phenylhydrazine	114-83-0	+	.	51.2^{m}	.	.	vsc	vsc
4-Acetylaminobiphenyl	4075-79-0	.	1.18	.	.	mgl	.	.
1-Acetylaminofluorene	28314-03-6	.	–	.	.	–	.	.
2-Acetylaminofluorene ^{s}	53-96-3	+	1.22^{m}	$7.59^{m,v}$	liv mgl ski	liv mgl ski	liv ubl	liv ubl
4-Acetylaminofluorene	28322-02-3	+	–	.	.	–	.	.
4-Acetylaminophenylacetic acid	18699-02-0	.	–	–	–	–	–	–
N-Acetylcysteine	616-91-1	.	–	.	–	.	.	.
Acifluorfen	50594-66-6	.	.	141^{m}	.	.	liv sto	liv sto

Tabelle 14-1: Ausschnitt aus einer Zusammenfassung der Datenbank über krebserregende Substanzen

Man kann sich darüber streiten, wie aussagekräftig Tierversuche für uns Menschen sind. Doch zumindest bei den mutagenen Substanzen – diese greifen die DNA direkt an – geben sie einen starken Hinweis auf ihre Gefährlichkeit. Denn die genetischen Mechanismen (z. B. die DNA-Reparatur) einer Mauszelle und einer menschlichen Zelle sind weitgehend gleich. Es ist nicht abwegig, aus den Tierversuchen die Krebswahrscheinlichkeit für Menschen abzuschätzen, siehe Figur 14-1.

Die linke Spalte von Figur 14-1 zeigt das Krebsrisiko (in Prozent). Die Annahmen: 1. Man konsumiert lebenslänglich die in den anderen zwei Spalten aufgeführten täglichen Mengen (Zahlen für USA). 2. Man benutzt die aus den Experimenten mit Tieren gewonnenen Risikowerte, umgerechnet auf einen 70-kg-Menschen. Die natürlichen, als krebserregend identifizierten Pestizide in unserer Nahrung übertreffen bei weitem die künstlichen Zusätze sowohl an Menge als teilweise auch an Gefährlichkeit.

0.02	Apple, 32.0 g	Caffeic acid, 3.40 mg
0.01	BHA: daily U.S. avg (1975)	BHA, 4.6 mg
0.01	Beer (before 1979), 229 g	Dimethylnitrosamine, 646 n
0.008	Aflatoxin: daily U.S. avg (1984-89)	Aflatoxin, 18 ng
0.007	Celery, 14 g	Caffeic acid, 1.51 mg
0.007	*d*-Limonene	Food additive, 1.01 mg
0.007	Cinnamon, 21.9 mg	Coumarin, 65.0 µg
0.006	Coffee, 11.6 g	Furfural, 783 µg
0.005	Coffee, 11.6 g	Hydroquinone, 290 µg
0.005	Saccharin: daily U.S. avg (1977)	Saccharin, 7 mg
0.005	Carrot, 12.1 g	Aniline, 624 µg
0.004	Bread, 79 g	Furfural, 584 µg
0.004	Potato, 54.9 g	Caffeic acid, 867 µg
0.000005	Hexachlorobenzene: daily US avg (1990)	Hexachlorobenzene, 14 ng
0.000001	Lindane: daily US avg (1990)	Lindane, 32 ng
0.0000004	PCNB: daily US avg (1990)	PCNB (Quintozene), 19.2 ng
0.0000001	Chlorobenzilate: daily US avg (1989) [c]	Chlorobenzilate, 6.4 ng
0.00000008	Captan: daily US avg (1990)	Captan, 115 ng
0.00000001	Folpet: daily US avg (1990)	Folpet, 12.8 ng
<0.00000001	Chlorothalonil: daily US avg (1990)	Chlorothalonil, <6.4 ng

Figur 14-1: Zwei Ausschnitte aus der Datenbank mit Krebsrisiko, blau: natürliche Substanzen, schwarz: künstliche

Der Widerspruch und die wahren Killer

Es ist unbestritten, dass der Konsum von Früchten und Gemüsen, trotz aller darin enthaltenen krebserregenden Substanzen, die Krebsrate sinken lässt. Könnte es sein, dass etwas Gift gesund ist? Dann müsste dies ja auch für die synthetischen Substanzen gelten – ein ketzerischer Gedanke, aber nicht von der Hand zu weisen (Kapitel 6). Oder kompensieren die vielen krebsunterdrückenden Inhaltstoffe in Früchten und Gemüsen die natürlichen Gifte? Wir wissen es nicht. Wir wissen aber, dass die grössten Gefahren bei Nahrungsmitteln nicht von chemischen Substanzen herrühren.

Die wahren Killer sind die pathogenen Mikroorganismen, vor allem die Campylobacter, Salmonellen, Listerien und einige bösartige E-Coli-Typen, sowie eine Vielzahl von Parasiten. Gemäss der WHO sind diese Killer für weltweit 420 000 Todesopfer verantwortlich, jährlich. Und für Kosten von 110 Milliarden Dollar.

Trotzdem starren wir wie hypnotisiert auf die synthetischen Substanzen in unserer Nahrung. Vielleicht, weil diese für unseren Körper unbekannt sind und deshalb schädlich sein könnten. Doch genau das Gleiche gilt auch für tausende völlig neuartiger Giftstoffe in exotischen Früchten und Gemüsen aus fernen Ländern. Ich hatte jedenfalls in meiner Jugend keine Ahnung, dass es Kiwi, Mango, Avocado oder Papaya gibt. Und Tomaten, Kartoffeln, Bohnen, Mais, Kürbis, Kaffee, Kakao, Ananas und Vanille waren bei uns vor nicht allzu langer Zeit völlig unbekannt. Wir haben unsere natürliche Pestizidaufnahme völlig auf den Kopf gestellt.

Industriell produzierte Nahrung – gesund oder ungesund?

Vor 200 Jahren bestand die Bevölkerung der Welt grösstenteils aus armen Bauern, auch in den heutigen Industriestaaten. Die Nahrung war qualitativ und quantitativ auf sehr tiefem Niveau. Heute sind unsere Lebensmittel dank der synthetischen Insektizide und Fungizide, den strengen Kontrollen und der hygienischen Verarbeitung praktisch frei von gefährlichen Mikroorganismen und Parasiten. Zudem werden diese Bösewichte auch durch Konservierungszusätzen, Kühlung, Pasteurisierung und Sterilisierung ins Jenseits befördert.

Ist diese industriell hergestellte Ware ungesund oder gar gefährlich? Kaum, ausser wir essen zu viel davon und ernähren uns einseitig. Auf jeden Fall enthalten sie kaum noch gefährliche Mikroorganismen und Parasiten. Diese führen heute in den Industriestaaten nur noch ganz selten zu Todesopfern, zudem leiden wir auch seltener unter bösen Magen-Darm-Krankheiten. Der «Chemie» sei's gedankt. Alle synthetischen Chemikalien unter Generalverdacht zu stellen, besonders bei winzigen Mengen, ist unsinnig. Aber heute sehr beliebt und aufgrund des Vorsorgeprinzips stark gefördert.

Das Kleindosisrätsel

Es gibt synthetische Stoffe, wie Thalidomid, die zu schweren Missgeburten führen können, zumindest bei relativ hohen Dosen (Pillen mit je 100 mg). Und dies, obwohl in Tierversuchen nichts Auffälliges festgestellt wurde. Andererseits können Kleintiere bei gewissen Chemikalien, wie Dioxine, sehr empfindlich reagieren, während Menschen wenig darunter leiden (siehe Seveso). Die Situation ist recht verworren. Bisher wurde nur ein kleiner Teil aller synthetischen und natürlichen Substanzen erfasst und in Tierversuchen mit hohen Dosen getestet. Bei kleinen Dosen ist die Situation besonders nebulös: Es ist sehr schwer, deren Wirkung auf Menschen zu bestimmen. Auch wenn Ergebnisse aus Hochdosis-Tierversuchen vorliegen, ist man bei der Bewertung kleiner Dosen auf Spekulationen angewiesen, z. B. indem man das LNT-Model annimmt. Man kann auch spekulieren, dass keine Wirkung entsteht oder dass die Wirkung sogar positiv ist (Hormesis, Kapitel 6).

Und so streitet man sich heftig darüber, wie schädlich kleine Dosen von Dioxinen, Glyphosat, Neonicotinoide, PCB, DDT, PFAS und viele andere künstlich hergestellte Substanzen sind. Die Behörden neigen dazu, auf der sicheren Seite stehen zu wollen und verkünden, dass die Substanz X wahrscheinlich krebserregend ist – selbst wenn die Mehrheit der Studien bei hohen Dosen keinen Effekt sieht. Ehrlicher wäre es dann zu verkünden, dass X wahrscheinlich harmlos ist, zumindest bei kleinen Dosen. Glyphosat ist eines von vielen solchen Beispielen. Eine Unmenge von Studien wurde durchgeführt, die überwiegende Mehrheit findet keine Effekte[124].

Die Helikopterperspektive

Wir kommen mit immer mehr synthetischen Chemikalien in Kontakt, ebenso wie mit mehr Elektrosmog durch Mobilfunk und WLAN. Wir konsumieren viele «unnatürliche», industriell gefertigte Nahrungsmittel, die mit Zusatzstoffen angereichert sind. Gleichzeitig steigt die Anzahl Fettleibiger, verbunden mit einem geringeren Konsum von Obst und Gemüse sowie weniger körperlicher Aktivität. Und dann die Medizin: Die Vorsorgeuntersuchungen (Screenings) boomen, und die diagnostischen Methoden werden immer ausgefeilter, sodass selbst kleine Krebsherde gefunden werden können.

Aus all diesen Gründen erwartet man einen starken Anstieg der diagnostizierten Krebsfälle, der Inzidenzrate. Doch das Gegenteil ist der Fall: Heute erkranken wir, altersstandardisiert, weniger häufig an Krebs. In den letzten 20 Jahren ist die Inzidenzrate bei Männern in den USA um etwa 20 % gesunken (laut WHO), bei Frauen ist dieser Trend etwas weniger ausgeprägt. Noch stärker sind die Todesraten zurückgegangen. Dies sind alles gute Nachrichten, doch die Furcht vor synthetischen Chemikalien scheint dennoch zuzunehmen.

124 Ausgezeichnet: https://www.youtube.com/watch?v=2KoTAphTfaI

Diese Ängste entstanden wohl während des Ersten Weltkrieges, mit über einer Million Toten und Verletzten durch Giftgas. In jüngerer Vergangenheit haben eine Reihe von Chemieskandalen und -katastrophen diese Ängste weiter angefacht. Die mit Abstand schlimmste ereignete sich in Bhopal im Jahr 1984.

14.3 Bhopal

In Bhopal/Indien fand in der Nacht vom 2. zum 3. Dezember 1984 eine fürchterliche Chemiekatastrophe statt. Durch eine Kette technischer Pannen und menschliches Versagen entwichen 30 bis 40 Tonnen Methylisocyanat und weitere Giftstoffe aus einer chemischen Anlage.

Die Giftgaswolke verbreitete sich über ein dicht besiedeltes Gebiet von etwa 60 km^2, mit gut einer halben Million Einwohnern. Diese wurden im Schlaf überrascht, erwachten nach Atem ringend, mit brennenden Augen. Es kam zu einer Massenpanik, alle versuchten zu fliehen. Das Gas wirkte jedoch sehr schnell; bei einer Konzentration von nur 20 ppm kann innerhalb von 5 Minuten eine tödliche Dosis eingeatmet werden. Regierungsangaben zufolge verloren 15 000 Einwohner ihr Leben, während andere Schätzungen von 3800 bis zu 50 000 Todesfällen ausgehen. Dazu kamen 300 000 bis 500 000 Verletzte. Viele erblindeten, erlitten Hirnschäden, Lähmungen, Lungenödeme, Herz-, Magen-, Nieren-, Leberleiden oder wurden unfruchtbar.

Heute leiden noch rund 100 000 Menschen unter chronischen und unheilbaren Krankheiten. Auch wenn die Zahl der Verletzten umstritten ist, als gesichert gilt, dass nach der Katastrophe etwa 170 000 Einwohner in Spitälern und Gesundheitszentren notfallmässig behandelt werden mussten.

Was führte zu dieser Katastrophe? Wie oft bei Katastrophen versagten eine ganze Reihe von Sicherheitsmassnahmen. An und für sich war die Anlage gut durchdacht und (theoretisch) sehr gut geschützt. Aber ein liederliches Sicherheitsmanagement und eine kaum existierende Sicherheitskultur führten zum Versagen sämtlicher Sicherheitselemente. Es existierten keine Katastrophenpläne, und die Alarmierung der Bevölkerung war nicht möglich – es gab keine Sirenen. Eine sofortige Flucht hätte viele Todesfälle verhindert.

Tschernobyl wird oft als die schwerwiegendste technische Katastrophe aller Zeiten bezeichnet, und der hochradioaktive verbrauchte Brennstoff gilt als der gefährlichste von Menschen geschaffene Stoff. Ein direkter Vergleich mit dem Bhopal-Gift (Methylisocyanat) zeigt jedoch, dass dieses wesentlich toxischer wirkt, siehe Figur 14-2. In einem Gebiet von etwa 5 km² wurde eine tödliche Dosis Methylisocyanat bereits nach wenigen Minuten erreicht, während es in Tschernobyl etwa 5 Stunden dauerte. Und dies, trotzdem in Tschernobyl die Radioaktivität von 500–1000 modernen Wasserstoffbomben freigesetzt wurde.

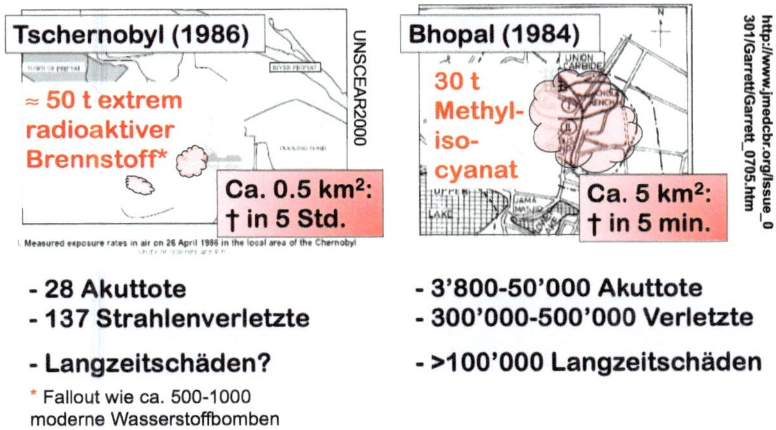

Figur 14-2: Vergleiche der Tschernobyl-Katastrophe mit Bhopal (gleicher Massstab)

14.4 Zusammenfassung

In der Natur tobt ein unbarmherziger Kampf ums Überleben. Pflanzen und Mikroorganismen wehren sich mit hochtoxischen Chemikalien, den natürlichen Pestiziden. Diese sind teilweise gefährlicher als unsere stärksten synthetischen Gifte. Eine grosse Datenbank aller getesteten synthetischen und natürlichen Pestizide und anderer Chemikalien zeigt, dass rund die Hälfte dieser Substanzen, egal ob natürlichen oder künstlichen Ursprungs, krebserregend ist, zumindest bei Tierversuchen mit hohen Dosen. Wir nehmen durch den Verzehr von Obst und Gemüse hohe Dosen natürlicher Pestizide auf, viel mehr als Künstliche. Die Wirkung von kleinen Dosen auf Menschen ist schwer zu bestimmen, die vielen Studien ergeben unterschiedliche Resultate. Trotzdem gibt es keine Zweifel, dass es künstliche Chemikalien gibt, welche extrem toxisch sind. Im direkten Vergleich mit dem radioaktiven Fallout von Tschernobyl wirkt das Bhopal-Gift (Methylisocyanat) um Grössenordnungen schlimmer.

15

Was bringt uns wirklich um?

Das Leben ist im Wesentlichen ein Wettlauf zwischen dem Krebs-Tod und dem Herzkreislauf-Tod. Manchmal gewinnt auch ein Aussenseiter, wie der Unfall-Tod. Wir haben es in der Hand, mit Gegen- und Rückenwind den Ausgang des Rennens zu beeinflussen.

15.1 Wer ist schuld an unserem Tod?

Eine erste Antwort findet man in den vielen Statistiken über die Todesursache. Die beiden Alterskrankheiten, Herzkreislauf-Probleme und Krebs, liefern sich ein Kopf-an-Kopf-Rennen, sie sind für ungefähr 2/3 aller Todesfälle verantwortlich. Der Rest verteilt sich auf Infektions- und Stoffwechselkrankheiten, Unfälle und Gewalt,

Autoimmunkrankheiten und Alzheimer (vor allem in den Industriestaaten). Doch den «Krebs» oder die «Arterienverkalkung» auf die Anklagebank zu zerren, greift zu kurz.

Diese Krankheiten kommen nicht aus heiterem Himmel, ihre Entstehung hat eine lange Geschichte. Diese beginnt bereits bei den Grosseltern (Epigenetik, Kapitel 4), setzt sich fort über die Lebensweise der Eltern, vor allem der Mutter während ihrer Schwangerschaft, und endet mit dem eigenen Verhalten und den Umwelteinflüssen. Beliebig komplex. Dafür mit vielen Stellschrauben versehen, an denen wir drehen können. Allerdings sollten wir weniger die Todesursache als vielmehr die Lebensspanne als Mass benutzen. Denn ob man mit 95 an einem Hirnschlag oder einem Lungenkrebs stirbt, ist nicht so bedeutsam; an irgendetwas müssen wir sterben. Viel relevanter ist es, ob man mit 40 Jahren oder erst mit 95 Jahren stirbt. Wer oder was stiehlt uns die meisten Lebensjahre?

Eine Antwort findet man ebenfalls in statistischen Studien. Das Kopf-an-Kopf-Rennen findet diesmal zwischen den Krebserkrankungen und den Unfällen und Gewalttaten statt. Die Herzkreislauffälle sind etwas zurückgefallen, die Infektionskrankheiten behalten hartnäckig auch noch einen wichtigen Platz (besonders in den unterentwickelten Ländern). Die Demenz setzt zu einer Aufholjagd an, besonders in den Industrienationen.

Wie können wir die Lebensdauer beeinflussen? Die grosse Anzahl der Einflussgrössen und deren gegenseitige Beeinflussung, sowie die individuellen Veranlagungen machen es fast unmöglich, diese Frage zu beantworten, wir versuchen es trotzdem.

15.2 Das Leben ist lebensgefährlich

Die nachfolgende Aufstellung zeigt einige Beispiele von Langzeitrisiken, angegeben ist der Einfluss auf die Lebensdauer. Ein positives Vorzeichen bedeutet eine Verlängerung der durchschnittlichen Lebensdauer. Die ersten vier Beispiele stützen sich auf umfangreiche epidemiologische Daten. Das Beispiel Fukushima bezieht sich auf einen Bewohner, der inmitten der kritischen Zone verblieben ist. Die nächsten drei (Zigarette, Apfel, Sport) habe ich linear von hohen Dosen heruntergerechnet. So kann man abschätzen, wie viele Zigaretten ein Raucher in seinem Leben konsumiert hat und, zusammen mit der Lebensdauerreduktion von 5 bis 10 Jahren, den ungefähren Beitrag einer einzigen Zigarette angeben. Bei den

Früchten (der Apfel ist nur ein Beispiel) und beim Sport bin ich gleich vorgegangen.

Die Zahlen sind als Richtwerte zu verstehen, sie geben lediglich die Grössenordnung des Einflusses an. Immerhin zeigen sie, dass z. B. eine kleine Änderung der körperlichen Aktivität einen relativ grossen Einfluss auf die Gesundheit haben kann. In der letzten Kolonne ist die Strahlendosis mit der gleichen gesundheitlichen Langzeitwirkung (Lebensdauer) aufgeführt. Für diese Angaben benutze ich die Werte der Gesundheitsbehörden, 5 % Mortalität bzw. 8 Monate Lebensdauerverlust pro Sv (Kapitel 5).

• Sozioökonomischer Status (max->min)	- 10 Jahre	> 10 Sv
• Rauchen	- 7 Jahre	> 10 Sv
• Schwere Wirtschaftskrise	- 0,5 bis - 4 Jahre	0,75–6 Sv
• Unglücksfälle, Gewalt (ohne Kriege)	- 1 Jahr	1,5 Sv
• Feinstaub, 10 $\mu g/m^3$ PM2.5, dauernd	- 6 Monate	0,75 Sv
• Fukushima, no-entry zone, Lebensdosis	- 3 Monate	0,4 Sv
• Eine Zigarette rauchen	- 10 min	30 µSv
• Ein Apfel essen	+30 min	- 0.1mSv
• Eine Stunde Sport	+ 5 Stunden	- 1 mSv

Armut ist Massensterben

Armut ist das dringendste Problem, das die Menschheit zu lösen hat. Gemäss WHO fordert sie jährlich etwa 18 Millionen Todesopfer. Die Armut betrifft nicht nur die unterentwickelten Staaten. Auch in den Industrieländern hat die Armut, genauer der sozioökonomische Status, einen sehr starken Einfluss auf die Gesundheit. Die unterste soziale Schicht lebt im Mittel rund 10 Jahre weniger lang als die oberste, selbst in so «ausgeglichenen» Ländern wie der Schweiz. Ein sinkender Lebensstandard aufgrund einer schweren Wirtschaftskrise[125] birgt grössere Gesundheitsrisiken als eine Nuklearkatastrophe.

125 In Russland sank in den 1990er-Jahren parallel zum Einbruch der Wirtschaft die Lebenserwartung von etwa 68,5 auf etwa 65,3, bei den Männern sank sie sogar auf unter 60 Jahre, Millionen starben vorzeitig. Während der Wirtschaftskrise in Griechenland sank sie um etwa ein halbes Jahr.

Für unsere Gesundheit ist das Wirtschaftsministerium wichtiger als das Gesundheitsministerium.

Bei den Umwelteinflüssen nimmt der Feinstaub mit grossem Abstand den ersten Platz ein (Kapitel 8). Die aufgeführten 10 µg/m³ werden in den Ballungszentren oft überschritten.

15.3 Was kann man persönlich beeinflussen?

Klar ist, was man (noch) nicht beeinflussen kann: unsere genetische und epigenetische Ausstattung. Doch wir haben genügend andere Beeinflussungsmöglichkeiten wie verschiedene Laster, Fitness, Diät und «Wohlbefinden». Die Grössenordnung der Beeinflussung könnte etwa wie folgt aussehen:

1.	«Laster» (Rauchen, Trinken, Drogen, Völlerei)	bis -20 Jahre
2.	Bewegung (Fitness)	± 5 Jahre
3.	Diät (inkl. Fettleibigkeit)	± 5 Jahre
4.	Psychosomatik, «Wohlbefinden»	± *x* Jahre?

Bei den «Lastern» ist die Sachlage relativ klar, in schweren Fällen verliert man leicht 20 Jahre seines Lebens. Rauchen reduziert die Lebensspanne im Mittel um 5 bis 10 Jahre, epidemiologisch gut messbar dank einer Milliarde Raucher. Auch der nichtrauchende Lebenspartner raucht passiv mit, er lebt vielleicht ein halbes Jahr weniger lang. Argumentieren Sie bitte nicht mit Einzelfällen, wie dem Onkel, der lebenslang geraucht hat und 95 Jahre alt geworden ist. Denn dafür ist vielleicht ein Nachbar mit 65 Jahren an Lungenkrebs gestorben und ein kettenrauchender Arbeitskollege erlag, 55-jährig, einem Herzschlag. Ein Mittelwert ist ein Mittelwert und keine individuelle Voraussage. Der Onkel wäre wohl 100 Jahre alt geworden, und – wichtiger – mit einer besseren Lebensqualität. Mit dem Rauchen aufhören ist, wie bei jeder Sucht, schwierig. Am besten gelingt es mit ärztlicher Begleitung.

Fitness

Die körperliche Fitness ist die vielleicht wichtigste Stellschraube, mit welcher wir die Lebensdauer und vor allem die Lebensqualität beeinflussen können. Sport senkt die Risiken fast aller Krankheiten, allen voran die Herz-Kreislaufkrankheiten, aber auch Diabetes, Krebs und Demenz. Die vielen Studien darüber[126] lassen keinen Zweifel bestehen, dass eine regelmässige sportliche Betätigung von einigen Stunden pro Woche die Mortalitätsrate um typisch 30 % senkt und damit die Lebensspanne um mehrere Jahre verlängern kann.

Sport «lohnt» sich: Man gewinnt etwa 5 Stunden gesunde Lebenszeit für jede einzelne Stunde Sport

Zugegeben, dies ist eine sehr grobe Abschätzung. Doch bereits wenige Minuten intensive körperliche Betätigung pro Tag (z. B. zügig ein paar Stockwerke hinaufsteigen) reduzieren die Mortalitätsrate deutlich. Das Optimum scheint bei 3 bis 6 Stunden moderater Anstrengung (z. B. zügiges Gehen) pro Woche zu liegen oder bei 1,5 bis 3 Stunden anstrengendem Sport (z. B. Joggen). Noch besser scheint eine Kombination beider Arten zu sein, z. B. mit Intervalltraining. Mehr Sport pro Woche erhöht die Wirkung nicht mehr stark.

Es gibt unendlich viele Möglichkeiten fit zu werden oder zu bleiben, von der 10 000 Schritte-pro-Tag-Regel bis zum professionell begleiteten Training. Empfehlenswert, gerade für sportliche Anfänger, ist ein Fitnessstudio mit guter Begleitung. Das Problem: Man muss als untrainierter Couch-Potato den inneren Schweinehund einige Wochen lang überwinden, bis das bessere Lebensgefühl und die erhöhte Endorphin-Ausschüttung[127] die Motivation übernimmt.

Optimal ist eine Sportart, die auch etwas Spass macht. Es ist fast unmöglich, keine solche zu finden. Sogar Tanzen gilt als Sport. Auch gut: Mit anderen Menschen zusammen Sport betreiben, man motiviert sich gegenseitig. Ausreden zählen nicht, auch nach einem Herzinfarkt, mit einem defekten Knie oder lädierten Rücken soll man etwas Sport treiben, nach ärztlicher Anleitung/Beratung. Für Schreibtischtäter: Nicht zuletzt fördert Sport auch die geistigen Fähigkeiten. Nicht vernachlässigen sollte man das Muskeltraining, unter anderem auch weil Muskeln eine wichtige Hormonfabrik sind. Sie produzieren verschiedene Myokine und verteilen sie über den ganzen Körper. Diese bekämpfen Entzündungen, Krebs und andere Pathologien. Zudem verbrennen Muskeln auch im Schlaf mehr Kalorien als Fettgewebe, das ist nützlich, wenn man abnehmen will. Stürze im Alter enden oft

126 https://www.ncbi.nlm.nih.gov/pmc/articles/PMC3395188/ und https://www.ahajournals.org/doi/full/10.1161/CIRCULATIONAHA.121.058162 Besucht 2023-12-03

127 Endorphine sind körpereigene Opiate, vergleichbar mit Morphium, sie sind schmerzlindernd und vermitteln ein Wohlgefühl. Neuerdings werden auch Endocannabinoide aufgeführt.

böse, man sollte deshalb nicht nur die Muskeln, sondern auch Gelenkigkeit, Reaktion und Gleichgewicht üben.

Diät

Neben den «Lastern» und der Bewegung stellt unser Essen auch eine grosse Stellschraube dar. Dazu gibt es unendlich viele Studien, die Resultate und Empfehlungen sind verwirrend: Unser Essen sollte zuckerarm sein, dazu salzarm, fettarm, kalorienarm, nicht industriell verarbeitet, ohne Zusatzstoffe, Konservierungsmittel, Nanopartikel und Mikroplastik und natürlich frei von Herbiziden, Insektiziden, Fungiziden, aber trotzdem ohne böse Viren, Mikroorganismen und Parasiten und auch frei von zyanogenen Glykosiden, Organohalogenen, Dioxine, Glyphosat, DDT, PCB, PFAS, Phthalate und anderem Teufelszeug; auch ohne Arsen, Blei, Cadmium, Quecksilber, Thallium und Uran, und natürlich völlig ohne endokrine Disruptoren, aber bitte auch kein Po-210 und auf gar keinen Fall Cs-137 aus Tschernobyl oder Fukushima, selbstverständlich gentechnikfrei und aus biologischem Anbau, lokal, nachhaltig, fair und ressourcenschonend produziert, doch versehen mit allen Vitaminen, Spurenelementen, ungesättigten Fettsäuren, Folsäuren, Ballaststoffen, Antioxydanzien, Flavonoide und andere -oide, -onole, -ogene, -olate, und, und. Alles klar? Falls nicht, fragen Sie ihren Arzt oder Apotheker und lesen sie die Packungsbeilage. Oder gehen gleich zum Psychiater.

Reduziert nun Broccoli die Krebsrate, oder sind Kürbiskerne und eine Tasse Grüntee besser? Vielleicht, die Studienresultate streuen wild. Ziemlich einig ist man sich über die Nachteile einer stark einseitigen Diät und einem Ungleichgewicht zwischen Kalorienaufnahme und -verbrauch. Stark Fettleibige haben keine Chance, ihren 100sten Geburtstag zu feiern, noch gravierender ist aber, dass ihre Lebensqualität, besonders im Alter, leidet. 2,5 Milliarden (!) Erdbewohner sind fettleibig oder übergewichtig (WHO), Frauen etwas mehr als Männer. Jährlich sterben 2,9 Millionen deswegen. Auf der anderen Seite sterben jährlich etwa 9 Millionen Erdbewohner an Unterernährung, die eigentliche Ursache liegt allerdings in der Armut.

Das Übergewicht zu bekämpfen ist leichter gesagt als getan. Denn Essen, ausser ein miserables, vermittelt sofort ein Wohlgefühl und hat deshalb ein Suchtpotential. Wenn man als Übergewichtiger seine Diät nicht ändern kann oder will, bleibt nichts anderes übrig, als mehr Kalorien zu verbrauchen. Befolgt man die Empfehlungen im Abschnitt über Fitness, so verbrennt man vielleicht 10 % mehr Kalorien, immerhin. Rein rechnerisch kommt man mit weniger essen schneller zum Ziel. Persönlich finde ich das Intervallfasten am effektivsten, z. B. nach 20 Uhr nichts mehr essen und das Frühstück ausfallen lassen. Oder statt des Mittagessens einen Waldlauf machen oder in ein Fitnesscenter gehen. Intervallfasten ist unabhängig vom Gewichtsverlust gesund, viele Studien belegen dies recht konsistent. Bei Tierversuchen bewirkt ein Intervallfasten, und allgemein eine Kalorienreduktion, eine kräftige Verlängerung der Lebenszeit.

Was ist gut, was schlecht?

Ordentlich einig ist man sich, dass ein grösserer Anteil von Früchten und Gemüsen gut ist, und dass man bei den Kohlehydraten (besonders beim Zucker), beim Fett und den Proteinen nicht überborden sollte. Diese Gefahr besteht bei hochverarbeiteten, industriell gefertigten Produkten. Doch die vielfältigen genetischen und physiologischen Unterschiede zwischen Individuen machen eine genaue Empfehlung über die optimale Diät unmöglich. Was bei einem nützt, schadet dem anderen. Man müsste die Darmflora, die genetische und epigenetische Ausstattung, das Proteom (die Gesamtheit aller Proteine), die Blutzusammensetzung, den Gesundheitszustand aller Organe und vieles mehr berücksichtigen – heute ein Ding der Unmöglichkeit. Die wohl beste Empfehlung ist einfach: eine ausgewogene Diät, von allem etwas und nichts im Übermass. Und nicht zu viel auf den Körper hören. Denn dann würde ich pro Tag 1 kg Schokolade essen.

Neben Ernährung und Bewegung spielen auch psychosoziale Faktoren eine grosse Rolle für unsere Gesundheit. Psychosomatische Effekte, also die Auswirkungen unserer psychischen Verfassung auf den physischen Körper, werden oft unterschätzt. Ein zufriedenstellendes soziales Umfeld, gekennzeichnet durch starke familiäre Bindungen sowie gute Freundschaften, fördert nachweislich unsere Gesundheit. Umgekehrt schadet uns langandauernder Stress, ausgelöst z. B. durch hohe Anforderungen mit wenig Entscheidungsspielraum und kaum Lob für die erbrachte Leistung. Da aber das «Wohlbefinden» nicht so einfach erfasst werden kann, sind Angaben über solche Einflüsse nur schwer zu quantifizieren.

Optimal zur Streckung der Lebensdauer wäre natürlich ein Jungbrunnen, ein Wundermittel, welches die Alterung rückgängig macht. Ganz ausgeschlossen ist so etwas nicht, denn in Tierversuchen wurden in den letzten Jahren einige Erfolge erzielt. Vielleicht kann man in zehn oder 20 Jahren einen Cocktail kaufen, welcher eine gewisse Verjüngung bewirkt, zumindest in einigen Organen.

15.4 Zusammenfassung und Schlusswort

Es gibt zwei gute Nachrichten:

1. Durch einige Stunden Sport pro Woche, eine halbwegs ausgewogene Diät, das Vermeiden von Lastern wie Rauchen und Trinken, sowie ein gutes soziales Umfeld ohne übermässigen Arbeitsstress, können wir unser Leben um 10 bis 15 Jahre verlängern – und das bei höherer Lebensqualität.
2. Wir wissen recht zuverlässig, was keine messbaren negativen Auswirkungen auf unsere Gesundheit hat: kleinste Dosen von Giftstoffen aller Art, wie Pestizide (z. B. Glyphosat, DDT), Dioxine oder Schwermetalle. Kleine Giftdosen scheinen eher gesundheitlich positiv zu wirken (Kapitel 6). Vor allem haben wir vor kleinen Dosen radioaktiver Strahlen nichts zu befürchten.

Unsere Ressourcen sind beschränkt, wir sollten sie nicht zur Jagd nach kleinsten, hypothetischen Risiken verschwenden und uns dabei mit unsinnig tiefen Grenzwerten lächerlich machen (Kapitel 8). Es gibt genügend viele grosse, real existierende Risiken, deren Bekämpfung sich unendlich mal mehr lohnt, allen voran die Armut. Den bisher grössten Killer des Menschen, die Infektionskrankheiten, haben wir weitgehend besiegt, dank Hygiene, Impfungen und Antibiotika. Eine Pestpandemie, welche im Mittelalter ⅓ der Europäer umgebracht hat, haben wir nicht mehr zu befürchten. Die nächsten grossen Herausforderungen sind Krebs, Herzkreislauf-Krankheiten, Unglücksfälle/Gewalt und Autoimmunkrankheiten. Die Armut verschlechtert die Gesundheit massiv, nicht nur in den Entwicklungsländern, deshalb ist eine blühende Wirtschaft die beste Medizin. Zuunterst auf der Sorgenliste können wir die Risiken vor kleinen und kleinsten Dosen setzen.

Schlusswort:

Wir fürchten uns zu viel vor kleinsten,
meist hypothetischen Risiken und
zu wenig vor den grossen, real existierenden.

Dank

Zuallererst möchte ich meiner lieben Frau danken, geduldig hat sie immer wieder meine Flüchtigkeitsfehler und grammatikalischen Ausrutscher korrigiert. Mein Sohn, mit messerscharfer Logik gesegnet, ersparte mir viele peinliche Fehler und unpassende Texte.

Ein recht herzliches Dankeschön geht an die Familie Seeholzer: Hedy und Patrizia sorgten vor allem für die Einhaltung aller sprachlichen Regeln, während Ricco mit grosser Geduld die vielen technischen Zeichnungen und Diagramme bis zur Perfektion gestaltete. Ein Glücksfall war die Bekanntschaft mit Gianni Fioretti, einem begabten Karikaturisten. Seine vielen Zeichnungen tragen wesentlich zum lockeren Erscheinungsbild des Buches bei. Meinen Testlesern, allen voran Roberto Celli und Luigi Zadra, verdanke ich sehr wertvolle Hinweise zur Verbesserung des Manuskripts. Nicht minder wichtig war der professionelle Feinschliff, den der Lektor, Manu Gehriger, am Manuskript vornahm, sowie die sehr schöne Gesamtgestaltung und das treffende Titelbild von Stephan Cuber, ein grosses Dankeschön dafür. Sehr wertvoll waren auch die vielen Diskussionen und gemeinsamen Publikationen mit Alex Reichmuth, Martin Schlumpf und anderen Freunden, für die ich ihnen herzlich danke.

Und schliesslich geht ein ganz besonderer Dank an Manfred Hiefner, dem Verlagschef. Er ging das Wagnis ein, ein Buch mit kontroversem Inhalt von einem Erstautor zu veröffentlichen.

Unter dem Menetekel einer drohenden Stromversorgungskrise stellt sich die Frage nach dem wie weiter in der Energiepolitik. Weder ein Zubau an Stromversorgung noch ein Ausbau von Speichern und Netzen dürfte genügen, um die Ziele der Energiestrategie 2050 zu erreichen. Damit ist die Frage wieder auf dem Tisch, ob auf den beschlossenen Ausstieg aus der Kernenergie zurückzukommen ist, da ohne Grundlast liefernde Kernkraftwerke eine zuverlässige und klimafreundliche Stromversorgung in dem definierten Zeitfenster kaum möglich sein dürfte. Der Autor geht dieser Frage «ohne Scheuklappen» nach, fundiert und mit anschaulichen Grafiken zeigt er Möglichkeiten und Grenzen einer Stromerzeugung unter Einbezug aller verfügbaren Systeme auf, darunter auch der Kernenergie. Damit setzt sein Buch einen Kontrapunkt zur allgemein verbreiteten medialen «Meinung» zur Kernenergie.

Mit Beiträgen von Simon Aegerter, Johannis Nöggerath, Alex Reichmuth, Hans Rentsch, Walter Rüegg und Markus Saurer

Martin Schlumpf, geboren 1947 in Aarau, ist Musiker, Forscher und Publizist. Nach seinem Musikstudium in Zürich wurde er 1977 Professor für Musiktheorie und Improvisation an der Musikhochschule Zürich. Nach deren Integration 2007 in die Zürcher Hochschule der Künste, war er bis zu seiner Pensionierung 2011 dort auch Senats- und Hochschulversammlungs-Präsident. Sein umfangreiches Werk als Komponist wurde in Konzerten in der Schweiz, in Europa und in den USA aufgeführt. Seit seiner Pensionierung setzt er sich immer mehr mit philosophischen und wissenschaftlichen Themen auseinander. Dabei ist eine Reihe von Publikationen entstanden, darunter seine bekannten Grafik-Kolumnen, was u. a. zu seiner Berufung in den Expertenbeirat des Energie Club Schweiz geführt hat.

In diesem Buch referenziert und in der Edition Königstuhl erschienen:

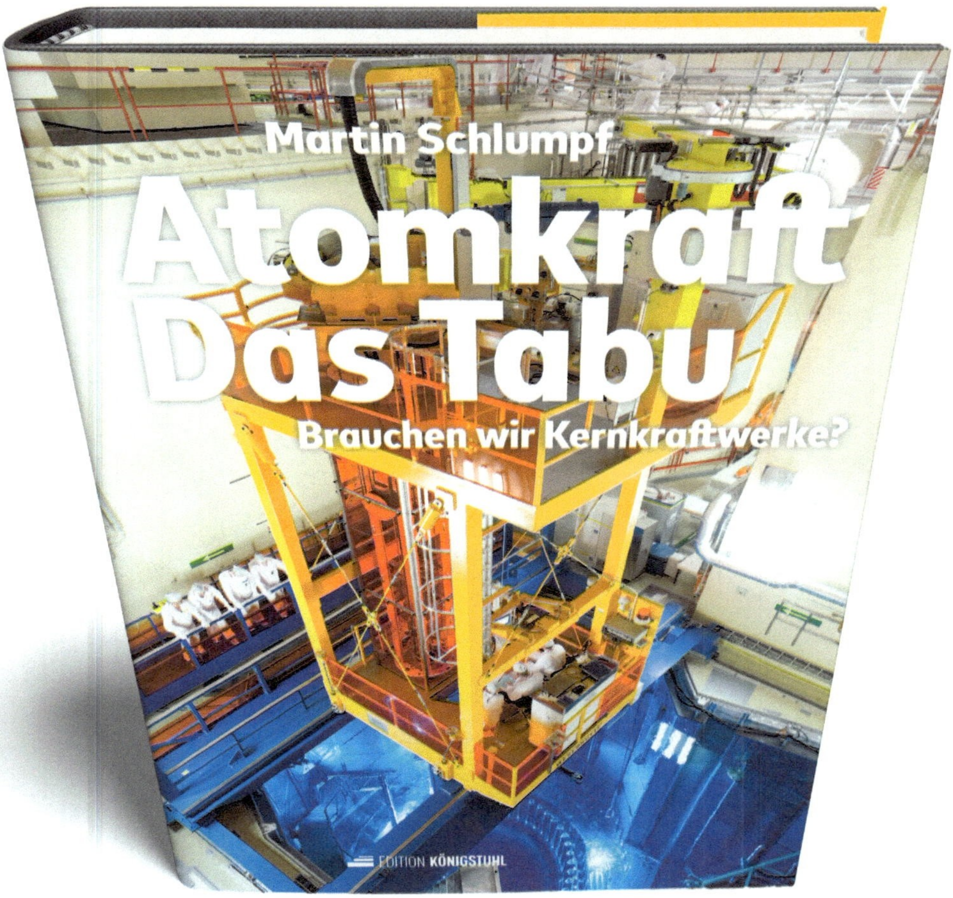

Martin Schlumpf

Atomkraft. Das Tabu

Brauchen wir Kernkraftwerke?

166 Seiten, gebunden, mit farbigen Abbildungen

ISBN 978-3-907339-36-7